ガウスの定理（発散定理）

ベクトル場 $\boldsymbol{A}$ において，閉曲面 S で囲まれる領域を V，閉曲面 S の内部から外へ向かう法単位ベクトルを $\boldsymbol{n}$ とすれば，

$$\int_V \mathrm{div}\,\boldsymbol{A}dV = \int_S \boldsymbol{A}\cdot\boldsymbol{n}dS$$

となる（図 A）．ここで，左辺は領域 V での体積積分であり，右辺は閉曲面 S に関する面積分である．

グリーンの定理

閉曲面 S で囲まれる領域を V とすると，スカラー場 φ，ψ に対して

$$\int_V \left\{\varphi\nabla^2\psi + (\nabla\varphi)\cdot(\nabla\psi)\right\} dV = \int_S \varphi\,\frac{\partial\psi}{\partial n}\,dS$$

$$\int_V \left(\varphi\nabla^2\psi - \psi\nabla^2\varphi\right) dV = \int_S \left(\varphi\frac{\partial\psi}{\partial n} - \psi\frac{\partial\varphi}{\partial n}\right) dS$$

となる．ここで，$\partial\varphi/\partial n$，$\partial\psi/\partial n$ は外向き法線方向に対する方向微分係数である．

ストークスの定理

ベクトル場 $\boldsymbol{A}$ 内の閉曲線を C，それを縁とする曲面を S とすると，

$$\int_S (\mathrm{rot}\,\boldsymbol{A})\cdot\boldsymbol{n}dS = \int_C \boldsymbol{A}\cdot\boldsymbol{t}ds$$

となる（図 B）．ここで，左辺は曲面 S に関する rot $\boldsymbol{A}$ の法線面積分であり，右辺は閉曲線 C に関する $\boldsymbol{A}$ の接線線積分である．$\boldsymbol{n}$ は S の法単位ベクトル，$\boldsymbol{t}$ は C の接線単位ベクトルを表す．C と S の向き（$\boldsymbol{n}$ の向き）の関係は，右ねじの規則に従う．

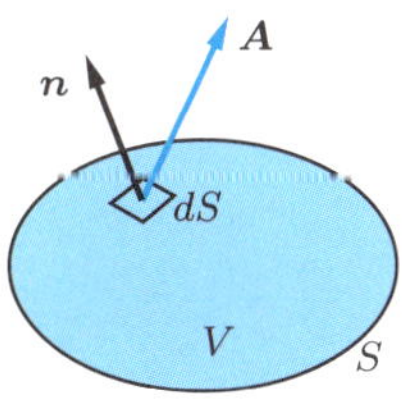

図 A

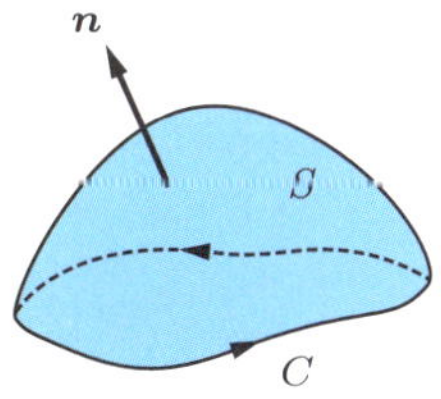

図 B

VECTOR ANALYSIS

ベクトル解析の基礎 第2版

長谷川 正之・稲岡 毅 共著

森北出版株式会社

まえがき

本書は，大学の教養課程で線形代数学と微分積分学の基礎を学んだ後，理工系の学生が専門課程などで学ぶ応用数学または応用解析学の一分野であるベクトル解析の入門書である．ベクトル解析は力学，電磁気学，流体力学など種々の分野で使われていて，理工系の学生にとっては一度は学んでおくべき教科である．また，ベクトル解析は線形代数学や微分積分学の応用問題，演習問題としての性格をもつが，本質的に3次元空間の理論であり，数式の意味や実体を理解することは必ずしも容易でない．本書は，著者の応用数学と物理学の講義経験に基づき，ベクトル解析の基礎をやさしく解説したもので，理工系の大部分の分野で教科書として利用するのに適している．

ベクトル解析の教科書や参考書は数多く出版されているが，それらはいずれも今日の教育環境に合致しているとは言い難い．これらの成書の一つの典型は，内容が豊富で数学的にかなり厳格なものである．その性格自体は好ましいものである．しかし，そのようなテキストを用いて，ベクトル解析の主要な内容を短時間にしかも本筋を見失わずに学ぶことは，理工系の大部分の学生にとって非常に困難なことである．このような事情から，非常に簡潔なテキストも数多く出版されているが，やさしさや具体性（応用例）などが簡潔さの犠牲になっているという欠点があり，講義などでそれを補うのは容易でない．本書の執筆にあたっては，このような矛盾を可能な限り取り除くように心がけた．具体的に配慮した点をまとめると次の通りである．

(1)　内容を整理して，重要な項目に対しては可能な限りやさしい直観的な解説を試みた．特に線積分や面積分の導入にあたっては，通常の定積分との類似性に訴えて，あまり厳密な数学的議論をしなかった．数学的な厳格さを要求すると，これに限らずいくつかの項目はたいへんな議論を必要とするが，それらは本書のようなテキストの守備範囲を超えている．

(2)　具体的な応用例を可能な限り取り入れて，数学的な形式論に陥ることを避けるとともに，ベクトル解析の実用性を理解できるように配慮した．

(3)　曲線座標系については，1章を設けて解説する代りに，付録として簡潔にまとめておいた．これは曲線座標系が重要でないということではなく，この方が利用しやすいと考えたからである．また，テンソルについての解説は省略した．テンソルを必要とする分野の教科では，その始めで簡単な解説を行うのが普通であり，本書のようなテキストでそれと同程度の解説をするのはあまり意味がないということがその理由である．

(4)　短時間にひと通り学ぶときに省略しても支障のない節や項目には * 印をつけてある．このような箇所を適宜学生の自習にゆだね，初歩的なところを能率よくまとめると，本書は約半年の講義（毎週 100 分）の教科書として利用するのに適している．

なお，本書は応用解析学の基礎—複素解析，フーリエ解析・ラプラス変換—(坂和正敏著，森北出版）で扱わなかった内容を補い，その姉妹編ともいうべきものであることを付記しておく．

最後に，本書の出版の機会を与えていただき，また出版に際しては大変お世話になった田中節男氏をはじめとする森北出版の方々に深く感謝いたします．

1990 年 2 月　　長谷川正之・稲岡　毅

第 2 版発行にあたって

本書の初版発行以来，長い歳月が経過したが，このたび本書を改訂する機会に恵まれたのは，ひとえに本書を使用してくださった多くの方々のお蔭である．この場を借りて感謝を申し上げる．

これまでの増刷で微少な修正・変更を加えてきたが，今回は近年における教育環境の変化を考慮してかなり大幅な改訂を行った．改訂の主要な内容は，“行列と行列式”の基礎を加えたこと，種々のベクトル量や演算について唐突な導入を避けて違和感の緩和を図ったことなどである．

ベクトル解析は “行列と行列式” の知識を前提としているが，高校における教育課程の変更等により，これが成り立たなくなっている．また，“行列と行列式” は通常，線形代数学で学ぶことになっているが，ベクトル解析をそれと同時並行的に学ぶことが多くなっているという事情もある．そのような次第で，補章として “行列と行列式” の基礎を加えた．講義では，この補章を学んでから第 1 章に入ることもできるし，これを学生の自習に委ねて第 1 章から始めることもできる．

また，付録の “直交曲線座標系” については，その一般論を削除して，本書の学習内容と直接関連する応用上重要な公式とその説明にとどめた．

2018 年 9 月　　長谷川正之・稲岡　毅

目　次

*印は，レベルが高く，初学者が省略しても支障のない項目を示す．

第1章 ベクトルとその演算

本章では，まずベクトルの表し方やベクトルの加法などの線形計算について述べ，次にベクトルに対して定義される積とその応用について述べる．

1.1 ▶ ベクトルの線形演算

物理的な現象を記述するとき，2 種類の量がしばしば現れる．その 1 つは**スカラー量**または単に**スカラー**とよばれるものである．単位を適当に選んでおけば，スカラーはその単位を用いて測った数値（大きさ）で完全に表される．基本的な物理量である長さ，質量，時間，電気量（電荷），エネルギーなどは，すべてスカラー量である．

これに対して，大きさだけでなく向き（方向）も指定しなければ完全に表されない量がある．このような量を**ベクトル量**または単に**ベクトル**とよぶ．力，速度，加速度，電場，磁場などがその例である．幾何学的には，ベクトルは図 1.1 のように点 O から点 P に向かう線分（有向線分）で表される．この線分の長さが，ある単位で測った数値の大きさ（すなわち，ベクトルの大きさ）を表す．このとき，ベクトルを $\overrightarrow{\mathrm{OP}}$ と表し，点 O をベクトルの**始点**，点 P をベクトルの**終点**という．

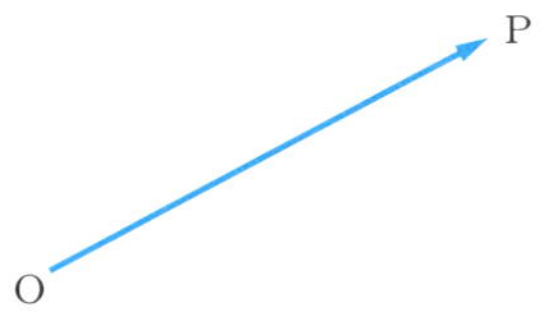

図 1.1　ベクトルの表示

ここで，向きと方向の区別について注意しておこう．直線の方向，x 軸の方向，東西の方向などというとき，その向きは 2 つのうちどちらであるか指定されていない．しかし，東の方向，x 軸の正の方向などというときには向きも指定されている．向きと方向を厳密に使い分けるべきであるという主張もあるが，本書では誤解が生じない限り，両者をあまり厳密に区別しないで使うことにする．

物理的なベクトル量を扱うとき，ある点に作用する力，ある点における電場などというように，その位置が指定される場合がある．その場合，ベクトルの始点をその位置にとる．このように始点が指定されるベクトルを**束縛ベクトル**という．これに対して，始点が指定されないベクトルを**自由ベクトル**という．とくに断らない限り，以下で扱うベクトルは自由ベクトルである．

本書では，ベクトルを表すのに，$\boldsymbol{A}, \boldsymbol{B}, \boldsymbol{C}, \ldots, \boldsymbol{a}, \boldsymbol{b}, \boldsymbol{c}, \ldots$ のように太字（ボールドイタリック体）の文字を用いることにする．また，ベクトル $\boldsymbol{A}$ の大きさは，$|\boldsymbol{A}|$ または細字の A で表すことにする．大きさが 0 のベクトルを**零ベクトル**といい，$\boldsymbol{0}$ と書く．零ベクトルの向きは定義されないが，それが問題となることはない．また，大きさが 1 に等しいベクトルを**単位ベクトル**という．

以下では，ベクトルの線形演算に関する定義と基本的な法則をまとめておく．数学の法則は自然科学の法則と異なり，定義から導かれる重要な基本的性質として位置づけられる．

▶▶ベクトルの相等

2 つのベクトル $\boldsymbol{A}$，$\boldsymbol{B}$ の大きさと向きが同じであるとき（図 1.2），$\boldsymbol{A}$ と $\boldsymbol{B}$ は相等しいといい，

$$\boldsymbol{A} = \boldsymbol{B}$$

と書き表す．相等しいベクトルの一方を適当に平行移動すれば，他方と完全に重なり合う．

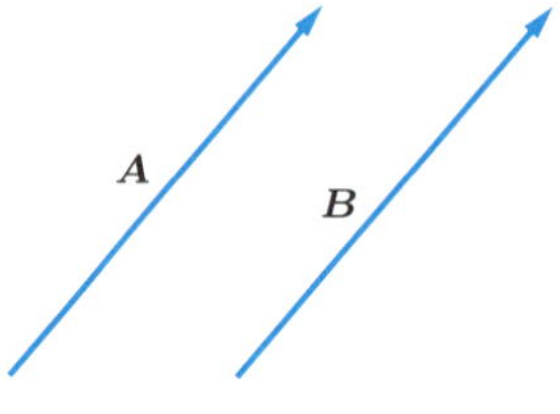

図 1.2　ベクトルの相等

▶▶ベクトルの和

2 つのベクトル $\boldsymbol{A}$，$\boldsymbol{B}$ を同一の点 O を始点として描き，終点をそれぞれ P，Q とする．このとき，OP と OQ をとなり合う 2 辺とする平行四辺形 OPRQ をつくり（図 1.3(a)），対角線 OR に沿ったベクトル $\boldsymbol{C} = \overrightarrow{\mathrm{OR}}$ を $\boldsymbol{A}$ と $\boldsymbol{B}$ の**和**といい，

$$\boldsymbol{C} = \boldsymbol{A} + \boldsymbol{B}$$

と書く．これがベクトルの和の幾何学的な定義である．この定義から，図 1.3(b) の

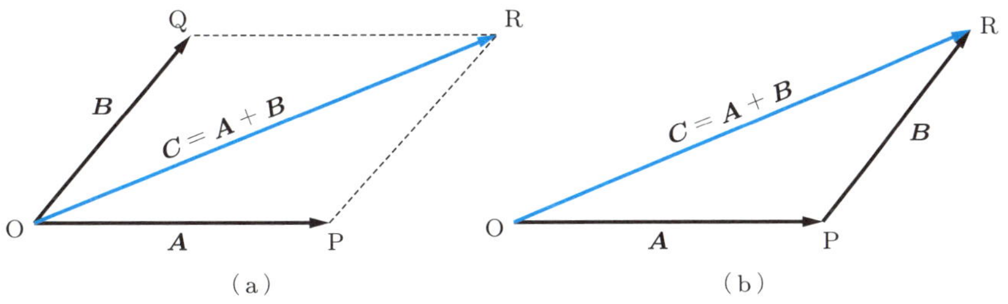

図 1.3　ベクトルの和

ようにベクトル $\boldsymbol{A}$ の終点 P をベクトル $\boldsymbol{B}$ の始点とすれば，O から $\boldsymbol{B}$ の終点に引いた有向線分がベクトル $\boldsymbol{C}$ を表すことは明らかである．逆に $\boldsymbol{C}$ を $\boldsymbol{A}+\boldsymbol{B}$ のような和で表すことを，ベクトルの**分解**とよぶ．図 1.3 の作図法に従えば，多数のベクトルの和は図 1.4 のように表される．

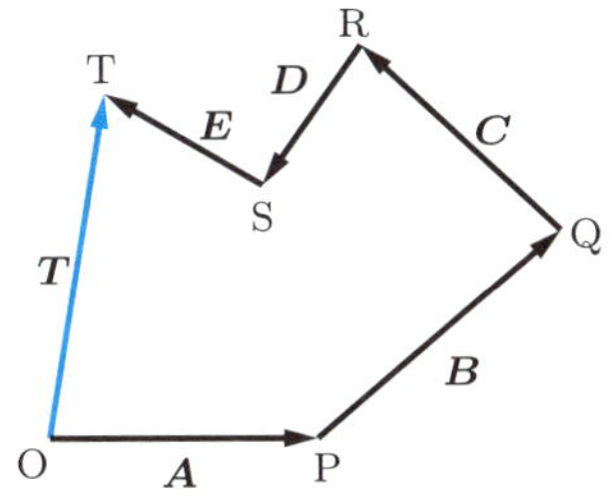

図 1.4　$\boldsymbol{T}=\boldsymbol{A}+\boldsymbol{B}+\boldsymbol{C}+\boldsymbol{D}+\boldsymbol{E}$

ベクトルの和については，

$$\boldsymbol{A}+\boldsymbol{B}=\boldsymbol{B}+\boldsymbol{A} \quad \text{（交換法則）} \tag{1.1}$$

が成り立つ．また，任意の 3 つのベクトル $\boldsymbol{A}$，$\boldsymbol{B}$，$\boldsymbol{C}$ に対しては，

$$(\boldsymbol{A}+\boldsymbol{B})+\boldsymbol{C}=\boldsymbol{A}+(\boldsymbol{B}+\boldsymbol{C}) \quad \text{（結合法則）} \tag{1.2}$$

が成り立つ．

> **問 1.1**　ベクトルの和の定義と作図法（図 1.3）に従って，上の交換法則と結合法則を確かめなさい．

ベクトルの差

ベクトル $\boldsymbol{B}$ と大きさが等しく，向きが反対のベクトルを $-\boldsymbol{B}$ で表すことにする．ベクトルの和の定義から明らかに

$$\boldsymbol{B} + (-\boldsymbol{B}) = \boldsymbol{0}$$

である．$\boldsymbol{A}$ に $-\boldsymbol{B}$ を加えることを“$\boldsymbol{A}$ から $\boldsymbol{B}$ を引く”といい，$\boldsymbol{A} - \boldsymbol{B}$ と書き表す．これを $\boldsymbol{A}$ と $\boldsymbol{B}$ の**差**という．図 1.5 のように，$\boldsymbol{A} = \overrightarrow{\mathrm{OP}}$，$\boldsymbol{B} = \overrightarrow{\mathrm{OQ}}$ として，点 P を始点として $-\boldsymbol{B} = \overrightarrow{\mathrm{PR}}$ を描けば，$\overrightarrow{\mathrm{OR}}$ が $\boldsymbol{A} - \boldsymbol{B}$ を表す．OQPR は平行四辺形であるから，$\overrightarrow{\mathrm{QP}}$ も $\boldsymbol{A} - \boldsymbol{B}$ を表す．

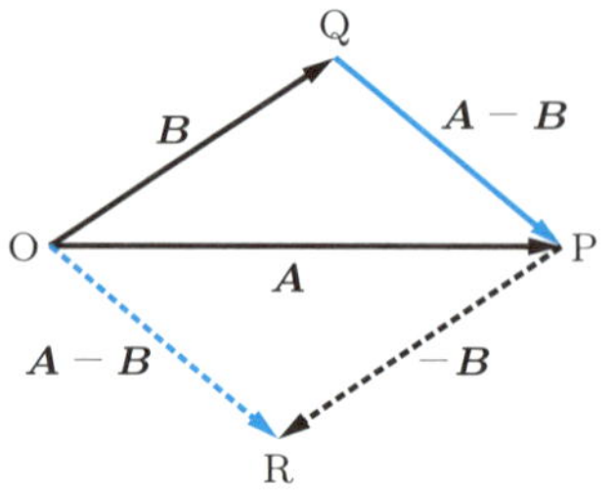

図 1.5　ベクトルの差

スカラーとベクトルの積

スカラー a とベクトル $\boldsymbol{A}$ の積を $a\boldsymbol{A}$ と書き，次のように定義する．

$$\left.\begin{array}{l} a > 0 \text{ のとき，} a\boldsymbol{A} = (\text{大きさが } a|\boldsymbol{A}| \text{ で } \boldsymbol{A} \text{ と同じ向きをもつベクトル}) \\ a = 0 \text{ のとき，} a\boldsymbol{A} = \boldsymbol{0} \\ a < 0 \text{ のとき，} a\boldsymbol{A} = (\text{大きさが } |a||\boldsymbol{A}| \text{ で } \boldsymbol{A} \text{ と反対の向きをもつベクトル}) \end{array}\right\}$$

a，b を任意のスカラー，$\boldsymbol{A}$，$\boldsymbol{B}$ を任意のベクトルとすると次の法則が成り立つ．

$$\left.\begin{array}{ll} (a+b)\boldsymbol{A} = a\boldsymbol{A} + b\boldsymbol{A} & (\text{スカラーに関する分配法則}) \\ a(\boldsymbol{A}+\boldsymbol{B}) = a\boldsymbol{A} + a\boldsymbol{B} & (\text{ベクトルに関する分配法則}) \\ a(b\boldsymbol{A}) = b(a\boldsymbol{A}) = (ab)\boldsymbol{A} & \end{array}\right\} \quad (1.3)$$

例 1.1　式 (1.3) の第 2 式を証明しなさい．

解　$a > 0$ の場合を考える．図 1.6 のように，$\overrightarrow{\mathrm{OP}} = \boldsymbol{A}$，$\overrightarrow{\mathrm{PQ}} = \boldsymbol{B}$ として，$\overrightarrow{\mathrm{OP'}} = a\boldsymbol{A}$，$\overrightarrow{\mathrm{P'Q'}} = a\boldsymbol{B}$ とすると，三角形 OPQ と OP′Q′ は明らかに相似である．したがって，$\overrightarrow{\mathrm{OQ}}$ と $\overrightarrow{\mathrm{OQ'}}$ は同一の直線上にあり，かつ $\overrightarrow{\mathrm{OQ'}} = a\overrightarrow{\mathrm{OQ}}$ である．一方，ベクトルの和の定義（図 1.3 参照）から，$\overrightarrow{\mathrm{OQ'}} = \overrightarrow{\mathrm{OP'}} + \overrightarrow{\mathrm{P'Q'}}$ である．ゆえに，$a\overrightarrow{\mathrm{OQ}} = \overrightarrow{\mathrm{OP'}} + \overrightarrow{\mathrm{P'Q'}}$，すなわち，$a(\boldsymbol{A} + \boldsymbol{B}) = a\boldsymbol{A} + a\boldsymbol{B}$ となる．

$a < 0$ の場合は，問 1.2 で扱う．

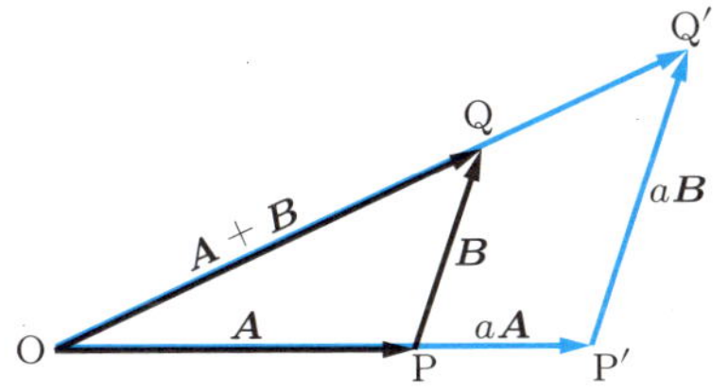

図 1.6　スカラーとベクトルの積（$a>0$）

問 1.2　例 1.1 では $a>0$ としたが，$a<0$ のときにはどうなるか説明しなさい．

問 1.3　式 (1.3) の第 1 式と第 3 式を証明しなさい．

共線ベクトルと共面ベクトル

ここでは，特別な関係にあるベクトルを考える．2 つのベクトル $\boldsymbol{A}$，$\boldsymbol{B}$ が平行のとき，すなわち，$\boldsymbol{A}$，$\boldsymbol{B}$ の始点を同じ点にとったとき，これらが同一直線上にあれば，$\boldsymbol{A}$ と $\boldsymbol{B}$ は**共線ベクトル**であるという（図 1.7）．また，$\boldsymbol{A}$ と $\boldsymbol{B}$ は**共線**であるともいう．このとき，定数 c を適当にとれば，$\boldsymbol{B}=c\boldsymbol{A}$ と表される．$c=-a/b$ とおけば，この関係は

$$a\boldsymbol{A}+b\boldsymbol{B}=\boldsymbol{0} \tag{1.4}$$

となる．逆に，同時に 0 となることがない定数 a，b に対して式 (1.4) が成り立てば，$\boldsymbol{A}$ と $\boldsymbol{B}$ は共線ベクトルであることがわかる．なお，式 (1.4) の左辺を $\boldsymbol{A}$，$\boldsymbol{B}$ の**線形結合**（または **1 次結合**）という．

（a）$c>0$ の場合　　（b）$c<0$ の場合

図 1.7　共線ベクトル

般に，ともに 0 になることがない定数 a，b に対して式 (1.4) が成り立つとき，$\boldsymbol{A}$ と $\boldsymbol{B}$ は**線形従属**（または **1 次従属**）であるという．したがって，共線ベクトルは線形従属である．また，式 (1.4) が成り立つのは $a=b=0$ の場合だけであるとき，$\boldsymbol{A}$ と $\boldsymbol{B}$ は**線形独立**（または **1 次独立**）であるという．

次に，3 つのベクトル $\boldsymbol{A}$，$\boldsymbol{B}$，$\boldsymbol{C}$ を同じ始点から描いたとき，これらが同一平面上にあるとする．このとき，$\boldsymbol{A}$，$\boldsymbol{B}$，$\boldsymbol{C}$ を**共面ベクトル**という．また，$\boldsymbol{A}$，$\boldsymbol{B}$，$\boldsymbol{C}$ は**共面**であるともいう．いま，$\boldsymbol{A}$ と $\boldsymbol{B}$ は共線でないとして，$\boldsymbol{C}$ を $\boldsymbol{A}$ と $\boldsymbol{B}$ の方向に分解（図 1.3 参照）してそれぞれ $\boldsymbol{C}_1$，$\boldsymbol{C}_2$ とする（図 1.8）．実数 λ，μ を適当に選べば，

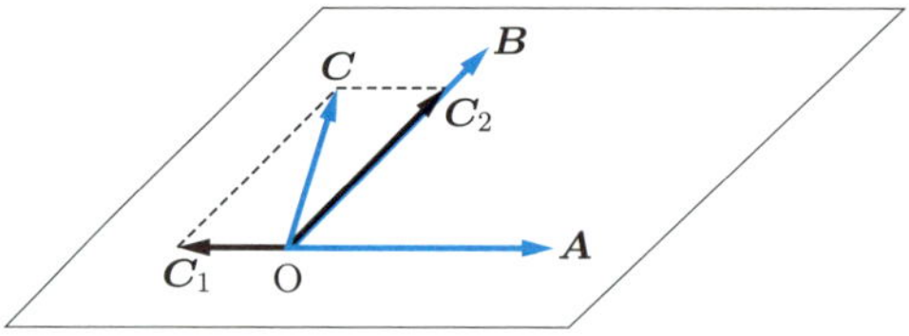

図 1.8　共面ベクトル

$\boldsymbol{C}_1 = \lambda \boldsymbol{A}$，$\boldsymbol{C}_2 = \mu \boldsymbol{B}$ と表されるから，$\boldsymbol{C}$ は

$$\boldsymbol{C} = \boldsymbol{C}_1 + \boldsymbol{C}_2 = \lambda \boldsymbol{A} + \mu \boldsymbol{B}$$

と表される．上の式の両辺に定数 $c \neq 0$ をかけて，$a = -\lambda c$，$b = -\mu c$ とおけば，

$$a\boldsymbol{A} + b\boldsymbol{B} + c\boldsymbol{C} = \boldsymbol{0} \tag{1.5}$$

が得られる．$\boldsymbol{A}$ と $\boldsymbol{B}$ が共線ベクトルのときにも，たとえば $c = 0$ として，a，b を適当にとれば，やはり式 (1.5) が成り立つ．逆に，すべてが同時に 0 になることはない定数 a，b，c に対して式 (1.5) が成り立てば，$\boldsymbol{A}$，$\boldsymbol{B}$，$\boldsymbol{C}$ は共面ベクトルである．共線ベクトルと同様に，共面ベクトルも線形従属である．

例 1.2　ベクトル $\boldsymbol{A}$，$\boldsymbol{B}$ が線形独立であるとき，

$$\boldsymbol{C}_1 = a_1\boldsymbol{A} + b_1\boldsymbol{B}, \quad \boldsymbol{C}_2 = a_2\boldsymbol{A} + b_2\boldsymbol{B}$$

とする．$\boldsymbol{C}_1$と $\boldsymbol{C}_2$ も線形独立であるための必要十分条件は，$a_1b_2 - b_1a_2 \neq 0$ であることを証明しなさい．

解　$\boldsymbol{C}_1$，$\boldsymbol{C}_2$ が線形独立であるとは，

$$\alpha\boldsymbol{C}_1 + \beta\boldsymbol{C}_2 = (a_1\alpha + a_2\beta)\boldsymbol{A} + (b_1\alpha + b_2\beta)\boldsymbol{B} = \boldsymbol{0}$$

を満たす α，β が $\alpha = \beta = 0$ に限られることである．一方，仮定より $\boldsymbol{A}$，$\boldsymbol{B}$ は線形独立であるから，上の式が成り立つのは

$$a_1\alpha + a_2\beta = 0, \quad b_1\alpha + b_2\beta = 0$$

のときだけである．これを α と β に関する連立方程式とみなせば，それが自明解（$\alpha = \beta = 0$）だけをもつ条件は，$a_1b_2 - b_1a_2 \neq 0$ である．

問 1.4　ベクトル $\boldsymbol{A}$，$\boldsymbol{B}$，$\boldsymbol{C}$ のうち 1 つが零ベクトルのとき，これら 3 つのベクトルは共面ベクトル（線形従属）であることを示しなさい．

1.2 ▶ ベクトルの成分表示

1.1 節ではベクトルを表すのに幾何学的表示を用いたが，これはベクトルの演算ではあまり便利でない．そこで，3 次元空間にある基準点 O を**原点**とする**直交座標系** O–xyz を設定して†，x，y，z 軸の正の方向に向きをもつ単位ベクトルをそれぞれ $\boldsymbol{i}$，$\boldsymbol{j}$，$\boldsymbol{k}$ とする（図 1.9）．これらを**基本ベクトル**という．基本ベクトルは線形独立である．すなわち，a，b，c を定数とするとき，

$$a\boldsymbol{i} + b\boldsymbol{j} + c\boldsymbol{k} = \boldsymbol{0}$$

が満たされるのは，$a = b = c = 0$ のときだけである．別のいい方をすれば，$\boldsymbol{i}$，$\boldsymbol{j}$，$\boldsymbol{k}$ のいずれもほかの 2 つの線形結合を用いて表すことはできない．

いま，ベクトル $\boldsymbol{A}$ の始点を原点 O にとり，終点を P とする．図 1.10 のように，P から x，y，z 軸に垂線を下ろしてそれぞれ Q，R，S とすれば，$\overrightarrow{\mathrm{OQ}}$，$\overrightarrow{\mathrm{OR}}$，$\overrightarrow{\mathrm{OS}}$ はそれぞれ $\boldsymbol{i}$，$\boldsymbol{j}$，$\boldsymbol{k}$ と共線であるから，定数 A_x，A_y，A_z を使って

$$\overrightarrow{\mathrm{OQ}} = A_x\boldsymbol{i}, \quad \overrightarrow{\mathrm{OR}} = A_y\boldsymbol{j}, \quad \overrightarrow{\mathrm{OS}} = A_z\boldsymbol{k} \tag{1.6}$$

と書ける．P から xy 平面上に垂線を下ろしたとき，垂線と xy 平面の交わる点を T とする．このとき，T を P の xy 平面上への**正射影**という．ベクトルの和の定義から，$\boldsymbol{A} = \overrightarrow{\mathrm{OP}}$ は

$$\boldsymbol{A} = \overrightarrow{\mathrm{OT}} + \overrightarrow{\mathrm{OS}} = \overrightarrow{\mathrm{OQ}} + \overrightarrow{\mathrm{OR}} + \overrightarrow{\mathrm{OS}} = A_x\boldsymbol{i} + A_y\boldsymbol{j} + A_z\boldsymbol{k} \tag{1.7}$$

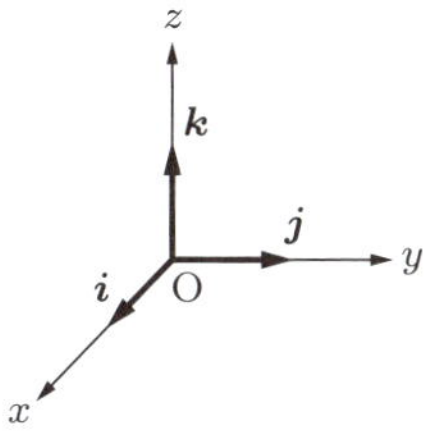

図 1.9 基本ベクトル

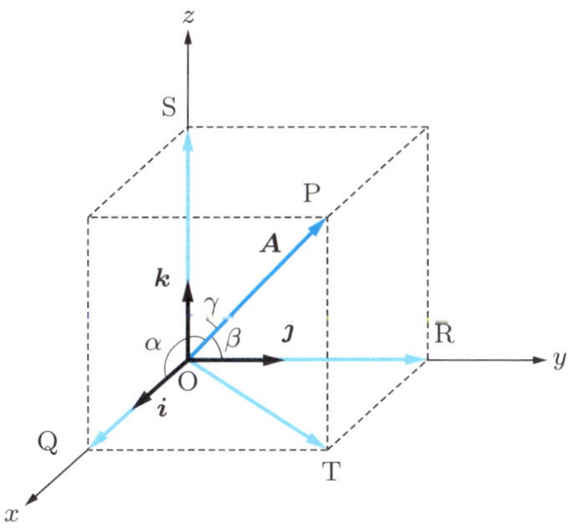

図 1.10 ベクトルの分解

† 本書では右手座標系（**右手系**）を採用する．すなわち，x 軸の正の方向を $\pi/2$ (90°) だけ回転させて y 軸の正の方向に重ねるとき，この回転による右ねじの進む方向を z 軸の正の方向とする．

と表される．A_x，A_y，A_z をそれぞれベクトル $\boldsymbol{A}$ の x **成分**，y **成分**，z **成分**といい，各成分の組を (A_x, A_y, A_z) と書いて，ベクトル $\boldsymbol{A}$ の**成分**という．また，$\boldsymbol{A}$ の成分が (A_x, A_y, A_z) であるとき，それを明示するために $\boldsymbol{A}(A_x, A_y, A_z)$ と書き表すこともある．式 (1.7) を，直交座標系を用いたベクトルの**成分表示**または**解析的表示**といい，後でわかるように，ベクトルの演算では非常に便利である．

ベクトル $\boldsymbol{A}$ の成分を (A_x, A_y, A_z) とすれば，図 1.10 より

$$|\boldsymbol{A}|^2 = \overline{\mathrm{OP}}^2 = \overline{\mathrm{OQ}}^2 + \overline{\mathrm{OR}}^2 + \overline{\mathrm{OS}}^2 = {A_x}^2 + {A_y}^2 + {A_z}^2$$

となる．ここで，$\overline{\mathrm{OP}}$ は線分 OP の長さを表す．したがって，$\boldsymbol{A}$ の大きさは

$$|\boldsymbol{A}| = \sqrt{{A_x}^2 + {A_y}^2 + {A_z}^2} \tag{1.8}$$

で与えられる．

ベクトルの成分表示を用いて，ベクトルの相等や線形演算を考えてみよう．2つのベクトル $\boldsymbol{A}$，$\boldsymbol{B}$ の成分を，それぞれ (A_x, A_y, A_z)，(B_x, B_y, B_z) とする．$\boldsymbol{A}$ と $\boldsymbol{B}$ の**相等**（$\boldsymbol{A} = \boldsymbol{B}$）は，3つの式

$$A_x = B_x, \quad A_y = B_y, \quad A_z = B_z$$

で表される（下記の例 1.3 参照）．$\boldsymbol{A}$ と $\boldsymbol{B}$ の**和**と**差**は，

$$\begin{aligned}\boldsymbol{A} \pm \boldsymbol{B} &= (A_x\boldsymbol{i} + A_y\boldsymbol{j} + A_z\boldsymbol{k}) \pm (B_x\boldsymbol{i} + B_y\boldsymbol{j} + B_z\boldsymbol{k}) \\ &= (A_x \pm B_x)\boldsymbol{i} + (A_y \pm B_y)\boldsymbol{j} + (A_z \pm B_z)\boldsymbol{k} \quad \text{（複号同順）}\end{aligned}$$

となる．したがって，$\boldsymbol{A} \pm \boldsymbol{B}$ の成分は $(A_x \pm B_x, A_y \pm B_y, A_z \pm B_z)$ である．また，スカラー a とベクトル $\boldsymbol{A}$ の**積**は

$$a\boldsymbol{A} = a(A_x\boldsymbol{i} + A_y\boldsymbol{j} + A_z\boldsymbol{k}) = (aA_x)\boldsymbol{i} + (aA_y)\boldsymbol{j} + (aA_z)\boldsymbol{k}$$

と表され，その成分は (aA_x, aA_y, aA_z) である．

例 1.3　$\boldsymbol{A} = \boldsymbol{B}$ が "$A_x = B_x$，$A_y = B_y$，$A_z = B_z$" と同等であることを示しなさい．

解　$\boldsymbol{A} = \boldsymbol{B}$ を書き換えると $\boldsymbol{A} - \boldsymbol{B} = \boldsymbol{0}$，すなわち

$$(A_x - B_x)\boldsymbol{i} + (A_y - B_y)\boldsymbol{j} + (A_z - B_z)\boldsymbol{k} = \boldsymbol{0}$$

と同等である．$\boldsymbol{i}$，$\boldsymbol{j}$，$\boldsymbol{k}$ は線形独立であるから，この式が成立する条件は

$$A_x - B_x = 0, \quad A_y - B_y = 0, \quad A_z - B_z = 0$$

となる．すなわち，$A_x = B_x$，$A_y = B_y$，$A_z = B_z$ である．

方向余弦

$\boldsymbol{A}$ の向きが x, y, z 軸の正の方向となす角をそれぞれ α, β, γ とすると，点 P の各座標軸への正射影が Q, R, S であるから（図 1.10），

$$A_x = |\boldsymbol{A}|\cos\alpha, \quad A_y = |\boldsymbol{A}|\cos\beta, \quad A_z = |\boldsymbol{A}|\cos\gamma \tag{1.9}$$

である．そこで，$l = \cos\alpha$, $m = \cos\beta$, $n = \cos\gamma$ とおいたとき，これらの組 (l, m, n) をベクトル $\boldsymbol{A}$ の**方向余弦**という．式 (1.8) と式 (1.9) より，方向余弦は，

$$\left.\begin{aligned} l &= \frac{A_x}{|\boldsymbol{A}|} = \frac{A_x}{\sqrt{{A_x}^2 + {A_y}^2 + {A_z}^2}} \\ m &= \frac{A_y}{|\boldsymbol{A}|} = \frac{A_y}{\sqrt{{A_x}^2 + {A_y}^2 + {A_z}^2}} \\ n &= \frac{A_z}{|\boldsymbol{A}|} = \frac{A_z}{\sqrt{{A_x}^2 + {A_y}^2 + {A_z}^2}} \end{aligned}\right\} \tag{1.10}$$

と表される．このように，ベクトルの成分が与えられれば，その大きさと向きが完全に定まり，それぞれ式 (1.8)，(1.10) で表される．式 (1.10) からただちにわかるように，方向余弦は次の恒等式を満たす．

$$l^2 + m^2 + n^2 = 1 \tag{1.11}$$

問 1.5 ベクトル $\boldsymbol{A} = \boldsymbol{i} - 2\boldsymbol{j} + 2\boldsymbol{k}$ の大きさと方向余弦を求め，式 (1.11) が成り立つことを確かめなさい．

ベクトルの成分

上ではベクトルの直交座標軸に対する成分を扱ったが，任意の方向に対する**成分**も考えることができる．いま，ベクトル $\boldsymbol{A} = \overrightarrow{\mathrm{OP}}$ の始点 O を通るある直線を s とし，$\boldsymbol{A}$ の終点の直線 s 上への正射影を Q とする（図 1.11）．直線 s の向きを定めておいて，$\boldsymbol{A}$ と $\boldsymbol{s}$ の向きがなす角を θ とするとき，

$$A_s = |\boldsymbol{A}|\cos\theta$$

をベクトル $\boldsymbol{A}$ の s 成分という．θ が鋭角（$\theta < \pi/2$）のとき $A_s > 0$，θ が鈍角（$\theta > \pi/2$）のとき $A_s < 0$ である．また，$\theta = \pi/2$ のときは $A_s = 0$ である．

直交座標系に対する $\boldsymbol{A}$ の成分を (A_x, A_y, A_z)，方向余弦を (l, m, n) とすると，式 (1.10) より $A_x = |\boldsymbol{A}|l$，$A_y = |\boldsymbol{A}|m$，$A_z = |\boldsymbol{A}|n$ である．また，直線 s の方向余弦を (λ, μ, ν) とすると，$\cos\theta$ は

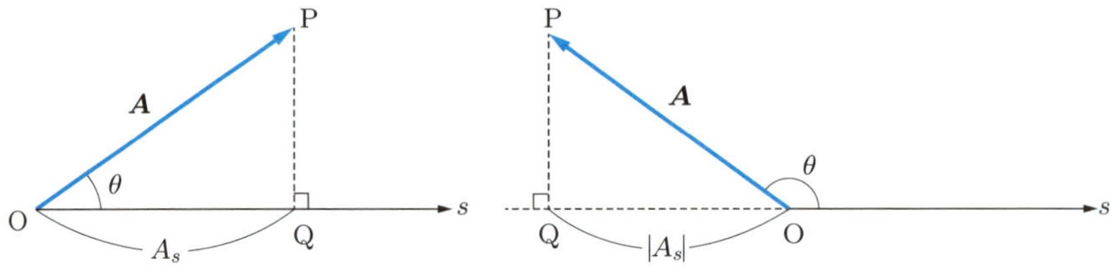

（a）$\theta < \frac{\pi}{2}$　　（b）$\theta > \frac{\pi}{2}$

図 1.11　ベクトルの成分

$$\cos\theta = l\lambda + m\mu + n\nu \tag{1.12}$$

と表される（例 1.4 参照）．これより，$A_s = |\boldsymbol{A}|\cos\theta$ に対して，

$$\begin{aligned} A_s &= |\boldsymbol{A}|(l\lambda + m\mu + n\nu) = (|\boldsymbol{A}|l)\lambda + (|\boldsymbol{A}|m)\mu + (|\boldsymbol{A}|n)\nu \\ &= A_x\lambda + A_y\mu + A_z\nu \end{aligned} \tag{1.13}$$

という表式が得られる．

例 1.4　式 (1.12) を証明しなさい．

解　図 1.12 のように直線 s 上の 1 点を Q とし，$\boldsymbol{A} = \overrightarrow{\mathrm{OP}}$，$\boldsymbol{B} = \overrightarrow{\mathrm{OQ}}$ とする．三角形の**余弦定理**（1.3 節，問 1.9 参照）より，

$$\overline{\mathrm{QP}}^2 = |\boldsymbol{A}|^2 + |\boldsymbol{B}|^2 - 2|\boldsymbol{A}||\boldsymbol{B}|\cos\theta$$

$$\therefore\quad \cos\theta = \frac{|\boldsymbol{A}|^2 + |\boldsymbol{B}|^2 - \overline{\mathrm{QP}}^2}{2|\boldsymbol{A}||\boldsymbol{B}|}$$

となる．ここで，$\overrightarrow{\mathrm{QP}} = \boldsymbol{A} - \boldsymbol{B}$ であるから

$$\begin{aligned} \overline{\mathrm{QP}}^2 &= (A_x - B_x)^2 + (A_y - B_y)^2 + (A_z - B_z)^2 \\ &= {A_x}^2 + {A_y}^2 + {A_z}^2 + {B_x}^2 + {B_y}^2 + {B_z}^2 - 2(A_xB_x + A_yB_y + A_zB_z) \end{aligned}$$

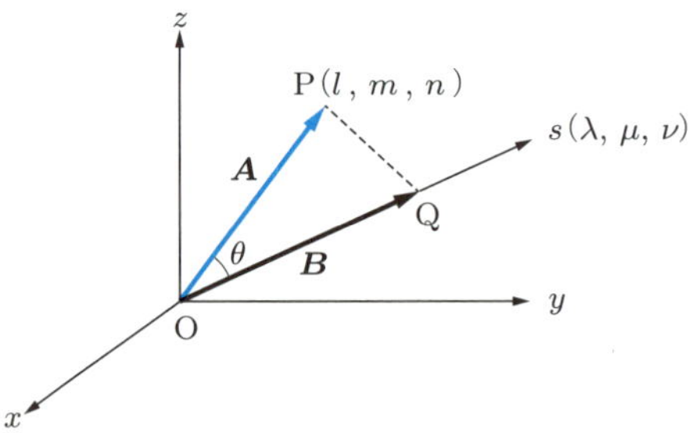

図 1.12

$$= |\boldsymbol{A}|^2 + |\boldsymbol{B}|^2 - 2|\boldsymbol{A}||\boldsymbol{B}|(l\lambda + m\mu + n\nu)$$

となり，これを上の式に使えば，次のようになる．

$$\cos\theta = \frac{2|\boldsymbol{A}||\boldsymbol{B}|(l\lambda + m\mu + n\nu)}{2|\boldsymbol{A}||\boldsymbol{B}|} = l\lambda + m\mu + n\nu$$

これまで説明したことを 3 つ以上のベクトルに拡張してみよう．いま，ベクトル $\boldsymbol{A}, \boldsymbol{B}, \boldsymbol{C}, \ldots$ および $\boldsymbol{T} = \boldsymbol{A} + \boldsymbol{B} + \boldsymbol{C} + \cdots$ の s 成分を，それぞれ $A_s, B_s, C_s, \ldots, T_s$ とすると，

$$T_s = A_s + B_s + C_s + \cdots$$

である．すなわち，ベクトルの和のある方向に対する成分は，個々のベクトルの成分の和に等しい．このことを証明してみよう．上と同様に，s 方向の方向余弦を (λ, μ, ν) とし，$\boldsymbol{T}$ の直交座標に対する成分を (T_x, T_y, T_z) とすると，式 (1.13) より

$$T_s = T_x\lambda + T_y\mu + T_z\nu$$

となる．ここで，$\boldsymbol{A}, \boldsymbol{B}, \boldsymbol{C}, \ldots$ の直交座標に対する成分を (A_x, A_y, A_z), (B_x, B_y, B_z), $(C_x, C_y, C_z), \ldots$ とすると，

$$T_x = A_x + B_x + C_x + \cdots, \quad T_y = A_y + B_y + C_y + \cdots,$$

$$T_z = A_z + B_z + C_z + \cdots$$

となる．したがって，次式となる．

$$\begin{aligned} T_s &= (A_x + B_x + C_x + \cdots)\lambda + (A_y + B_y + C_y + \cdots)\mu \\ &\quad + (A_z + B_z + C_z + \cdots)\nu \\ &= (A_x\lambda + A_y\mu + A_z\nu) + (B_x\lambda + B_y\mu + B_z\nu) \\ &\quad + (C_x\lambda + C_y\mu + C_z\nu) + \cdots \\ &= A_s + B_s + C_s + \cdots \end{aligned}$$

問 1.6 2 つのベクトルを $\boldsymbol{A} = 2\boldsymbol{i} + \boldsymbol{j} - 2\boldsymbol{k}$，$\boldsymbol{B} = \boldsymbol{i} - 2\boldsymbol{j} + 3\boldsymbol{k}$ とする．$\boldsymbol{A}$ の $\boldsymbol{B}$ 方向に対する成分 A_b，および $\boldsymbol{B}$ の $\boldsymbol{A}$ 方向に対する成分 B_a を求めなさい．

問 1.7 ベクトル $\boldsymbol{A}, \boldsymbol{B}, \boldsymbol{C}, \ldots$ およびその和 $\boldsymbol{T} = \boldsymbol{A} + \boldsymbol{B} + \boldsymbol{C} + \cdots$ のある平面上への正射影を，それぞれ $\boldsymbol{A}', \boldsymbol{B}', \boldsymbol{C}', \ldots, \boldsymbol{T}'$ とする．このとき，$\boldsymbol{T}' = \boldsymbol{A}' + \boldsymbol{B}' + \boldsymbol{C}' + \cdots$ であることを証明しなさい．

▶▶位置ベクトル

原点 O から空間内の点 P に向かうベクトル $\overrightarrow{\mathrm{OP}}$ を，点 P の**位置ベクトル**という．空間の任意の点は 1 つの位置ベクトルによって一義的に指定される．いま，点 O を原点とする直交座標系を定め，$\boldsymbol{r} = \overrightarrow{\mathrm{OP}}$ の成分を (x, y, z) とすると，式 (1.7) と同様に

$$\boldsymbol{r} = x\boldsymbol{i} + y\boldsymbol{j} + z\boldsymbol{k}$$

と書ける．位置ベクトルに対しては，成分 (x, y, z) を点の**座標**という．また，位置ベクトルを**動径ベクトル**ということもあり，その向きを**動径方向**という．

問 1.8　2 点 P，Q の位置ベクトルを $\boldsymbol{r}_{\mathrm{P}}$，$\boldsymbol{r}_{\mathrm{Q}}$ とする．線分 $\overline{\mathrm{PQ}}$ を $m:n$ に内分する点 R の位置ベクトル $\boldsymbol{r}_{\mathrm{R}}$ は，次のように与えられることを示しなさい．

$$\boldsymbol{r}_{\mathrm{R}} = \frac{1}{m+n}(n\boldsymbol{r}_{\mathrm{P}} + m\boldsymbol{r}_{\mathrm{Q}})$$

1.3 ▶ ベクトルの内積

ベクトルは大きさと向きをもつ量であるから，スカラーの積とは異なる形で，ベクトルの積を定義する．ベクトルに対する積はいろいろ考えられるが，実際に役に立つのは内積および外積とよばれるものである．外積については 1.4 節で述べる．

2 つのベクトル $\boldsymbol{A}$，$\boldsymbol{B}$ のなす角を θ $(0 \leqq \theta \leqq \pi)$ とするとき，$|\boldsymbol{A}||\boldsymbol{B}|\cos\theta$ を $\boldsymbol{A}$ と $\boldsymbol{B}$ の**内積**または**スカラー積**といい，$\boldsymbol{A}\cdot\boldsymbol{B}$ と書く．すなわち，

$$\boldsymbol{A}\cdot\boldsymbol{B} = |\boldsymbol{A}||\boldsymbol{B}|\cos\theta \tag{1.14}$$

が内積の定義である．また，スカラー積というよび方は，積がスカラーであることに由来する．$\boldsymbol{A} = \boldsymbol{0}$ または $\boldsymbol{B} = \boldsymbol{0}$ のときには，$\boldsymbol{A}\cdot\boldsymbol{B} = 0$ となる．$\boldsymbol{A} \neq \boldsymbol{0}$，$\boldsymbol{B} \neq \boldsymbol{0}$ のとき，内積の幾何学的意味を考えてみよう．$\boldsymbol{A}$，$\boldsymbol{B}$ を同じ始点から描き，$\boldsymbol{A} = \overrightarrow{\mathrm{OP}}$，$\boldsymbol{B} = \overrightarrow{\mathrm{OQ}}$ とする（図 1.13）．定義式 (1.14) は

$$\boldsymbol{A}\cdot\boldsymbol{B} = |\boldsymbol{A}|(|\boldsymbol{B}|\cos\theta) = |\boldsymbol{B}|(|\boldsymbol{A}|\cos\theta)$$

と書ける．これより，内積は一方のベクトルの大きさと，他方のベクトルの前者の方向に対する成分との積に等しいことがわかる．

$\boldsymbol{A} \neq \boldsymbol{0}$，$\boldsymbol{B} \neq \boldsymbol{0}$ のとき，内積の定義から

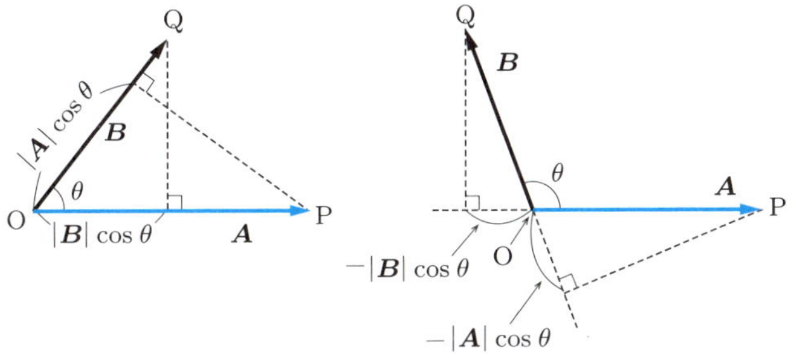

（a）$\theta < \dfrac{\pi}{2}$　　（b）$\theta > \dfrac{\pi}{2}$

図 1.13

$$\left.\begin{array}{lll} \boldsymbol{A}\cdot\boldsymbol{B}=0 & \text{ならば} & \theta=\dfrac{\pi}{2} \\ \boldsymbol{A}\cdot\boldsymbol{B}>0 & \text{ならば} & \theta<\dfrac{\pi}{2} \\ \boldsymbol{A}\cdot\boldsymbol{B}<0 & \text{ならば} & \theta>\dfrac{\pi}{2} \end{array}\right\} \tag{1.15}$$

となる．逆が成り立つことも明らかである．したがって，$\boldsymbol{A}\cdot\boldsymbol{B}=0$，$\boldsymbol{A}\cdot\boldsymbol{B}>0$，$\boldsymbol{A}\cdot\boldsymbol{B}<0$ は，$\boldsymbol{A}$ と $\boldsymbol{B}$ のなす角がそれぞれ直角，鋭角，鈍角であるための必要十分条件である．とくに，$\boldsymbol{A}\cdot\boldsymbol{B}=0$ のとき，$\boldsymbol{A}$ と $\boldsymbol{B}$ は**直交**するという．

内積の定義式 (1.14) で $\boldsymbol{B}=\boldsymbol{A}$ とおけば，$\theta=0$ であるから，

$$\boldsymbol{A}\cdot\boldsymbol{A}=|\boldsymbol{A}|^2$$

すなわち，$|\boldsymbol{A}|=\sqrt{\boldsymbol{A}\cdot\boldsymbol{A}}$ である．$\boldsymbol{A}\cdot\boldsymbol{A}$ を $\boldsymbol{A}^2$ と書くこともある．

a を任意のスカラー，$\boldsymbol{A}$，$\boldsymbol{B}$，$\boldsymbol{C}$ を任意のベクトルとすると，ベクトルの内積に対して次の演算法則が成り立つ．

$$\left.\begin{array}{ll} \boldsymbol{A}\cdot\boldsymbol{B}=\boldsymbol{B}\cdot\boldsymbol{A} & \text{（交換法則）} \\ \boldsymbol{A}\cdot(\boldsymbol{B}+\boldsymbol{C})=\boldsymbol{A}\cdot\boldsymbol{B}+\boldsymbol{A}\cdot\boldsymbol{C} & \text{（分配法則）} \\ (a\boldsymbol{A})\cdot\boldsymbol{B}=\boldsymbol{A}\cdot(a\boldsymbol{B})=a(\boldsymbol{A}\cdot\boldsymbol{B}) & \end{array}\right\} \tag{1.16}$$

式 (1.16) の第 1 式と第 3 式は，内積の定義から明らかであろう．

例 1.5　式 (1.16) の第 2 式（分配法則）を証明しなさい．

解　$\boldsymbol{D}=\boldsymbol{B}+\boldsymbol{C}$ とおき，$\boldsymbol{B}$，$\boldsymbol{C}$，$\boldsymbol{D}$ の $\boldsymbol{A}$ 方向に対する成分をそれぞれ B_a，C_a，D_a とすると，$D_a=B_a+C_a$ である（1.2 節参照）．この式の両辺に $|\boldsymbol{A}|$ をかければ，

$$|\boldsymbol{A}|D_a=|\boldsymbol{A}|B_a+|\boldsymbol{A}|C_a$$

となる．すなわち，次式の分配法則が成り立つ．

$$\boldsymbol{A}\cdot\boldsymbol{D}=\boldsymbol{A}\cdot(\boldsymbol{B}+\boldsymbol{C})=\boldsymbol{A}\cdot\boldsymbol{B}+\boldsymbol{A}\cdot\boldsymbol{C}$$

$\boldsymbol{A}$，$\boldsymbol{B}$，$\boldsymbol{C}$，$\boldsymbol{D}$ を任意のベクトルとすると，式 (1.16) の分配法則から

$$(\boldsymbol{A}+\boldsymbol{B})\cdot(\boldsymbol{C}+\boldsymbol{D})=(\boldsymbol{A}+\boldsymbol{B})\cdot\boldsymbol{C}+(\boldsymbol{A}+\boldsymbol{B})\cdot\boldsymbol{D}$$
$$=\boldsymbol{A}\cdot\boldsymbol{C}+\boldsymbol{B}\cdot\boldsymbol{C}+\boldsymbol{A}\cdot\boldsymbol{D}+\boldsymbol{B}\cdot\boldsymbol{D}$$

となる．このように，内積に関する計算は，スカラーに対する通常の積の計算と同様に行うことができる．

問 1.9　三角形 OPQ において，辺 PQ に向かい合う角を θ，$\boldsymbol{A}=\overrightarrow{\mathrm{OP}}$，$\boldsymbol{B}=\overrightarrow{\mathrm{OQ}}$，$\boldsymbol{C}=\overrightarrow{\mathrm{QP}}$ とすると（図 1.14），

$$|\boldsymbol{C}|^2=|\boldsymbol{A}|^2+|\boldsymbol{B}|^2-2|\boldsymbol{A}||\boldsymbol{B}|\cos\theta$$

が成り立つことを証明しなさい．これを三角形の**余弦定理**という．

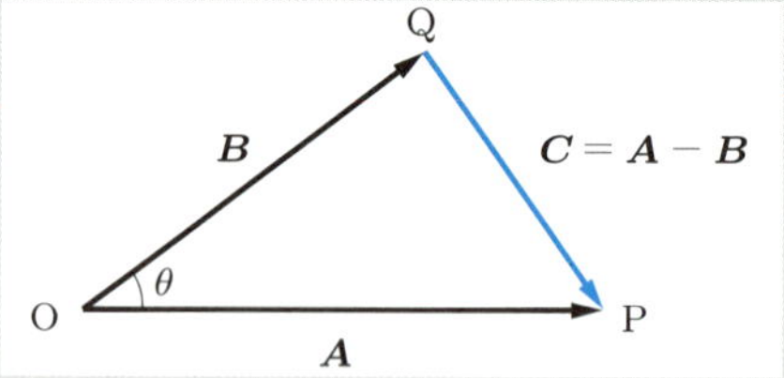

図 1.14

基本ベクトル $\boldsymbol{i}$，$\boldsymbol{j}$，$\boldsymbol{k}$ は互いに直交する単位ベクトルであるから，

$$\boldsymbol{i}\cdot\boldsymbol{i}=\boldsymbol{j}\cdot\boldsymbol{j}=\boldsymbol{k}\cdot\boldsymbol{k}=1,\quad \boldsymbol{i}\cdot\boldsymbol{j}=\boldsymbol{j}\cdot\boldsymbol{k}=\boldsymbol{k}\cdot\boldsymbol{i}=0 \tag{1.17}$$

となる．これを使うと，内積は2つのベクトルの成分だけで表すことができる．すなわち，ベクトル $\boldsymbol{A}$，$\boldsymbol{B}$ の成分をそれぞれ (A_x, A_y, A_z)，(B_x, B_y, B_z) とすると，

$$\begin{aligned}\boldsymbol{A}\cdot\boldsymbol{B}&=(A_x\boldsymbol{i}+A_y\boldsymbol{j}+A_z\boldsymbol{k})\cdot(B_x\boldsymbol{i}+B_y\boldsymbol{j}+B_z\boldsymbol{k})\\&=A_xB_x\boldsymbol{i}\cdot\boldsymbol{i}+A_xB_y\boldsymbol{i}\cdot\boldsymbol{j}+A_xB_z\boldsymbol{i}\cdot\boldsymbol{k}\\&\quad+A_yB_x\boldsymbol{j}\cdot\boldsymbol{i}+A_yB_y\boldsymbol{j}\cdot\boldsymbol{j}+A_yB_z\boldsymbol{j}\cdot\boldsymbol{k}\\&\quad+A_zB_x\boldsymbol{k}\cdot\boldsymbol{i}+A_zB_y\boldsymbol{k}\cdot\boldsymbol{j}+A_zB_z\boldsymbol{k}\cdot\boldsymbol{k}\\&=A_xB_x+A_yB_y+A_zB_z\end{aligned} \tag{1.18}$$

となる．とくに，$\boldsymbol{B} = \boldsymbol{A}$ とおけば

$$\boldsymbol{A} \cdot \boldsymbol{A} = |\boldsymbol{A}|^2 = {A_x}^2 + {A_y}^2 + {A_z}^2$$

となり，これは式 (1.8) と一致する．また，$\boldsymbol{A}$ と $\boldsymbol{B}$ のなす角を θ とすると，内積の定義式 (1.14) と式 (1.18) から，

$$\cos\theta = \frac{\boldsymbol{A} \cdot \boldsymbol{B}}{|\boldsymbol{A}||\boldsymbol{B}|} = \frac{A_x B_x + A_y B_y + A_z B_z}{\sqrt{({A_x}^2 + {A_y}^2 + {A_z}^2)({B_x}^2 + {B_y}^2 + {B_z}^2)}} \tag{1.19}$$

が得られる．このように，2 つのベクトルのなす角は，ベクトルの成分だけを用いて表すことができる．

例 1.6　$\boldsymbol{A} = 2\boldsymbol{i} - 3\boldsymbol{j} + \boldsymbol{k}$，$\boldsymbol{B} = \boldsymbol{i} + 2\boldsymbol{j} - 3\boldsymbol{k}$ のとき，$\boldsymbol{A} \cdot \boldsymbol{B}$ および $\boldsymbol{A}$ と $\boldsymbol{B}$ のなす角 θ を求めなさい．

解　式 (1.18) より，

$$\boldsymbol{A} \cdot \boldsymbol{B} = 2 \times 1 + (-3) \times 2 + 1 \times (-3) = -7$$

となる．また，$|\boldsymbol{A}| = \sqrt{2^2 + (-3)^2 + 1^2} = \sqrt{14}$，同様に $|\boldsymbol{B}| = \sqrt{14}$ より，

$$\cos\theta = \frac{\boldsymbol{A} \cdot \boldsymbol{B}}{|\boldsymbol{A}||\boldsymbol{B}|} = \frac{-7}{14} = -\frac{1}{2}$$

となる．ゆえに，$\theta = 2\pi/3\ (120^\circ)$ である．

問 1.10　$\boldsymbol{A} = 2\boldsymbol{i} - 2\boldsymbol{j} + 3\boldsymbol{k}$ と $\boldsymbol{B} = -\boldsymbol{i} + 2\boldsymbol{j} + 2\boldsymbol{k}$ は直交することを示しなさい．

問 1.11　$\boldsymbol{A} = a\boldsymbol{i} + b\boldsymbol{j}$（$a$，$b$ は定数）と直交する xy 平面上の単位ベクトル $\boldsymbol{e}$ は，

$$\boldsymbol{e} = \pm\frac{1}{\sqrt{a^2 + b^2}}(b\boldsymbol{i} - a\boldsymbol{j})$$

で与えられることを示しなさい．

1.4 ▶ ベクトルの外積

2 つのベクトル $\boldsymbol{A}$，$\boldsymbol{B}$ のなす角を $\theta\ (0 < \theta < \pi)$ とする．$\boldsymbol{A}$ と $\boldsymbol{B}$ を同一の始点から描き，$\boldsymbol{A}$ と $\boldsymbol{B}$ がつくる面内で $\boldsymbol{A}$ を θ だけ回転させて $\boldsymbol{B}$ に重ねることを考える（図 1.15）．この面に垂直で，$\boldsymbol{A}$ の回転にともなう右ねじの進む方向に向きをもつ単位ベクトルを $\boldsymbol{e}$ とする．このとき，大きさが $|\boldsymbol{A}||\boldsymbol{B}|\sin\theta$ に等しく，向きが $\boldsymbol{e}$ と同じであるベクトルを，$\boldsymbol{A}$ と $\boldsymbol{B}$ の**外積**または**ベクトル積**といい，$\boldsymbol{A} \times \boldsymbol{B}$ と書き表す．すなわち，

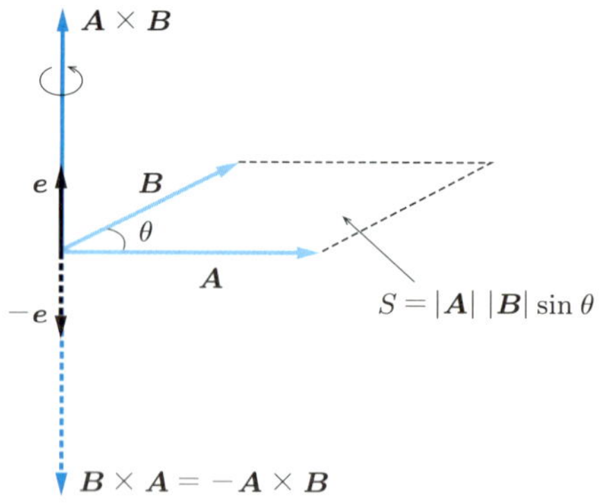

図 1.15　ベクトルの外積

$$\boldsymbol{A}\times\boldsymbol{B}=(|\boldsymbol{A}||\boldsymbol{B}|\sin\theta)\boldsymbol{e} \tag{1.20}$$

となる．この定義から明らかなように，$\boldsymbol{A}\times\boldsymbol{B}$ は $\boldsymbol{A}$ と $\boldsymbol{B}$ に垂直なベクトルであり，その大きさは $\boldsymbol{A}$，$\boldsymbol{B}$ を 2 辺とする平行四辺形の面積 S に等しい．なお，ベクトル積というよび方は，積がベクトルであることに由来する．

「$\boldsymbol{A}$ と $\boldsymbol{B}$ が平行（$\theta=0$）または反平行（$\theta=\pi$）」のとき，あるいは「$\boldsymbol{A}=\boldsymbol{0}$ または $\boldsymbol{B}=\boldsymbol{0}$」のときには，$\boldsymbol{A}$ と $\boldsymbol{B}$ のつくる面は定まらない．しかし，いずれの場合にも $|\boldsymbol{A}||\boldsymbol{B}|\sin\theta=0$ である．このことを考慮して，そのような特別の場合には，$\boldsymbol{A}\times\boldsymbol{B}=\boldsymbol{0}$ と定義する．

上の場合とは逆に，$\boldsymbol{A}$ と $\boldsymbol{B}$ がつくる面内で $\boldsymbol{B}$ を θ だけ回転させて $\boldsymbol{A}$ に重ねることを考える．この回転にともなう右ねじの進む方向は，上の場合と逆向きになる．したがって，$\boldsymbol{B}$ と $\boldsymbol{A}$ の外積は

$$\boldsymbol{B}\times\boldsymbol{A}=(|\boldsymbol{B}||\boldsymbol{A}|\sin\theta)(-\boldsymbol{e})=-(\boldsymbol{A}\times\boldsymbol{B}) \tag{1.21}$$

となる．$-(\boldsymbol{A}\times\boldsymbol{B})$ を単に $-\boldsymbol{A}\times\boldsymbol{B}$ と書く．このように，外積に対しては交換法則は成立しないから，積の順序を変えるときには注意が必要である．

一方で，分配法則とスカラー倍に関する法則は，ベクトルの外積に対しても成立する．すなわち，任意のベクトルを $\boldsymbol{A}$，$\boldsymbol{B}$，$\boldsymbol{C}$，任意のスカラーを a とすると，

$$\left.\begin{array}{ll}\boldsymbol{A}\times(\boldsymbol{B}+\boldsymbol{C})=\boldsymbol{A}\times\boldsymbol{B}+\boldsymbol{A}\times\boldsymbol{C} & \text{（分配法則）}\\ (a\boldsymbol{A})\times\boldsymbol{B}=\boldsymbol{A}\times(a\boldsymbol{B})=a(\boldsymbol{A}\times\boldsymbol{B}) & \end{array}\right\} \tag{1.22}$$

となる．第 2 式は，各項を定義に従って作図して比較すれば簡単に証明できる．第 1 式（分配法則）の証明はやや複雑であるので，次項で説明する．

▶▶分配法則の証明

いま，ベクトル $\boldsymbol{A}$ に垂直な平面を π として†，ベクトル $\boldsymbol{B}$，$\boldsymbol{C}$ の平面 π 上への正射影をそれぞれ $\boldsymbol{B}'$，$\boldsymbol{C}'$ とする．このとき，$\boldsymbol{A}\times\boldsymbol{B}=\boldsymbol{A}\times\boldsymbol{B}'$ であることを図 1.16(a) で確かめてみよう．$\boldsymbol{A}$，$\boldsymbol{B}$，$\boldsymbol{B}'$ は同一平面上にあることは明らかであり，$\boldsymbol{A}$ と $\boldsymbol{B}$ を 2 辺とする平行四辺形の面積と，$\boldsymbol{A}$ と $\boldsymbol{B}'$ を 2 辺とする平行四辺形（長方形）の面積は等しい．このことは，2 つの平行四辺形の底辺がいずれも $|\boldsymbol{A}|$ に等しく，高さがいずれも $|\boldsymbol{B}'|$ に等しいことから明らかである．ゆえに，$\boldsymbol{A}\times\boldsymbol{B}$ と $\boldsymbol{A}\times\boldsymbol{B}'$ の大きさは等しい．また，$\boldsymbol{A}\times\boldsymbol{B}$ の向きと $\boldsymbol{A}\times\boldsymbol{B}'$ の向きも同じである．したがって，$\boldsymbol{A}\times\boldsymbol{B}=\boldsymbol{A}\times\boldsymbol{B}'$ であることが確かめられた．まったく同様に，$\boldsymbol{A}\times\boldsymbol{C}=\boldsymbol{A}\times\boldsymbol{C}'$ であることも確かめられる．

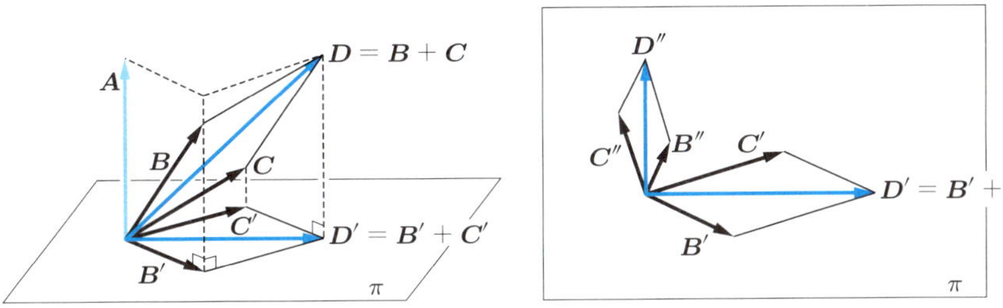

図 1.16　分配法則の証明†

次に，$\boldsymbol{D}=\boldsymbol{B}+\boldsymbol{C}$ として，$\boldsymbol{D}$ の平面 π 上への正射影を $\boldsymbol{D}'$ とすると，$\boldsymbol{D}'=\boldsymbol{B}'+\boldsymbol{C}'$ である（1.2 節，問 1.7 参照）．また，上と同様にして，$\boldsymbol{A}\times\boldsymbol{D}=\boldsymbol{A}\times\boldsymbol{D}'$ であることも確かめられる．以上のことから，式 (1.22) の分配法則を証明するためには，

$$\boldsymbol{A}\times\boldsymbol{D}'=\boldsymbol{A}\times\boldsymbol{B}'+\boldsymbol{A}\times\boldsymbol{C}' \tag{1.23}$$

であることを示せばよいことになる．

そこで，$\boldsymbol{B}''=\boldsymbol{A}\times\boldsymbol{B}'$，$\boldsymbol{C}''=\boldsymbol{A}\times\boldsymbol{C}'$，$\boldsymbol{D}''=\boldsymbol{A}\times\boldsymbol{D}'$ とすると，これらはいずれも $\boldsymbol{A}$ に垂直であるから，平面 π 上のベクトルである．さらに，$\boldsymbol{B}''$，$\boldsymbol{C}''$，$\boldsymbol{D}''$ はそれぞれ $\boldsymbol{B}'$，$\boldsymbol{C}'$，$\boldsymbol{D}'$ を 90° だけ同じ向きに回転した方向を向いていて（図 1.16(b)），その大きさはそれぞれ $|\boldsymbol{B}'|$，$|\boldsymbol{C}'|$，$|\boldsymbol{D}'|$ の $|\boldsymbol{A}|$ 倍である．このことから，$\boldsymbol{D}''$ は $\boldsymbol{B}''$ と $\boldsymbol{C}''$ を 2 辺とする平行四辺形の 1 つの対角線に対応するベクトルになっていることがわかる．したがって，$\boldsymbol{D}''=\boldsymbol{B}''+\boldsymbol{C}''$，すなわち式 (1.23) が示され，式 (1.22) の分配法則が証明されたことになる．

---

† π は，円周率とは無関係な単なる名称．

▶▶ベクトルの外積の成分表示

基本ベクトル $\boldsymbol{i}$, $\boldsymbol{j}$, $\boldsymbol{k}$ は互いに直交する単位ベクトルであり，外積の定義により，次の公式が成り立つ．

$$\left.\begin{aligned} &\boldsymbol{i}\times\boldsymbol{i}=\boldsymbol{j}\times\boldsymbol{j}=\boldsymbol{k}\times\boldsymbol{k}=\boldsymbol{0} \\ &\boldsymbol{i}\times\boldsymbol{j}=\boldsymbol{k}, \quad \boldsymbol{j}\times\boldsymbol{k}=\boldsymbol{i}, \quad \boldsymbol{k}\times\boldsymbol{i}=\boldsymbol{j} \end{aligned}\right\} \tag{1.24}$$

ベクトル $\boldsymbol{A}$, $\boldsymbol{B}$ の成分をそれぞれ (A_x, A_y, A_z), (B_x, B_y, B_z) とすると，式 (1.21), (1.22), (1.24) の公式を用いて，$\boldsymbol{A}\times\boldsymbol{B}$ は次のように計算される．

$$\begin{aligned} \boldsymbol{A}\times\boldsymbol{B} &= (A_x\boldsymbol{i}+A_y\boldsymbol{j}+A_z\boldsymbol{k})\times(B_x\boldsymbol{i}+B_y\boldsymbol{j}+B_z\boldsymbol{k}) \\ &= A_xB_x\boldsymbol{i}\times\boldsymbol{i}+A_xB_y\boldsymbol{i}\times\boldsymbol{j}+A_xB_z\boldsymbol{i}\times\boldsymbol{k} \\ &\quad +A_yB_x\boldsymbol{j}\times\boldsymbol{i}+A_yB_y\boldsymbol{j}\times\boldsymbol{j}+A_yB_z\boldsymbol{j}\times\boldsymbol{k} \\ &\quad +A_zB_x\boldsymbol{k}\times\boldsymbol{i}+A_zB_y\boldsymbol{k}\times\boldsymbol{j}+A_zB_z\boldsymbol{k}\times\boldsymbol{k} \\ &= (A_yB_z-A_zB_y)\boldsymbol{i}+(A_zB_x-A_xB_z)\boldsymbol{j}+(A_xB_y-A_yB_x)\boldsymbol{k} \end{aligned} \tag{1.25}$$

行列式（補章の S.3 節参照）を使うと，式 (1.25) は

$$\boldsymbol{A}\times\boldsymbol{B}=\begin{vmatrix} \boldsymbol{i} & \boldsymbol{j} & \boldsymbol{k} \\ A_x & A_y & A_z \\ B_x & B_y & B_z \end{vmatrix} \tag{1.26}$$

と書き表される．ベクトルの成分を用いて外積を計算するとき，式 (1.26) は覚えやすくて便利な公式である．$\boldsymbol{A}\times\boldsymbol{B}$ の x, y, z 成分をそれぞれ $(\boldsymbol{A}\times\boldsymbol{B})_x$, $(\boldsymbol{A}\times\boldsymbol{B})_y$, $(\boldsymbol{A}\times\boldsymbol{B})_z$ と書き表すことにすれば，

$$(\boldsymbol{A}\times\boldsymbol{B})_x=A_yB_z-A_zB_y, \quad (\boldsymbol{A}\times\boldsymbol{B})_y=A_zB_x-A_xB_z,$$
$$(\boldsymbol{A}\times\boldsymbol{B})_z=A_xB_y-A_yB_x$$

となる．

例 1.7 $\boldsymbol{A}=2\boldsymbol{i}-3\boldsymbol{j}+\boldsymbol{k}$, $\boldsymbol{B}=3\boldsymbol{i}+\boldsymbol{j}-2\boldsymbol{k}$ のとき，次のものを求めなさい．
(1) $\boldsymbol{A}\times\boldsymbol{B}$ (2) $(\boldsymbol{A}+\boldsymbol{B})\times(\boldsymbol{A}-\boldsymbol{B})$ (3) $\boldsymbol{A}$ と $\boldsymbol{B}$ に垂直な単位ベクトル

解 (1) $\boldsymbol{A}\times\boldsymbol{B}=\begin{vmatrix}\boldsymbol{i} & \boldsymbol{j} & \boldsymbol{k}\\ 2 & -3 & 1\\ 3 & 1 & -2\end{vmatrix}=(6-1)\boldsymbol{i}+(3+4)\boldsymbol{j}+(2+9)\boldsymbol{k}=5\boldsymbol{i}+7\boldsymbol{j}+11\boldsymbol{k}$

(2) $\boldsymbol{A}+\boldsymbol{B}=(2+3)\boldsymbol{i}+(-3+1)\boldsymbol{j}+(1-2)\boldsymbol{k}=5\boldsymbol{i}-2\boldsymbol{j}-\boldsymbol{k}$

$\boldsymbol{A}-\boldsymbol{B}=(2-3)\boldsymbol{i}+(-3-1)\boldsymbol{j}+(1+2)\boldsymbol{k}=-\boldsymbol{i}-4\boldsymbol{j}+3\boldsymbol{k}$

$$\therefore\quad (\boldsymbol{A}+\boldsymbol{B})\times(\boldsymbol{A}-\boldsymbol{B})=\begin{vmatrix}\boldsymbol{i} & \boldsymbol{j} & \boldsymbol{k}\\ 5 & -2 & -1\\ -1 & -4 & 3\end{vmatrix}$$
$$=(-6-4)\boldsymbol{i}+(1-15)\boldsymbol{j}+(-20-2)\boldsymbol{k}$$
$$=-10\boldsymbol{i}-14\boldsymbol{j}-22\boldsymbol{k}$$

(2)〔別解〕 $(\boldsymbol{A}+\boldsymbol{B})\times(\boldsymbol{A}-\boldsymbol{B})=\boldsymbol{A}\times\boldsymbol{A}-\boldsymbol{A}\times\boldsymbol{B}+\boldsymbol{B}\times\boldsymbol{A}-\boldsymbol{B}\times\boldsymbol{B}$

$$=-2\boldsymbol{A}\times\boldsymbol{B}=-10\boldsymbol{i}-14\boldsymbol{j}-22\boldsymbol{k}$$

(3) $\boldsymbol{A}\times\boldsymbol{B}$ は $\boldsymbol{A}$ と $\boldsymbol{B}$ に垂直であるから，$\boldsymbol{A}\times\boldsymbol{B}$ に平行な単位ベクトルを求めればよい．これを $\boldsymbol{e}$ とすると，次式となる．

$$\boldsymbol{e}=\pm\frac{\boldsymbol{A}\times\boldsymbol{B}}{|\boldsymbol{A}\times\boldsymbol{B}|}=\pm\frac{1}{\sqrt{5^2+7^2+11^2}}(5\boldsymbol{i}+7\boldsymbol{j}+11\boldsymbol{k})$$
$$=\pm\left(\frac{5}{\sqrt{195}}\boldsymbol{i}+\frac{7}{\sqrt{195}}\boldsymbol{j}+\frac{11}{\sqrt{195}}\boldsymbol{k}\right)$$

問 1.12 xy 平面上の 2 つのベクトル $\boldsymbol{A}=A_x\boldsymbol{i}+A_y\boldsymbol{j}$，$\boldsymbol{B}=B_x\boldsymbol{i}+B_y\boldsymbol{j}$ のなす角を θ $(0\leqq\theta\leqq\pi)$ とする．$\sin\theta$ を A_x，A_y，B_x，B_y で表しなさい．

問 1.13 ベクトル $\boldsymbol{A}$，$\boldsymbol{B}$ を 2 辺とする平行四辺形の面積 S を，$\boldsymbol{A}$，$\boldsymbol{B}$ の成分を用いて表しなさい．

スカラー 3 重積

任意のベクトルを $\boldsymbol{A}$，$\boldsymbol{B}$，$\boldsymbol{C}$ とすると，$\boldsymbol{A}$ と $\boldsymbol{B}\times\boldsymbol{C}$ の内積は次のように計算できる．

$$\boldsymbol{A}\cdot(\boldsymbol{B}\times\boldsymbol{C})=A_x(\boldsymbol{B}\times\boldsymbol{C})_x+A_y(\boldsymbol{B}\times\boldsymbol{C})_y+A_z(\boldsymbol{B}\times\boldsymbol{C})_z$$
$$=A_x(B_yC_z-B_zC_y)+A_y(B_zC_x-B_xC_z)+A_z(B_xC_y-B_yC_x)$$
$$=A_xB_yC_z+A_yB_zC_x+A_zB_xC_y-A_xB_zC_y-A_yB_xC_z-A_zB_yC_x$$

$$= \begin{vmatrix} A_x & A_y & A_z \\ B_x & B_y & B_z \\ C_x & C_y & C_z \end{vmatrix} \tag{1.27}$$

行列式の各行を循環的に交換しても，その値は不変である．すなわち，

$$\begin{vmatrix} A_x & A_y & A_z \\ B_x & B_y & B_z \\ C_x & C_y & C_z \end{vmatrix} = \begin{vmatrix} B_x & B_y & B_z \\ C_x & C_y & C_z \\ A_x & A_y & A_z \end{vmatrix} = \begin{vmatrix} C_x & C_y & C_z \\ A_x & A_y & A_z \\ B_x & B_y & B_z \end{vmatrix}$$

となる．このことから，

$$\boldsymbol{A}\cdot(\boldsymbol{B}\times\boldsymbol{C}) = \boldsymbol{B}\cdot(\boldsymbol{C}\times\boldsymbol{A}) = \boldsymbol{C}\cdot(\boldsymbol{A}\times\boldsymbol{B}) \tag{1.28}$$

であることがわかる．結果がスカラーになることから，式 (1.28) の各項は**スカラー 3 重積**とよばれ，$[\boldsymbol{ABC}]$ と書く．

例 1.8 $\boldsymbol{A}$ と $\boldsymbol{B}\times\boldsymbol{C}$ のなす角を θ とする．$\theta < \pi/2$ のとき，$\boldsymbol{A}\cdot(\boldsymbol{B}\times\boldsymbol{C})$ は $\boldsymbol{A}$，$\boldsymbol{B}$，$\boldsymbol{C}$ を 3 辺とする**平行六面体の体積** V に等しいことを示しなさい．また，$\theta > \pi/2$ のときにはどうなるか．

解 $\theta < \pi/2$ のとき，$\boldsymbol{A}$，$\boldsymbol{B}$，$\boldsymbol{C}$ は図 1.17 のような関係になる．$\boldsymbol{B}$，$\boldsymbol{C}$ を 2 辺とする平行四辺形の面積を S とすれば，$S = |\boldsymbol{B}\times\boldsymbol{C}|$ となる．これを平行六面体の底面と考え，その高さを h とすると，$h = |\boldsymbol{A}|\cos\theta$ となる．したがって，

$$V = hS = |\boldsymbol{A}||\boldsymbol{B}\times\boldsymbol{C}|\cos\theta = \boldsymbol{A}\cdot(\boldsymbol{B}\times\boldsymbol{C})$$

となる．$\theta > \pi/2$ のときには，$h = -|\boldsymbol{A}|\cos\theta$ より，$V = -\boldsymbol{A}\cdot(\boldsymbol{B}\times\boldsymbol{C})$ となる．

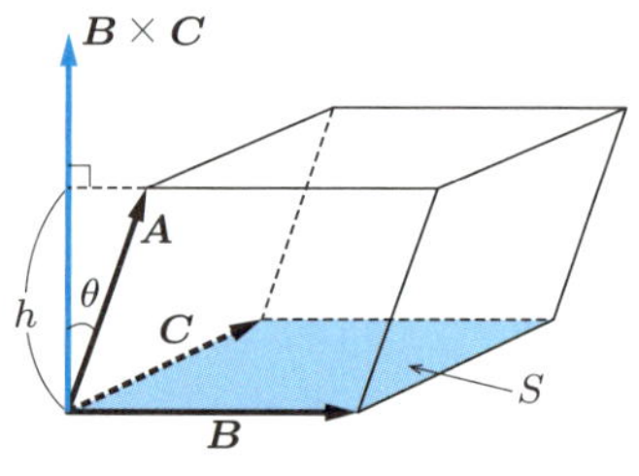

図 1.17 平行六面体の体積

問 1.14 $\boldsymbol{A}$，$\boldsymbol{B}$，$\boldsymbol{C}$ のうち互いに平行なものがあれば，$[\boldsymbol{ABC}] = 0$ であることを示しなさい．

▶▶ベクトル3重積

任意のベクトルを $\boldsymbol{A}$, $\boldsymbol{B}$, $\boldsymbol{C}$ とすると，$\boldsymbol{A}\times(\boldsymbol{B}\times\boldsymbol{C})$ の x 成分は次のように計算される．

$$\begin{aligned}[\boldsymbol{A}\times(\boldsymbol{B}\times\boldsymbol{C})]_x &= A_y(\boldsymbol{B}\times\boldsymbol{C})_z - A_z(\boldsymbol{B}\times\boldsymbol{C})_y \\ &= A_y(B_xC_y - B_yC_x) - A_z(B_zC_x - B_xC_z) \\ &= (A_xC_x + A_yC_y + A_zC_z)B_x - (A_xB_x + A_yB_y + A_zB_z)C_x \\ &= (\boldsymbol{A}\cdot\boldsymbol{C})B_x - (\boldsymbol{A}\cdot\boldsymbol{B})C_x\end{aligned}$$

同様に，y, z 成分は

$$[\boldsymbol{A}\times(\boldsymbol{B}\times\boldsymbol{C})]_y = (\boldsymbol{A}\cdot\boldsymbol{C})B_y - (\boldsymbol{A}\cdot\boldsymbol{B})C_y$$

$$[\boldsymbol{A}\times(\boldsymbol{B}\times\boldsymbol{C})]_z = (\boldsymbol{A}\cdot\boldsymbol{C})B_z - (\boldsymbol{A}\cdot\boldsymbol{B})C_z$$

と計算される．したがって，

$$\begin{aligned}\boldsymbol{A}\times(\boldsymbol{B}\times\boldsymbol{C}) &= (\boldsymbol{A}\cdot\boldsymbol{C})(B_x\boldsymbol{i} + B_y\boldsymbol{j} + B_z\boldsymbol{k}) - (\boldsymbol{A}\cdot\boldsymbol{B})(C_x\boldsymbol{i} + C_y\boldsymbol{j} + C_z\boldsymbol{k}) \\ &= (\boldsymbol{A}\cdot\boldsymbol{C})\boldsymbol{B} - (\boldsymbol{A}\cdot\boldsymbol{B})\boldsymbol{C} \qquad (1.29)\end{aligned}$$

となる．このような3つのベクトルの外積はベクトルになることから，**ベクトル3重積**とよばれる．

問 1.15 $(\boldsymbol{A}\times\boldsymbol{B})\times\boldsymbol{C} = -(\boldsymbol{B}\cdot\boldsymbol{C})\boldsymbol{A} + (\boldsymbol{A}\cdot\boldsymbol{C})\boldsymbol{B}$ であることを証明しなさい．

▶▶面積ベクトル

平面を扱うとき，その表と裏を区別して，さらに面が向いている方向を指定しておくのが便利である．いま，ある平面があるとき，この平面に垂直で，裏から表へ向かう方向を法線方向といい，その向きをもつ単位ベクトル $\boldsymbol{n}$ を**法単位ベクトル**という．また，$\boldsymbol{n}$ の向きを面の向きともいう．面の向きを指定するときには，図 1.18(a) のように平面上に描いた回転の矢印を用い，平面に垂直でこの回転にともなう右ねじの進む方向を面の向きとする．面積が有限である平面（面分）の場合には，面の周囲に沿った矢印で面の向きを表すこともある（図 1.18(b)）．このとき，大きさが面分の面積 S に等しく，$\boldsymbol{n}$ と同じ向きをもつベクトル，すなわち

$$\boldsymbol{S} = S\boldsymbol{n}$$

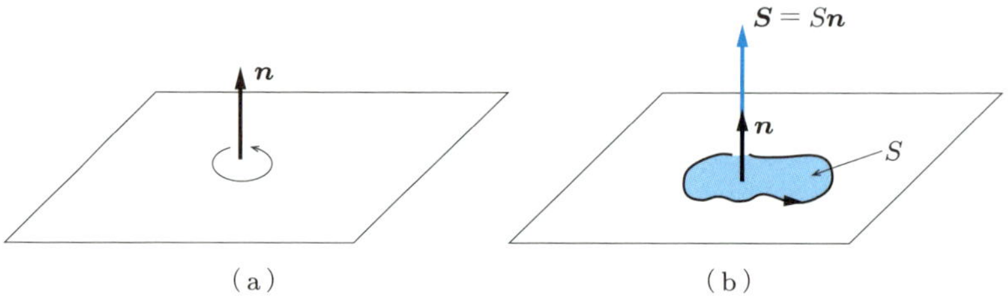

図 1.18　面の向きと面積ベクトル

を**面積ベクトル**という．2 つのベクトル $\boldsymbol{A}$，$\boldsymbol{B}$ を 2 辺とする平行四辺形の面積は $|\boldsymbol{A}\times\boldsymbol{B}|$ に等しいから，外積 $\boldsymbol{A}\times\boldsymbol{B}$ は 1 つの面積ベクトルとみなせる．このように，平行四辺形だけでなく任意の形の面分に対して，外積を一般化したものが面積ベクトルである．

1.5 ▶ 内積と外積の応用*

ベクトルの内積と外積は種々の物理量を表すのに用いられ，頻繁に登場する．本節では，その中で基本的な例をいくつか紹介しておこう．

▶▶力のする仕事

ある質点（質量をもつ点）に力 $\boldsymbol{F}$ が作用して，その質点が $\Delta\boldsymbol{r}$ だけ変位したとする（図 1.19）．このとき，$\boldsymbol{F}$ と $\Delta\boldsymbol{r}$ のなす角を θ とし，

$$\Delta W = |\boldsymbol{F}||\Delta\boldsymbol{r}|\cos\theta = \boldsymbol{F}\cdot\Delta\boldsymbol{r} \tag{1.30}$$

を**力のする仕事**という．

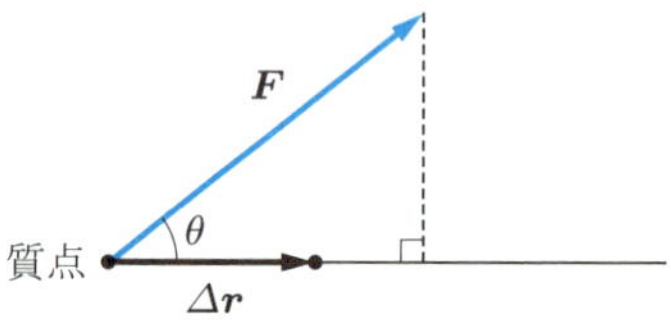

図 1.19　力のする仕事

▶▶電場の中の電気双極子

大きさが同じで，符号が反対の電荷 $\pm q$ $(q>0)$ が微小な間隔をへだてて存在するとき，この電荷の組を**電気双極子**という．負の電荷 $-q$ を始点とし，正の電荷 $+q$ を終点とするベクトルを $2\boldsymbol{l}$ とすると，**電気双極子モーメント** $\boldsymbol{p}$ は $\boldsymbol{p}=2q\boldsymbol{l}$ で定義される（図 1.20）．この $\boldsymbol{p}$ により，電気双極子の向きと大きさが記述される．

図 1.20　電気双極子

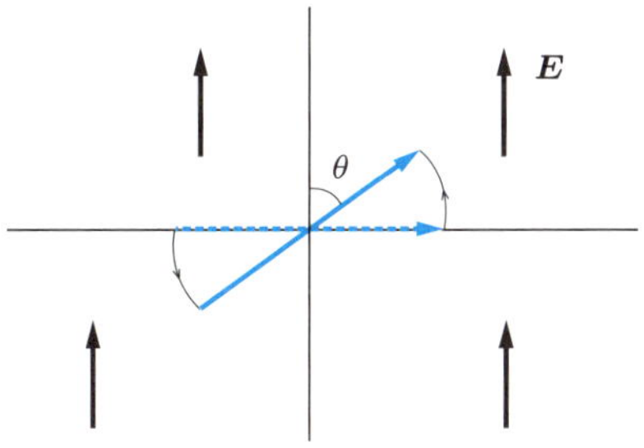

図 1.21　電場の中の電気双極子

図 1.21 のように，電気双極子が一様な**電場** $\boldsymbol{E}$ の中にある場合を考える．双極子モーメント $\boldsymbol{p}$ と電場 $\boldsymbol{E}$ のなす角を θ とすると，この電気双極子の**位置エネルギー**（**ポテンシャルエネルギー**）は，

$$U = -2ql|\boldsymbol{E}|\cos\theta = -\boldsymbol{p}\cdot\boldsymbol{E} \tag{1.31}$$

で与えられる．ただし，ここでは，双極子モーメントと電場が直角になっている状態をエネルギーの原点としている．したがって，双極子モーメントを電場に直角の向きから電場となす角が θ になるまで回転させるのに必要な仕事が，式 (1.31) で与えられる U である．

問 1.16　力のする仕事の定義式 (1.30) を用いて，式 (1.31) を証明しなさい．

力のモーメント

基準点を O として，力 $\boldsymbol{F}$ が作用している点を P とする（図 1.22）．$\boldsymbol{r} = \overrightarrow{\mathrm{OP}}$ とするとき，

$$\boldsymbol{N} = \boldsymbol{r}\times\boldsymbol{F} \tag{1.32}$$

を，点 O に関する力 $\boldsymbol{F}$ のモーメントという．いま，**剛体**（大きさが有限で変形しない物体）が点 O で固定されていて，剛体のほかの点 P に力 $\boldsymbol{F}$ が作用している場合を

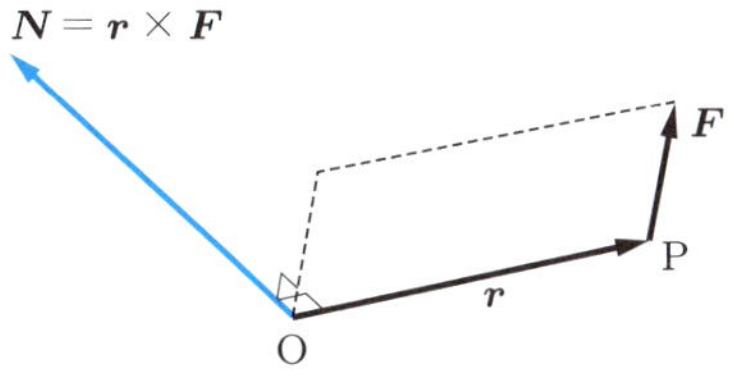

図 1.22　力のモーメント

考える．このとき，式 (1.32) で与えられる**力のモーメント $\boldsymbol{N}$** は，この力が剛体を O のまわりに回転させようとする力の大きさ（回転力）と回転の向きを表す．

ここでは，剛体がある軸で固定されていて，その軸のまわりに自由に回転できる場合を考えよう．このような軸を**回転軸**または**固定軸**という．z 軸を回転軸とする回転の向きを z 軸の正の向きとし，それと垂直な面内に x 軸と y 軸を設定する (図 1.23(a))．上と同様に，力 $\boldsymbol{F}$ が働いている剛体内部（または表面上）の点 P の座標を (x, y, z) として，$\boldsymbol{F}$ の成分を (F_x, F_y, F_z) とする．このとき，式 (1.32) で定義される力のモーメント $\boldsymbol{N}$ の z 成分

$$N_z = (\boldsymbol{r} \times \boldsymbol{F})_z = xF_y - yF_x \tag{1.33}$$

を，回転軸まわりの力のモーメントという．$N_z > 0$ のときには，N_z は z 軸の正の向きに進む右ねじの回転と同じ向きの回転力である．$N_z < 0$ ならば，回転力の向きは逆になる．

上で述べたことを理解するためには，N_z を別の形で表してみるのがよい．図 1.23(a) のように，$\boldsymbol{r}$，$\boldsymbol{F}$ の z 軸に垂直な成分をそれぞれ，$\boldsymbol{r}_\perp$，$\boldsymbol{F}_\perp$ とすると，$\boldsymbol{r}_\perp = x\boldsymbol{i} + y\boldsymbol{j}$，$\boldsymbol{F}_\perp = F_x\boldsymbol{i} + F_y\boldsymbol{j}$ と表される．$\boldsymbol{r}_\perp$ に垂直な xy 平面上の単位ベクトル $\boldsymbol{s}$ は 2 つあるが（1.3 節，問 1.11 参照），このうちで，$\boldsymbol{r}_\perp \times \boldsymbol{s}$ の向きが z 軸の正の向きと一致するものは

$$\boldsymbol{s} = \frac{1}{\sqrt{x^2 + y^2}}(-y\boldsymbol{i} + x\boldsymbol{j})$$

である．$\boldsymbol{F}$ の $\boldsymbol{s}$ 方向に対する成分を F_s とすると，N_z は

$$N_z = r_\perp F_s \tag{1.34}$$

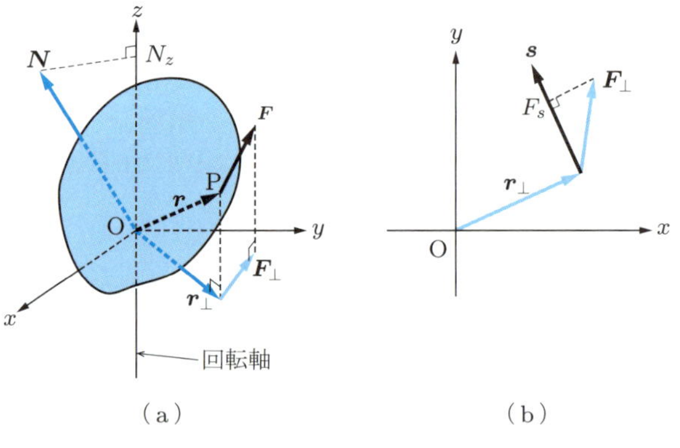

図 1.23　剛体の回転と力のモーメント

と定義することもできる．$r_\perp = \sqrt{x^2 + y^2}$，$F_s = \boldsymbol{F} \cdot \boldsymbol{s} = \boldsymbol{F}_\perp \cdot \boldsymbol{s}$ を使えば，式 (1.33) と式 (1.34) が同等であることは容易に証明できる．式 (1.34) で定義される N_z は，z 軸まわりの**回転力**（**トルク**）を表すことは明らかであろう（図 1.23(b)）．また，N_z の符号は F_s の符号で決まり，その符号と回転力の向きとの関係も容易に理解できる．

問 1.17　式 (1.33) と式 (1.34) が同等であることを示しなさい．

角運動量

運動している質量 m の質点の位置ベクトルを $\boldsymbol{r}$，その点における速度を $\boldsymbol{v}$ とする．このとき，式 (1.32) で力 $\boldsymbol{F}$ のかわりに質点の**運動量** $\boldsymbol{p} = m\boldsymbol{v}$ を用いて定義されるもの，すなわち，運動量のモーメント

$$\boldsymbol{l} = \boldsymbol{r} \times \boldsymbol{p} = \boldsymbol{r} \times (m\boldsymbol{v}) \tag{1.35}$$

を，原点 O に関する質点の**角運動量**という．多数の質点があるときには，全角運動量 $\boldsymbol{L}$ は個々の質点の角運動量の和で与えられる．すなわち，

$$\boldsymbol{L} = \sum_i \boldsymbol{l}_i = \sum_i \boldsymbol{r}_i \times (m_i \boldsymbol{v}_i)$$

となる．剛体は無数の質点の集合と考えることができる．

角速度ベクトル

例として，回転軸のまわりの剛体の回転運動を考える．図 1.23 と同様に，回転軸の向きを定めて，それを z 軸の正の向きとする．右ねじを回したときその進む方向が $\boldsymbol{k}$（z 軸の正の向きをもつ単位ベクトル）と一致するならば，その回転の向きを正とする．いま，微小時間 dt の間に剛体が回転軸のまわりに角 $d\theta$ だけ回転したとすれば，角速度は $d\theta/dt$ である．そこで，回転軸に沿った方向をもつベクトル

$$\boldsymbol{\omega} - \frac{d\theta}{dt}\boldsymbol{k} \tag{1.36}$$

を定義して，これを**角速度ベクトル**，または単に**角速度**という．図 1.24 のように，回転軸上に原点 O をとり，剛体内のある点 P の位置ベクトルを $\boldsymbol{r}$ とすると，点 P の速度 $\boldsymbol{v}$ は，$\boldsymbol{\omega}$ を用いて

$$\boldsymbol{v} = \boldsymbol{\omega} \times \boldsymbol{r} \tag{1.37}$$

と表される．

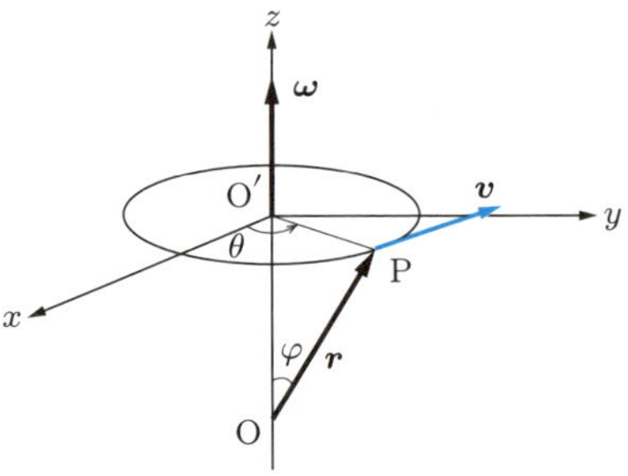

図 1.24　式 (1.37) の証明

例 1.9　式 (1.37) を証明しなさい．

解　図 1.24 のように，点 P の回転軸上への正射影を O′，$\boldsymbol{r}$ と $\boldsymbol{\omega}$ のなす角を φ とすると，

$$|\boldsymbol{v}| = \overline{\mathrm{O'P}} \cdot \left|\frac{d\theta}{dt}\right| = |\boldsymbol{\omega}||\boldsymbol{r}|\sin\varphi = |\boldsymbol{\omega}\times\boldsymbol{r}|$$

となる．また，$\boldsymbol{v}$ の向きと $\boldsymbol{\omega}\times\boldsymbol{r}$ の向きが一致することも図から明らかである．ゆえに，$\boldsymbol{v} = \boldsymbol{\omega}\times\boldsymbol{r}$ である．

演習問題

1.1　2 つのベクトル $\boldsymbol{A} = 2\boldsymbol{i} - \boldsymbol{j} + 2\boldsymbol{k}$，$\boldsymbol{B} = 3\boldsymbol{i} + 2\boldsymbol{j} - \boldsymbol{k}$ に対して，次のものを求めなさい．

(1) $\boldsymbol{A}+\boldsymbol{B}$　(2) $\boldsymbol{A}-\boldsymbol{B}$　(3) $\boldsymbol{A}\cdot\boldsymbol{B}$　(4) $\boldsymbol{A}\times\boldsymbol{B}$　(5) $(\boldsymbol{A}+\boldsymbol{B})\cdot(\boldsymbol{A}-\boldsymbol{B})$

(6) $(\boldsymbol{A}+\boldsymbol{B})\times(\boldsymbol{A}-\boldsymbol{B})$　(7) $\boldsymbol{A}$ と $\boldsymbol{B}$ に垂直な単位ベクトル $\boldsymbol{e}$

1.2　三角形 ABC について次のことを証明しなさい．

(1) 各辺の中点とそれに向かい合う頂点を結ぶ線分は，1 点 G で交わる．G を三角形 ABC の**重心**という．

(2) 頂点 A，B，C の位置ベクトルをそれぞれ $\boldsymbol{a}$，$\boldsymbol{b}$，$\boldsymbol{c}$ とするとき，重心 G の位置ベクトルは

$$\boldsymbol{r}_{\mathrm{G}} = \frac{1}{3}(\boldsymbol{a}+\boldsymbol{b}+\boldsymbol{c})$$

となる．

(3) 辺 BC，CA，AB を $m:n$ に内分する点をそれぞれ P，Q，R とすると，三角形 PQR の重心は三角形 ABC の重心 G と一致する．

1.3　2 つの任意のベクトル $\boldsymbol{A}$，$\boldsymbol{B}$ に対する次の関係を証明しなさい．

(1) $|\boldsymbol{A}+\boldsymbol{B}| \leqq |\boldsymbol{A}| + |\boldsymbol{B}|$　(2) $|\boldsymbol{A}-\boldsymbol{B}| \geqq ||\boldsymbol{A}| - |\boldsymbol{B}||$

1.4　2 つのベクトルを $\boldsymbol{A} = 2\boldsymbol{i} - \boldsymbol{j} + 2\boldsymbol{k}$，$\boldsymbol{s} = \boldsymbol{i} + \boldsymbol{j} + \boldsymbol{k}$ とする．$\boldsymbol{A}$ と $\boldsymbol{s}$ の方向余弦を求め，

$\boldsymbol{s}$ 方向に対する $\boldsymbol{A}$ の成分 A_s を求めなさい.

1.5 3つのベクトル $\boldsymbol{A}$, $\boldsymbol{B}$, $\boldsymbol{C}$ が, $\boldsymbol{A}+\boldsymbol{B}+\boldsymbol{C}=\boldsymbol{0}$ を満たすとき,

$$\boldsymbol{A}\times\boldsymbol{B}=\boldsymbol{B}\times\boldsymbol{C}=\boldsymbol{C}\times\boldsymbol{A}$$

であることを示しなさい.

1.6 3点 A, B, C の位置ベクトルをそれぞれ $\boldsymbol{a}$, $\boldsymbol{b}$, $\boldsymbol{c}$ とするとき, 次のことを証明しなさい.

A, B, C が同一直線上にあるための必要十分条件は, すべてが 0 ではない適当な実数 l, m, n に対して,

$$l\boldsymbol{a}+m\boldsymbol{b}+n\boldsymbol{c}=\boldsymbol{0}, \quad l+m+n=0$$

がともに成立することである.

1.7 三角形 ABC の3辺の長さを a, b, c, それらに向かい合う角をそれぞれ α, β, γ とするとき (図 1.25), 次の**正弦定理**を証明しなさい.

$$\frac{\sin\alpha}{a}=\frac{\sin\beta}{b}=\frac{\sin\gamma}{c}$$

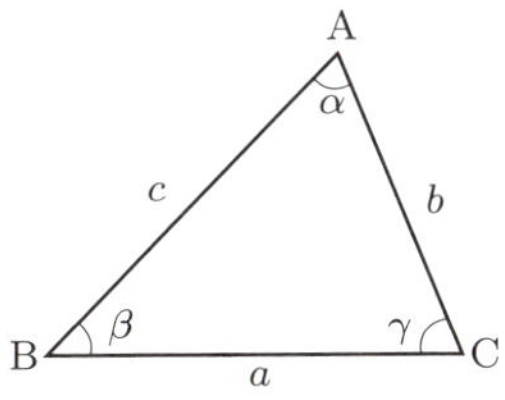

図 1.25

1.8 $\boldsymbol{e}$ をある方向の単位ベクトル, $\boldsymbol{A}$ を任意のベクトルとするとき, 次のように, $\boldsymbol{A}$ が $\boldsymbol{e}$ に平行な成分と $\boldsymbol{e}$ に垂直な成分に分けられることを示しなさい.

$$\boldsymbol{A}=(\boldsymbol{A}\cdot\boldsymbol{e})\boldsymbol{e}+\boldsymbol{e}\times(\boldsymbol{A}\times\boldsymbol{e})$$

1.9 線形独立なベクトル $\boldsymbol{A}$, $\boldsymbol{B}$, $\boldsymbol{C}$ に対し, 次のベクトル $\boldsymbol{X}$ を求めなさい.

(1) $\boldsymbol{A}$ の上に $\boldsymbol{B}$ を正射影したベクトル $\boldsymbol{X}$

(2) $\boldsymbol{A}$ と $\boldsymbol{B}$ のつくる平面上に $\boldsymbol{C}$ を正射影したベクトル $\boldsymbol{X}$

1.10* 原点 O で固定された剛体上の点 P(2, 1, 3) に, 力 $\boldsymbol{F}=\boldsymbol{i}+2\boldsymbol{j}-2\boldsymbol{k}$ が働いているとき, 次のものを求めなさい.

(1) z 軸まわりの力のモーメント

(2) $\boldsymbol{s}=\boldsymbol{i}+\boldsymbol{j}+\boldsymbol{k}$ とするとき, $\boldsymbol{s}$ 方向のまわりの力のモーメント

1.11 共面でない3つのベクトル $\boldsymbol{a}_1$, $\boldsymbol{a}_2$, $\boldsymbol{a}_3$ に対し, 次のような3つのベクトル $\boldsymbol{b}_1$, $\boldsymbol{b}_2$,

$\boldsymbol{b}_3$ を定義する.

$$\boldsymbol{b}_1 = \frac{\boldsymbol{a}_2 \times \boldsymbol{a}_3}{\boldsymbol{a}_1 \cdot (\boldsymbol{a}_2 \times \boldsymbol{a}_3)}, \quad \boldsymbol{b}_2 = \frac{\boldsymbol{a}_3 \times \boldsymbol{a}_1}{\boldsymbol{a}_2 \cdot (\boldsymbol{a}_3 \times \boldsymbol{a}_1)}, \quad \boldsymbol{b}_3 = \frac{\boldsymbol{a}_1 \times \boldsymbol{a}_2}{\boldsymbol{a}_3 \cdot (\boldsymbol{a}_1 \times \boldsymbol{a}_2)}$$

任意の位置ベクトル $\boldsymbol{r}$ が, 次のような $\boldsymbol{a}_1$, $\boldsymbol{a}_2$, $\boldsymbol{a}_3$ の線形結合で表されることを示しなさい.

$$\boldsymbol{r} = (\boldsymbol{b}_1 \cdot \boldsymbol{r})\boldsymbol{a}_1 + (\boldsymbol{b}_2 \cdot \boldsymbol{r})\boldsymbol{a}_2 + (\boldsymbol{b}_3 \cdot \boldsymbol{r})\boldsymbol{a}_3$$

第2章 ベクトルの微分と積分

運動している物体の速度や加速度は，時間の経過にともなって変化することが多い．このとき，速度ベクトルや加速度ベクトルを時間 t の関数とみなすことができる．このように，独立に変化する量に依存してベクトルが変化するとき，それを**ベクトル関数**といい，独立に変化する量を**独立変数**，または単に**変数**という．これに対して，変数に依存しないベクトルを**定ベクトル**という．また，スカラーのみで定義される関数を，**スカラー関数**という．本章では，ベクトル関数の微分と積分に関する一般論とその応用について学ぶ．

2.1 ▶ ベクトルの微分

ベクトル $\boldsymbol{A}$ が変数 u の関数であるとき，それを $\boldsymbol{A}(u)$ と書くことにする．変数 u のある区間で，$\boldsymbol{A}(u)$ の大きさと向きが u の変化にともなって連続的に変化するとき，$\boldsymbol{A}(u)$ はその区間で連続であるという．これに対して，変数 u に依存しないベクトルを定ベクトルという．以下で扱うベクトル関数やスカラー関数は連続であると仮定する．

変数の値が u から $u + \varDelta u$ まで変化したとき，ベクトル関数 $\boldsymbol{A}(u)$ の増分は $\varDelta \boldsymbol{A} = \boldsymbol{A}(u + \varDelta u) - \boldsymbol{A}(u)$ と書き表される．$\boldsymbol{A}$ の変化の割合は

$$\frac{\varDelta \boldsymbol{A}}{\varDelta u} = \frac{\boldsymbol{A}(u + \varDelta u) - \boldsymbol{A}(u)}{\varDelta u}$$

と表され，これもベクトルである（図 2.1）．$\varDelta u \to 0$ に対する $\varDelta \boldsymbol{A}/\varDelta u$ の極限が存在するとき（すなわち，大きさが有限のただ1つのベクトルが定まるとき），その極限ベクトルを変数値 u における $\boldsymbol{A}$ の**微分係数**といい，$d\boldsymbol{A}/du$ と書き表す．すなわち，

$$\frac{d\boldsymbol{A}}{du} = \lim_{\varDelta u \to 0} \frac{\varDelta \boldsymbol{A}}{\varDelta u} = \lim_{\varDelta u \to 0} \frac{\boldsymbol{A}(u + \varDelta u) - \boldsymbol{A}(u)}{\varDelta u} \tag{2.1}$$

となる．$d\boldsymbol{A}/du$ を $\boldsymbol{A}'$ と書くこともある．変数 u のそれぞれの値に対して微分係数が定まるとき，それは変数 u のベクトル関数とみなすことができる．このように，微

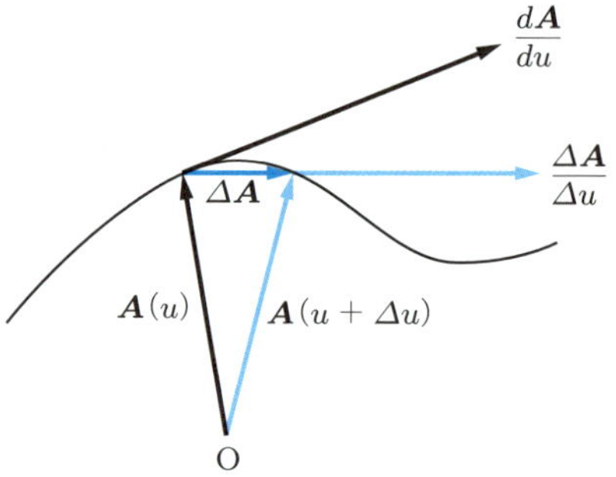

図 2.1　ベクトル関数の微分係数

分係数 $d\boldsymbol{A}/du$ を u の関数とみなしたとき，それを $\boldsymbol{A}$ の**導関数**という．

ベクトル関数 $\boldsymbol{A}(u)$ の成分表示

$$\boldsymbol{A}(u) = A_x(u)\boldsymbol{i} + A_y(u)\boldsymbol{j} + A_z(u)\boldsymbol{k}$$

を用いれば，

$$\frac{d\boldsymbol{A}}{du} = \frac{dA_x}{du}\boldsymbol{i} + \frac{dA_y}{du}\boldsymbol{j} + \frac{dA_z}{du}\boldsymbol{k} \tag{2.2}$$

と表される．すなわち，$d\boldsymbol{A}/du$ は $\boldsymbol{A}$ の各成分の微分係数を成分とするベクトルである．式 (2.2) は式 (2.1) の定義から明らかであろう．

ベクトル関数 $\boldsymbol{A}(u)$ の始点を定点 O に固定すれば，変数 u の変化にともなって，$\boldsymbol{A}(u)$ の終点 P は $\boldsymbol{A}$ が定義されている空間で 1 つの曲線を描き（図 2.1），微分係数 $d\boldsymbol{A}/du$ はこの曲線上の各点で曲線に接している．

$\boldsymbol{A}(u)$ をベクトル関数，$f(u)$ をスカラー関数，α をスカラー定数とすれば，次の公式が成り立つ．

$$\frac{d(a\boldsymbol{A})}{du} = a\frac{d\boldsymbol{A}}{du} \tag{2.3a}$$

$$\frac{d(f\boldsymbol{A})}{du} = \frac{df}{du}\boldsymbol{A} + f\frac{d\boldsymbol{A}}{du} \tag{2.3b}$$

式 (2.3a) は，式 (2.3b) の特別な場合（f が定数の場合）である．

例 2.1　式 (2.3b) を証明しなさい．

解　$u \to u + \Delta u$ にともなう f と $\boldsymbol{A}$ の増分をそれぞれ Δf，$\Delta\boldsymbol{A}$ とすると，$f\boldsymbol{A}$ の増分 $\Delta(f\boldsymbol{A})$ は次のように与えられる．

$$\Delta(f\boldsymbol{A}) = (f + \Delta f)(\boldsymbol{A} + \Delta\boldsymbol{A}) - f\boldsymbol{A} = \Delta f\boldsymbol{A} + f\Delta\boldsymbol{A} + \Delta f\Delta\boldsymbol{A}$$

$$\therefore \quad \frac{\Delta(f\boldsymbol{A})}{\Delta u} = \frac{\Delta f}{\Delta u}\boldsymbol{A} + f\frac{\Delta \boldsymbol{A}}{\Delta u} + \frac{\Delta f}{\Delta u}\Delta \boldsymbol{A}$$

$\Delta u \to 0$ のとき $\Delta \boldsymbol{A} \to 0$ であるから，次式が得られる．

$$\frac{d(f\boldsymbol{A})}{du} = \lim_{\Delta u \to 0}\frac{\Delta(f\boldsymbol{A})}{\Delta u} = \lim_{\Delta u \to 0}\frac{\Delta f}{\Delta u}\boldsymbol{A} + f\lim_{\Delta u \to 0}\frac{\Delta \boldsymbol{A}}{\Delta u} = \frac{df}{du}\boldsymbol{A} + f\frac{d\boldsymbol{A}}{du}$$

問 2.1 ベクトルの成分表示を用いて，式 (2.3b) を証明しなさい．

2 つの任意のベクトル関数 $\boldsymbol{A}(u)$，$\boldsymbol{B}(u)$ に対して，次の公式が成り立つ．

$$\frac{d}{du}(\boldsymbol{A} \pm \boldsymbol{B}) = \frac{d\boldsymbol{A}}{du} \pm \frac{d\boldsymbol{B}}{du} \tag{2.4a}$$

$$\frac{d}{du}(\boldsymbol{A} \cdot \boldsymbol{B}) = \frac{d\boldsymbol{A}}{du} \cdot \boldsymbol{B} + \boldsymbol{A} \cdot \frac{d\boldsymbol{B}}{du} \tag{2.4b}$$

$$\frac{d}{du}(\boldsymbol{A} \times \boldsymbol{B}) = \frac{d\boldsymbol{A}}{du} \times \boldsymbol{B} + \boldsymbol{A} \times \frac{d\boldsymbol{B}}{du} \tag{2.4c}$$

式 (2.4a) は，微分係数の定義式 (2.1) からただちに得られる．ベクトルの成分表示を用いると，式 (2.4b) は次のように証明される．

$$\begin{aligned}\frac{d}{du}(\boldsymbol{A} \cdot \boldsymbol{B}) &= \frac{d}{du}(A_x B_x + A_y B_y + A_z B_z) \\ &= \left(\frac{dA_x}{du}B_x + \frac{dA_y}{du}B_y + \frac{dA_z}{du}B_z\right) + \left(A_x\frac{dB_x}{du} + A_y\frac{dB_y}{du} + A_z\frac{dB_z}{du}\right) \\ &= \frac{d\boldsymbol{A}}{du} \cdot \boldsymbol{B} + \boldsymbol{A} \cdot \frac{d\boldsymbol{B}}{du}\end{aligned}$$

ここで，$d\boldsymbol{A}/du$ の成分は $(dA_x/du,\ dA_y/du,\ dA_z/du)$ であることを用いた（式 (2.2) 参照）．$d\boldsymbol{B}/du$ についても同様である．

例 2.2 式 (2.4c) を証明しなさい．

解 $\boldsymbol{A} \times \boldsymbol{B}$ の x 成分は $(\boldsymbol{A} \times \boldsymbol{B})_x = A_y B_z - A_z B_y$ であるから，$d(\boldsymbol{A} \times \boldsymbol{B})/du$ の x 成分は次のように計算される．

$$\begin{aligned}\left[\frac{d}{du}(\boldsymbol{A} \times \boldsymbol{B})\right]_x &= \frac{d}{du}(A_y B_z - A_z B_y) \\ &= \left(\frac{dA_y}{du}B_z - \frac{dA_z}{du}B_y\right) + \left(A_y\frac{dB_z}{du} - A_z\frac{dB_y}{du}\right) \\ &= \left(\frac{d\boldsymbol{A}}{du} \times \boldsymbol{B}\right)_x + \left(\boldsymbol{A} \times \frac{d\boldsymbol{B}}{du}\right)_x = \left(\frac{d\boldsymbol{A}}{du} \times \boldsymbol{B} + \boldsymbol{A} \times \frac{d\boldsymbol{B}}{du}\right)_x\end{aligned}$$

同様にして，y，z 成分についても以下のようになる．

$$\left[\frac{d}{du}(\boldsymbol{A} \times \boldsymbol{B})\right]_y = \left(\frac{d\boldsymbol{A}}{du} \times \boldsymbol{B} + \boldsymbol{A} \times \frac{d\boldsymbol{B}}{du}\right)_y$$

$$\left[\frac{d}{du}(\boldsymbol{A}\times\boldsymbol{B})\right]_z = \left(\frac{d\boldsymbol{A}}{du}\times\boldsymbol{B}+\boldsymbol{A}\times\frac{d\boldsymbol{B}}{du}\right)_z$$

すなわち，$d(\boldsymbol{A}\times\boldsymbol{B})/du$ の各成分は $(d\boldsymbol{A}/du)\times\boldsymbol{B}+\boldsymbol{A}\times(d\boldsymbol{B}/du)$ の各成分に等しい．したがって，式 (2.4c) が成り立つ．

例 2.3　ベクトル関数 $\boldsymbol{A}(u)$ の大きさが一定ならば，$\boldsymbol{A}\cdot(d\boldsymbol{A}/du)=0$，すなわち，$\boldsymbol{A}$ と $d\boldsymbol{A}/du$ は直交することを証明しなさい．

解　$\boldsymbol{A}\cdot\boldsymbol{A}=|\boldsymbol{A}|^2=$ 一定 より，$d(\boldsymbol{A}\cdot\boldsymbol{A})/du=0$ である．左辺の微分に式 (2.4b) を用いると，次式が得られる．

$$\frac{d(\boldsymbol{A}\cdot\boldsymbol{A})}{du}=\frac{d\boldsymbol{A}}{du}\cdot\boldsymbol{A}+\boldsymbol{A}\cdot\frac{d\boldsymbol{A}}{du}=2\boldsymbol{A}\cdot\frac{d\boldsymbol{A}}{du}=0$$

問 2.2　ベクトル関数 $\boldsymbol{A}(u)$ の向きが一定ならば，その向きをもつ単位ベクトルを $\boldsymbol{e}$ として，$\boldsymbol{A}(u)=f(u)\boldsymbol{e}$ と表される．$f(u)$ はスカラー関数である．このとき，$\boldsymbol{A}\times(d\boldsymbol{A}/du)=\boldsymbol{0}$，すなわち，$\boldsymbol{A}$ と $d\boldsymbol{A}/du$ は平行（共線）であることを証明しなさい．

問 2.3　$\boldsymbol{A}(u)=2u^2\boldsymbol{i}+3u\boldsymbol{j}+\boldsymbol{k}$，$\boldsymbol{B}(u)=\boldsymbol{i}+2u\boldsymbol{j}+4u^2\boldsymbol{k}$ のとき，次のものを求めなさい．

(1) $\dfrac{d\boldsymbol{A}}{du}$，$\dfrac{d\boldsymbol{B}}{du}$　　(2) $\dfrac{d}{du}(\boldsymbol{A}\cdot\boldsymbol{B})$　　(3) $\dfrac{d}{du}(\boldsymbol{A}\times\boldsymbol{B})$

▶▶ 高階微分係数

ベクトル関数の**高階微分係数**も，スカラー関数の場合と同様に定義される．たとえば，$\boldsymbol{A}(u)$ の 2 階微分係数は $d^2\boldsymbol{A}/du^2$ または $\boldsymbol{A}''$ と書き表され，

$$\frac{d^2\boldsymbol{A}}{du^2}=\frac{d}{du}\left(\frac{d\boldsymbol{A}}{du}\right)=\lim_{\Delta u\to 0}\frac{\boldsymbol{A}'(u+\Delta u)-\boldsymbol{A}'(u)}{\Delta u}$$

と定義される．一般に，n 階の微分係数は $d^n\boldsymbol{A}/du^n$ または $\boldsymbol{A}^{(n)}$ と書き表され，ベクトルの成分表示を用いると，

$$\frac{d^n\boldsymbol{A}}{du^n}=\frac{d^nA_x}{du^n}\boldsymbol{i}+\frac{d^nA_y}{du^n}\boldsymbol{j}+\frac{d^nA_z}{du^n}\boldsymbol{k} \tag{2.5}$$

が成り立つ．

▶▶ 偏微分係数

2 個の独立変数 u，v に依存するベクトル関数 $\boldsymbol{A}(u,v)$ を考える．このとき，$\boldsymbol{A}$ の 1 階**偏微分係数** $\partial\boldsymbol{A}/\partial u$，$\partial\boldsymbol{A}/\partial v$ はそれぞれ次のように定義される．

$$\frac{\partial \boldsymbol{A}}{\partial u} = \lim_{\Delta u \to 0} \frac{\boldsymbol{A}(u+\Delta u, v) - \boldsymbol{A}(u,v)}{\Delta u}$$

$$\frac{\partial \boldsymbol{A}}{\partial v} = \lim_{\Delta v \to 0} \frac{\boldsymbol{A}(u, v+\Delta v) - \boldsymbol{A}(u,v)}{\Delta v}$$

ベクトルの成分表示を用いれば,

$$\left.\begin{aligned} \frac{\partial \boldsymbol{A}}{\partial u} &= \frac{\partial A_x}{\partial u}\boldsymbol{i} + \frac{\partial A_y}{\partial u}\boldsymbol{j} + \frac{\partial A_z}{\partial u}\boldsymbol{k} \\ \frac{\partial \boldsymbol{A}}{\partial v} &= \frac{\partial A_x}{\partial v}\boldsymbol{i} + \frac{\partial A_y}{\partial v}\boldsymbol{j} + \frac{\partial A_z}{\partial v}\boldsymbol{k} \end{aligned}\right\} \tag{2.6}$$

が成り立つ.

高階偏微分係数も同様に定義され, たとえば,

$$\frac{\partial^2 \boldsymbol{A}}{\partial u^2} = \frac{\partial^2 A_x}{\partial u^2}\boldsymbol{i} + \frac{\partial^2 A_y}{\partial u^2}\boldsymbol{j} + \frac{\partial^2 A_z}{\partial u^2}\boldsymbol{k}$$

$$\frac{\partial^2 \boldsymbol{A}}{\partial u \partial v} = \frac{\partial^2 A_x}{\partial u \partial v}\boldsymbol{i} + \frac{\partial^2 A_y}{\partial u \partial v}\boldsymbol{j} + \frac{\partial^2 A_z}{\partial u \partial v}\boldsymbol{k}$$

などが成り立つ. また, 証明は省略するが, $\partial^2 \boldsymbol{A}/\partial u \partial v$ と $\partial^2 \boldsymbol{A}/\partial v \partial u$ が連続ならば,

$$\frac{\partial^2 \boldsymbol{A}}{\partial u \partial v} = \frac{\partial^2 \boldsymbol{A}}{\partial v \partial u} \tag{2.7}$$

が成り立つ. すなわち, 偏微分の順序を変換することができる.

いま, $\Delta \boldsymbol{A} = \boldsymbol{A}(u+\Delta u,\ v+\Delta v) - \boldsymbol{A}(u,v)$ とすると, テイラー展開を用いて

$$\Delta \boldsymbol{A} = \frac{\partial \boldsymbol{A}}{\partial u}\Delta u + \frac{\partial \boldsymbol{A}}{\partial v}\Delta v + (\Delta u,\ \Delta v \text{ について高次の項})$$

と表される. そこで, $\Delta u \to 0$, $\Delta v \to 0$ の極限における Δu, Δv をそれぞれ du, dv で表すと, $\Delta \boldsymbol{A}$ の極限 $d\boldsymbol{A}$ は

$$d\boldsymbol{A} = \frac{\partial \boldsymbol{A}}{\partial u}du + \frac{\partial \boldsymbol{A}}{\partial v}dv \tag{2.8}$$

である. これをベクトル関数 $\boldsymbol{A}(u,v)$ の**全微分**という. ベクトルの成分表示を用いれば, 全微分 $d\boldsymbol{A}$ は

$$d\boldsymbol{A} = dA_x\boldsymbol{i} + dA_y\boldsymbol{j} + dA_z\boldsymbol{k}$$

$$dA_i = \frac{\partial A_i}{\partial u}du + \frac{\partial A_i}{\partial v}dv \quad (i = x,\ y,\ z)$$

と書き表される. dA_i はスカラー関数 $A_i(u,v)$ の全微分である.

上では独立変数が2個のベクトル関数を考えたが，独立変数が3個以上のベクトル関数についてもまったく同様である．

例 2.4　ベクトル関数 $\boldsymbol{A}(u,v) = (u^2+3uv+v^2)\boldsymbol{i} + 2uv\boldsymbol{j} + (u^3+2u^2v)\boldsymbol{k}$ に対して，式 (2.7) が成り立つことを確かめなさい．

解　式 (2.6) より，以下のようになる．

$$\frac{\partial \boldsymbol{A}}{\partial u} = (2u+3v)\boldsymbol{i} + 2v\boldsymbol{j} + (3u^2+4uv)\boldsymbol{k}$$

$$\frac{\partial \boldsymbol{A}}{\partial v} = (3u+2v)\boldsymbol{i} + 2u\boldsymbol{j} + 2u^2\boldsymbol{k}$$

$$\therefore \quad \frac{\partial^2 \boldsymbol{A}}{\partial v \partial u} = 3\boldsymbol{i} + 2\boldsymbol{j} + 4u\boldsymbol{k} = \frac{\partial^2 \boldsymbol{A}}{\partial u \partial v}$$

2.2 ▶ ベクトルの積分

▶▶ベクトル関数の不定積分

通常のスカラー関数の場合と同様に，ベクトル関数 $\boldsymbol{D}(u)$ の導関数が $\boldsymbol{A}(u)$ のとき，すなわち，$d\boldsymbol{D}(u)/du = \boldsymbol{A}(u)$ のとき，$\boldsymbol{D}(u)$ を $\boldsymbol{A}(u)$ の**不定積分**といい，

$$\boldsymbol{D}(u) = \int \boldsymbol{A}(u)du$$

と書き表す．$\boldsymbol{D}(u)$ の導関数が $\boldsymbol{A}(u)$ のとき，任意の定ベクトルを $\boldsymbol{C}$ とすると，$\boldsymbol{D}(u)+\boldsymbol{C}$ の導関数も $\boldsymbol{A}(u)$ である．したがって，ベクトル関数の不定積分は無限個あり，それらは定ベクトルだけしか違わない．このことは，スカラー関数でも，無数にある不定積分が定数だけしか違わないことと同様である．$\boldsymbol{A}(u)$ の成分表示を用いると，

$$\int \boldsymbol{A}(u)du = \left(\int A_x(u)du\right)\boldsymbol{i} + \left(\int A_y(u)du\right)\boldsymbol{j} + \left(\int A_z(u)du\right)\boldsymbol{k} \tag{2.9}$$

である．

a をスカラー定数，$f(u)$ をスカラー関数，$\boldsymbol{A}(u)$ をベクトル関数とすると，式 (2.3a)，(2.3b) に対応して

$$\int a\frac{d\boldsymbol{A}}{du}du = a\boldsymbol{A} + \boldsymbol{C} \tag{2.10a}$$

$$\int \left(\frac{df}{du}\boldsymbol{A} + f\frac{d\boldsymbol{A}}{du}\right)du = f\boldsymbol{A} + \boldsymbol{C} \tag{2.10b}$$

が成り立つ．ここで，$\boldsymbol{C}$ は任意の定ベクトルである．

2 つのベクトル関数 $\boldsymbol{A}(u)$，$\boldsymbol{B}(u)$ に対しては，式 (2.4a)〜(2.4c) に対応して，

$$\int\left(\frac{d\boldsymbol{A}}{du}\pm\frac{d\boldsymbol{B}}{du}\right)du=\boldsymbol{A}\pm\boldsymbol{B}+\boldsymbol{C} \tag{2.11a}$$

$$\int\left(\frac{d\boldsymbol{A}}{du}\cdot\boldsymbol{B}+\boldsymbol{A}\cdot\frac{d\boldsymbol{B}}{du}\right)du=\boldsymbol{A}\cdot\boldsymbol{B}+c \tag{2.11b}$$

$$\int\left(\frac{d\boldsymbol{A}}{du}\times\boldsymbol{B}+\boldsymbol{A}\times\frac{d\boldsymbol{B}}{du}\right)du=\boldsymbol{A}\times\boldsymbol{B}+\boldsymbol{C} \tag{2.11c}$$

が成り立つ．ここで，$\boldsymbol{C}$ は任意の定ベクトル，c は任意の定数である．

例 2.5　$\boldsymbol{A}(u)=(2u+1)\boldsymbol{i}+(3u^2+2)\boldsymbol{j}+2\boldsymbol{k}$ の不定積分を求めなさい．

解　式 (2.9) より次式となる．

$$\begin{aligned}\int\boldsymbol{A}(u)du&=\left\{\int(2u+1)du\right\}\boldsymbol{i}+\left\{\int(3u^2+2)du\right\}\boldsymbol{j}+\left(2\int du\right)\boldsymbol{k}\\&=(u^2+u+c_1)\boldsymbol{i}+(u^3+2u+c_2)\boldsymbol{j}+(2u+c_3)\boldsymbol{k}\\&=(u^2+u)\boldsymbol{i}+(u^3+2u)\boldsymbol{j}+2u\boldsymbol{k}+\boldsymbol{C}\end{aligned}$$

ここで，c_1〜c_3 は任意の定数，$\boldsymbol{C}=c_1\boldsymbol{i}+c_2\boldsymbol{j}+c_3\boldsymbol{k}$ は任意の定ベクトルである．

例 2.6　$\boldsymbol{A}(u)$ をベクトル関数とするとき，$\boldsymbol{A}\times d^2\boldsymbol{A}/du^2$ の不定積分を求めなさい．

解　$$\frac{d}{du}\left(\boldsymbol{A}\times\frac{d\boldsymbol{A}}{du}\right)=\frac{d\boldsymbol{A}}{du}\times\frac{d\boldsymbol{A}}{du}+\boldsymbol{A}\times\frac{d^2\boldsymbol{A}}{du^2}=\boldsymbol{A}\times\frac{d^2\boldsymbol{A}}{du^2}\quad\left(\because\ \frac{d\boldsymbol{A}}{du}\times\frac{d\boldsymbol{A}}{du}=\boldsymbol{0}\right)$$

$$\therefore\quad\int\left(\boldsymbol{A}\times\frac{d^2\boldsymbol{A}}{du^2}\right)du=\int\frac{d}{du}\left(\boldsymbol{A}\times\frac{d\boldsymbol{A}}{du}\right)du=\boldsymbol{A}\times\frac{d\boldsymbol{A}}{du}+\boldsymbol{C}$$

（$\boldsymbol{C}$ は定ベクトル）

問 2.4　次のベクトル関数の不定積分を求めなさい．

(1) $\boldsymbol{A}(u)=\boldsymbol{i}+\boldsymbol{j}+\boldsymbol{k}$

(2) $\boldsymbol{r}(u)=(a\cos u)\boldsymbol{i}+(b\sin u)\boldsymbol{j}$　（a，b は定数）

問 2.5　$\boldsymbol{A}(u)$ をベクトル関数とするとき，$\boldsymbol{A}\cdot(d\boldsymbol{A}/du)$ の不定積分を求めなさい．

▶▶ベクトル関数の定積分

ベクトル関数の定積分も，スカラー関数の定積分と同様に定義される．いま，ベクトル関数 $\boldsymbol{A}(u)$ が区間 $a\leqq u\leqq b$ で連続であるとして，この区間を n 個の小区間に

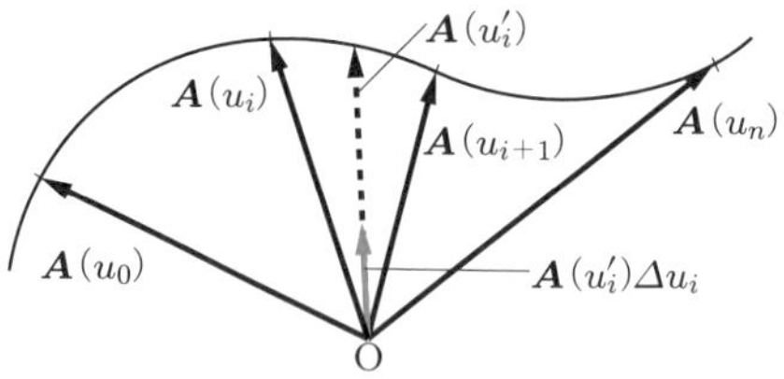

図 2.2　ベクトル関数 $\boldsymbol{A}(u)$

分割する u の値を，順に $u_0 = a$, u_1, u_2, $\ldots$, $u_n = b$ とする（図 2.2）．そこで，$\Delta u_i = u_i - u_{i-1}$ $(i = 1, 2, \ldots, n)$，その区間内の任意の u の値を u_i' として，次の和をつくる．

$$\boldsymbol{S}_n = \sum_{i=1}^{n} \boldsymbol{A}(u_i')\Delta u_i = \boldsymbol{A}(u_1')\Delta u_1 + \boldsymbol{A}(u_2')\Delta u_2 + \cdots + \boldsymbol{A}(u_n')\Delta u_n$$

分割の数 n を無限に大きくして，同時にすべての区間の長さ Δu_i (> 0) を任意の仕方で無限に小さくする極限（これを単に $n \to \infty$ と表す）では，$\boldsymbol{S}_n$ は 1 つのベクトル $\boldsymbol{S}$ に収束する．この極限のベクトル $\boldsymbol{S}$ を $u = a$ から $u = b$ までの $\boldsymbol{A}(u)$ の**定積分**といい，

$$\boldsymbol{S} = \int_a^b \boldsymbol{A}(u)du$$

と表す．$\boldsymbol{A}(u)$ の成分表示を用いれば，$\boldsymbol{S}$ は

$$\boldsymbol{S} = \left(\int_a^b A_x(u)du\right)\boldsymbol{i} + \left(\int_a^b A_y(u)du\right)\boldsymbol{j} + \left(\int_a^b A_z(u)du\right)\boldsymbol{k}$$

と表される．

$\boldsymbol{A}(u)$ の不定積分を $\boldsymbol{D}(u)$ とすると，スカラー関数の場合と同様に

$$\int_a^b \boldsymbol{A}(u)du = \Big[\boldsymbol{D}(u)\Big]_a^b = \boldsymbol{D}(b) - \boldsymbol{D}(a) \tag{2.12}$$

である．この証明は以下のとおりである．

$\boldsymbol{D}(u)$ の始点を定点 O にとれば，$\boldsymbol{D}(u)$ の終点は u の変化にともなって空間に曲線 PQ を描く（図 2.3）．ここで，$\overrightarrow{\mathrm{OP}} = \boldsymbol{D}(a)$，$\overrightarrow{\mathrm{OQ}} = \boldsymbol{D}(b)$ とする．曲線を n 個に分割する点を $\mathrm{P}_0 = \mathrm{P}$, P_1, P_2, $\ldots$, $\mathrm{P}_n = \mathrm{Q}$，それに対応する u の値を $u_0 = a$, u_1, $u_2, \ldots, u_n = b$ とする．すなわち，$\overrightarrow{\mathrm{OP}}_i = \boldsymbol{D}(u_i)$ $(i = 0, 1, 2, \ldots, n)$ とする．このとき，薄い青色で示す分割点間のベクトルは

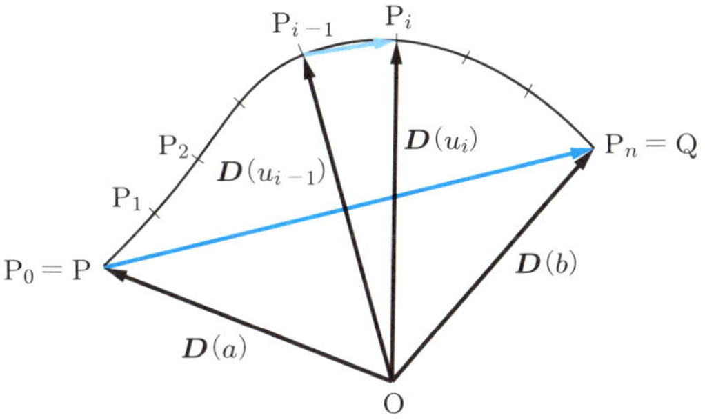

図 2.3　式 (2.12) の証明

$$\overrightarrow{\mathrm{P}_{i-1}\mathrm{P}_i} = \Delta \boldsymbol{D}_i = \boldsymbol{D}(u_i) - \boldsymbol{D}(u_{i-1})$$

であるから，折れ線状のベクトルの和は

$$\sum_{i=1}^{n} \Delta \boldsymbol{D}_i = \sum_{i=1}^{n} \{\boldsymbol{D}(u_i) - \boldsymbol{D}(u_{i-1})\} = \boldsymbol{D}(b) - \boldsymbol{D}(a) = \overrightarrow{\mathrm{PQ}}$$

である．これは，曲線の始点と終点により定まり，分割の仕方に関係なく成り立つ．一方，$\boldsymbol{A}(u) = d\boldsymbol{D}/du$ であるから，$\Delta u_i \to 0$ の極限では $\boldsymbol{A}(u_i')\Delta u_i = \Delta \boldsymbol{D}_i$ である．そこで，分割の数を無限に大きくして，すべての Δu_i を無限に小さくすることを考える．この極限を単に $n \to \infty$ と表すことにすれば，上の式の左辺は

$$\lim_{n\to\infty} \sum_{i=1}^{n} \Delta \boldsymbol{D}_i = \lim_{n\to\infty} \sum_{i=1}^{n} \boldsymbol{A}(u_i')\Delta u_i = \int_a^b \boldsymbol{A}(u)du$$

となる．よって，式 (2.12) が証明された．

例 2.7　$\boldsymbol{A}(u) = (2u+1)\boldsymbol{i} + 3u^2\boldsymbol{j} + \boldsymbol{k}$ として，区間 $0 \leqq u \leqq 1$ に対する $\boldsymbol{A}(u)$ の定積分を求めなさい．

解

$$\int_0^1 \boldsymbol{A}(u)du = \left\{\int_0^1 (2u+1)du\right\}\boldsymbol{i} + \left(3\int_0^1 u^2 du\right)\boldsymbol{j} + \left(\int_0^1 du\right)\boldsymbol{k}$$
$$= \left[u^2 + u\right]_0^1 \boldsymbol{i} + \left[u^3\right]_0^1 \boldsymbol{j} + \left[u\right]_0^1 \boldsymbol{k} = 2\boldsymbol{i} + \boldsymbol{j} + \boldsymbol{k}$$

問 2.6　$\boldsymbol{r}(u) = (a\cos u)\boldsymbol{i} + (b\sin u)\boldsymbol{j}$（$a$，$b$ は定数）として，区間 $0 \leqq u \leqq \pi$ に対する $\boldsymbol{r}(u)$ の定積分を求めなさい．

2.3 ▶ 空間曲線への応用

▶▶曲線の方程式

2次元 (x, y) 平面では，変数 x と y を含む等式は平面曲線を表す．また，3次元 (x, y, z) 空間では，変数 x，y，z を含む等式は3次元における曲面を表す．この等式と矛盾しない独立したもう1つの等式を与えれば，2つの曲面が交わる点の集合として空間曲線を表すことができる．しかし，このような等式を使って空間曲線を扱うのは複雑であり，便利な方法ではない．以下で述べるように，位置ベクトルがある変数の関数であるとすると，空間曲線は非常に扱いやすくなる．曲面についても同様であり，それは2.5節で扱う．

点Pの位置ベクトル $\boldsymbol{r}$ が，連続なベクトル関数 $\boldsymbol{A}(u)$ で与えられているとする．このとき，点Pは変数 u の変化にともなって連続的に動き，1つの空間曲線を描く．したがって，記号を節約するために関数 $\boldsymbol{A}(u)$ を単に $\boldsymbol{r}(u)$ と書くことにすれば，

$$\boldsymbol{r} = \boldsymbol{r}(u) \tag{2.13a}$$

は1つの空間曲線を表す．これを**曲線のベクトル方程式**といい，u を**媒介変数**という．$\boldsymbol{r}$ の成分（すなわち，点Pの座標）を (x, y, z)，$\boldsymbol{r}(u)$ の成分を $(x(u), y(u), z(u))$ とすれば，式(2.13a)は

$$x = x(u), \quad y = y(u), \quad z = z(u) \tag{2.13b}$$

と書き表される．ここでも，右辺は関数を表すことに注意しておこう．

以下では，$d\boldsymbol{r}/du \neq \boldsymbol{0}$ と仮定する．すなわち，$x'(u)$，$y'(u)$，$z'(u)$ が同時に0となることはないとする．このとき，変数 u の変化にともなって点Pは必ず動き，一点に留まることはない．

例 2.8　$\boldsymbol{r} = (a\cos u)\boldsymbol{i} + (a\sin u)\boldsymbol{j}$（定数 $a > 0$，$0 \leqq u \leqq 2\pi$）はどのような曲線を表すか調べなさい．

解　$x = a\cos u$，$y = a\sin u$ より，

$$x^2 + y^2 = a^2(\cos^2 u + \sin^2 u) = a^2$$

となる．また，$z = 0$ であるから，この曲線は xy 平面上の半径 a の円である．

▶▶曲線の長さ

曲線の方程式(2.13a)または(2.13b)が与えられているとき，媒介変数 u の区間

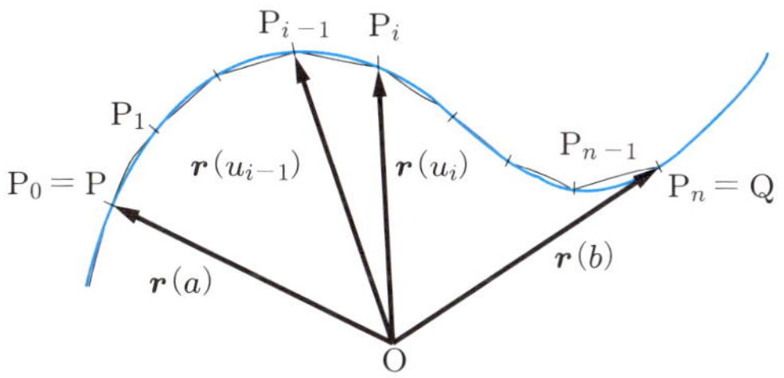

図 2.4　曲線の長さ

$a \leqq u \leqq b$ に対応する**曲線の長さ**を考える．いま，図 2.4 のように，位置ベクトル $\boldsymbol{r}(a)$，$\boldsymbol{r}(b)$ で与えられる曲線上の点をそれぞれ P，Q として，曲線 PQ を n 個の小区間に分割する曲線上の点を，順に $P_0 = P$，P_1，$P_2, \ldots, P_n = Q$ とする．このとき，細線で示す折れ線 $P_0P_1P_2 \cdots P_n$ の長さ s_n は

$$s_n = \sum_{i=1}^{n} \overline{P_{i-1}P_i}$$

と表される．点 P_i に対応する媒介変数 u の値を u_i とすると，点 P_i の座標は $(x(u_i),\ y(u_i),\ z(u_i))$ である．

そこで，$\Delta x_i = x(u_i) - x(u_{i-1})$，$\Delta y_i = y(u_i) - y(u_{i-1})$，$\Delta z_i = z(u_i) - z(u_{i-1})$ とすると，折れ線の一区間の長さ $\overline{P_{i-1}P_i}$ は

$$\overline{P_{i-1}P_i} = \sqrt{(\Delta x_i)^2 + (\Delta y_i)^2 + (\Delta z_i)^2}$$

と表される．これより，

$$\begin{aligned} s_n &= \sum_{i=1}^{n} \sqrt{(\Delta x_i)^2 + (\Delta y_i)^2 + (\Delta z_i)^2} \\ &= \sum_{i=1}^{n} \sqrt{\left(\frac{\Delta x_i}{\Delta u_i}\right)^2 + \left(\frac{\Delta y_i}{\Delta u_i}\right)^2 + \left(\frac{\Delta z_i}{\Delta u_i}\right)^2}\, \Delta u_i \end{aligned}$$

となる．ここで，$\Delta u_i = u_i - u_{i-1}$ である．分割数 n を無限に大きくして，すべての Δu_i を無限に小さくする極限（これを単に $n \to \infty$ と表す）では，s_n は分割の仕方に関係なく一定値に収束することが証明でき，その極限値が曲線 PQ の長さ s_{ab} に等しい．したがって，微分係数と定積分の定義を使うと，s_{ab} は

$$s_{ab} = \lim_{n \to \infty} s_n = \int_a^b \sqrt{\left(\frac{dx}{du}\right)^2 + \left(\frac{dy}{du}\right)^2 + \left(\frac{dz}{du}\right)^2}\, du \tag{2.14a}$$

で与えられる．

いま，曲線上の定点 $\mathrm{P}(u=a)$ から，位置ベクトル $\boldsymbol{r}(u)$ で与えられるほかの点までの曲線の長さを s とすると，s は媒介変数 u の値によって決まると考えることができる．そこで，この関数関係を

$$s = s(u)$$

と表すことにする．$s(u)$ は，式 (2.14a) で積分の上限 b を u で置き換えたもので与えられる．すなわち，

$$s(u) = \int_a^u \sqrt{\left(\frac{dx}{du'}\right)^2 + \left(\frac{dy}{du'}\right)^2 + \left(\frac{dz}{du'}\right)^2}\, du' \tag{2.14b}$$

となる．ここでは，積分の上限 u と積分変数との混同を避けるために，積分変数を u' とした．これより，

$$\frac{ds(u)}{du} = \sqrt{\left(\frac{dx}{du}\right)^2 + \left(\frac{dy}{du}\right)^2 + \left(\frac{dz}{du}\right)^2} = \left|\frac{d\boldsymbol{r}}{du}\right| > 0 \tag{2.15}$$

が得られる†．不等号は，はじめに仮定した $d\boldsymbol{r}/du \neq \boldsymbol{0}$ による．したがって，$s = s(u)$ は u の単調な増加関数であり，s と u の対応は一意的である（図 2.5）．このような関数関係は逆に解くことができ，逆関数 $u = u(s)$ が存在する．これを使うと，曲線の方程式 (2.13a) は $\boldsymbol{r} = \boldsymbol{r}(u(s))$ となり，s を媒介変数とする曲線の方程式が得られる．s の関数 $\boldsymbol{r}(u(s))$ を改めて $\boldsymbol{r}(s)$ と書くと，曲線の方程式は

$$\boldsymbol{r} = \boldsymbol{r}(s) \tag{2.16}$$

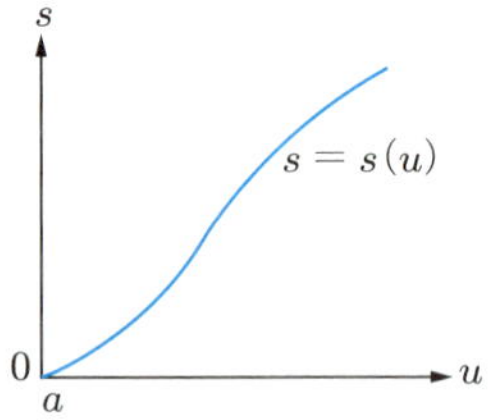

図 2.5　曲線 $\boldsymbol{r}$ の長さ s と媒介変数 u の関係

† ある関数を $f(u)$，その不定積分を $F(u)(dF(u)/du = f(u))$ とすると，以下のようになる．

$$s(u) = \int_a^u f(u')\, du' = F(u) - F(a) \qquad \therefore \quad \frac{ds(u)}{du} = \frac{dF(u)}{du} = f(u)$$

と表される．ここでも，位置ベクトル $\boldsymbol{r}$ は s の関数 $\boldsymbol{r}(s)$ で与えられるということに注意しておこう．

例 2.9　例 2.8 の曲線を考える．$\boldsymbol{r}(0)$，$\boldsymbol{r}(u)$ で与えられる曲線上の点を P，Q とするとき，P から Q までの曲線の長さ $s(u)$ を求めなさい．

解　式 (2.14b) より次式となる．

$$s(u) = \int_0^u \sqrt{\left(\frac{dx}{du'}\right)^2 + \left(\frac{dy}{du'}\right)^2} du' = \int_0^u \sqrt{(-a\sin u')^2 + (a\cos u')^2} du'$$
$$= a\int_0^u du' = au$$

この曲線は半径が a の円であるが（例 2.8），$u = 2\pi$ とおけば，曲線の長さは $2\pi a$ となり，円周の長さと一致することが確かめられる．

また，$s = s(u) = au$ より $u = s/a$．これを例 2.8 の方程式に用いると，s を媒介変数とする曲線の方程式（式 (2.16)）が得られる．すなわち次式となる．

$$\boldsymbol{r} = a\cos\left(\frac{s}{a}\right)\boldsymbol{i} + a\sin\left(\frac{s}{a}\right)\boldsymbol{j}$$

問 2.7　曲線 $\boldsymbol{r} = (a\cos u)\boldsymbol{i} + (a\sin u)\boldsymbol{j} + bu\boldsymbol{k}$ $(a > 0,\ b > 0,\ 0 \leqq u \leqq 2\pi)$ はどのような曲線か．また，この曲線の長さを求めなさい．

曲線の接線ベクトルと曲率

いま，曲線上の定点 P から点 Q までの曲線の長さを s とする．曲線の方程式が式 (2.16) で与えられているとすると，点 Q の位置ベクトルは $\boldsymbol{r}(s)$ である．s の増分を Δs として，$\boldsymbol{r}(s + \Delta s)$ で与えられる曲線上の点を R とすると，$\boldsymbol{r}$ の増分は $\Delta\boldsymbol{r} = \overrightarrow{\mathrm{QR}} = \boldsymbol{r}(s + \Delta s) - \boldsymbol{r}(s)$ で与えられる（図 2.6）．そこで，ベクトル $\boldsymbol{t}$ を次のように定義する．

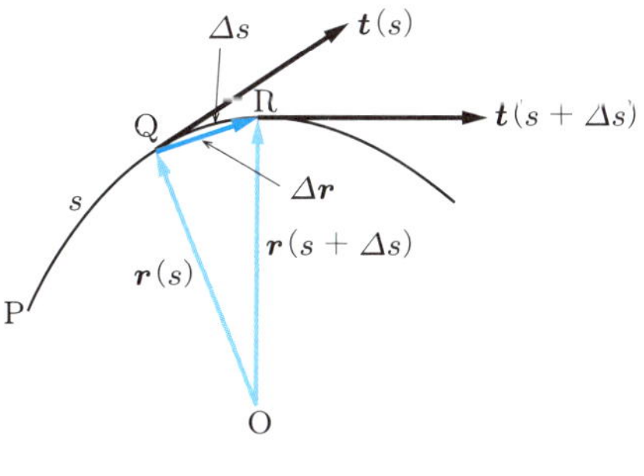

図 2.6　接線単位ベクトル

$$\boldsymbol{t} = \lim_{\Delta s \to 0} \frac{\Delta \boldsymbol{r}}{\Delta s} = \lim_{\Delta s \to 0} \frac{\boldsymbol{r}(s + \Delta s) - \boldsymbol{r}(s)}{\Delta s} = \frac{d\boldsymbol{r}}{ds} \tag{2.17}$$

式 (2.17) で定義されるベクトル $\boldsymbol{t}$ は曲線に接し，s の増加する方向を向いていることは明らかであろう．また，Q から R までの曲線の長さを $\overset{\frown}{\mathrm{QR}}$ とすれば，

$$|\boldsymbol{t}| = \lim_{\Delta s \to 0} \left| \frac{\Delta \boldsymbol{r}}{\Delta s} \right| = \lim_{\Delta s \to 0} \frac{\overline{\mathrm{QR}}}{\overset{\frown}{\mathrm{QR}}} = 1$$

となる．すなわち，$\boldsymbol{t}$ の大きさは 1 である．以上のことから，式 (2.17) で定義される $\boldsymbol{t}$ を**接線単位ベクトル**という．ベクトル $\boldsymbol{t}$ は曲線上の各点で定義できるから，s の関数であると考えることができる．その関数名を $\boldsymbol{t}(s)$ とすると，$\boldsymbol{t} = \boldsymbol{t}(s)$ と書き表される．

曲線の方程式が媒介変数 u を用いて，$\boldsymbol{r} = \boldsymbol{r}(u)$ で与えられているときには，接線単位ベクトルは次のように定義することもできる．

$$\boldsymbol{t} = \frac{d\boldsymbol{r}}{du} \Bigg/ \left| \frac{d\boldsymbol{r}}{du} \right| \tag{2.18}$$

これは明らかに単位ベクトルである．式 (2.15) を使えば，式 (2.17) と式 (2.18) の定義は同等であることを示すことができる．すなわち，

$$\frac{d\boldsymbol{r}}{ds} = \frac{d\boldsymbol{r}}{du}\frac{du}{ds} = \frac{d\boldsymbol{r}}{du} \Bigg/ \frac{ds}{du} = \frac{d\boldsymbol{r}}{du} \Bigg/ \left| \frac{d\boldsymbol{r}}{du} \right|$$

となる．

位置ベクトル $\boldsymbol{r}$ の成分を $(x,\ y,\ z)$ とすれば，式 (2.17) は

$$\boldsymbol{t} = \frac{dx}{ds}\boldsymbol{i} + \frac{dy}{ds}\boldsymbol{j} + \frac{dz}{ds}\boldsymbol{k}$$

と表される．単位ベクトルの成分はそのベクトルの方向余弦にほかならないから（1.2 節参照），$\boldsymbol{t}$ の成分（$dx/ds,\ dy/ds,\ dz/ds$）はその方向余弦でもある．

接線ベクトルが $\boldsymbol{t} = \boldsymbol{t}(s)$ で与えられるとき，曲線の長さ s の増分 Δs にともなう $\boldsymbol{t}$ の増分は，$\Delta \boldsymbol{t} = \boldsymbol{t}(s + \Delta s) - \boldsymbol{t}(s)$ と表される．そこで，図 2.7 のように，$\boldsymbol{t}(s)$ と

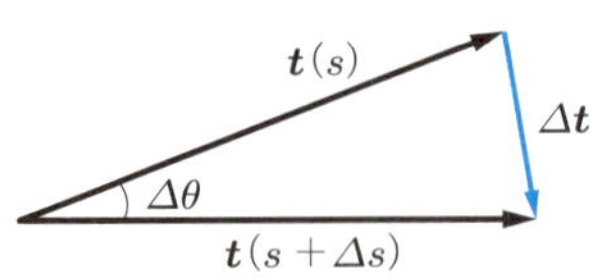

図 2.7

$\boldsymbol{t}(s+\Delta s)$ のなす角を $\Delta\theta$ とするとき，

$$\kappa = \lim_{\Delta s \to 0}\left|\frac{\Delta\theta}{\Delta s}\right| = \left|\frac{d\theta}{ds}\right|$$

を曲線の**曲率**という．$\boldsymbol{t}$ は単位ベクトルであるから，$\Delta s \to 0$ の極限では $|\Delta\boldsymbol{t}| \to |\boldsymbol{t}(s)|\cdot|\Delta\theta| = |\Delta\theta|$ である（図 2.7）．これより，

$$\left|\frac{d\boldsymbol{t}}{ds}\right| = \lim_{\Delta s \to 0}\left|\frac{\Delta\boldsymbol{t}}{\Delta s}\right| = \lim_{\Delta s \to 0}\left|\frac{\Delta\theta}{\Delta s}\right| = \kappa$$

となる．したがって，$\boldsymbol{t}$ の定義式 (2.17) を使うと

$$\kappa = \left|\frac{d\boldsymbol{t}}{ds}\right| = \left|\frac{d^2\boldsymbol{r}}{ds^2}\right|$$

が得られる．$\kappa = 0$ のとき，曲線はその部分で直線である．

$\kappa \neq 0$ のとき，κ の逆数

$$\rho = \frac{1}{\kappa} \tag{2.19}$$

を曲線の**曲率半径**という．κ と ρ は，いずれも媒介変数 u または曲線の長さ $s = s(u)$ の関数であり，曲線の各部分における曲がり方の度合いを表す．とくに，$\kappa = 0$ のとき，曲率半径は無限大であるという．

例 2.10　例 2.8 の曲線について，接線単位ベクトル $\boldsymbol{t}$ と曲率 κ を求めなさい．

解　$\boldsymbol{r} = (a\cos u)\boldsymbol{i} + (a\sin u)\boldsymbol{j}$ であるから，$d\boldsymbol{r}/du = -(a\sin u)\boldsymbol{i} + (a\cos u)\boldsymbol{j}$，$|d\boldsymbol{r}/du| = \sqrt{a^2(\sin^2 u + \cos^2 u)} = a$ となる．よって，式 (2.18) より次式となる．

$$\boldsymbol{t} = \frac{d\boldsymbol{r}}{du}\Big/\left|\frac{d\boldsymbol{r}}{du}\right| = \frac{1}{a}\{-(a\sin u)\boldsymbol{i} + (a\cos u)\boldsymbol{j}\} = -(\sin u)\boldsymbol{i} + (\cos u)\boldsymbol{j}$$

または，$s = au$（例 2.9 参照）を用いて，$\boldsymbol{t} = d\boldsymbol{r}/ds = (d\boldsymbol{r}/du)(du/ds) = (d\boldsymbol{r}/du)/a = -(\sin u)\boldsymbol{i} + (\cos u)\boldsymbol{j}$ となる．これより以下のようになる．

$$\frac{d\boldsymbol{t}}{ds} = \frac{d\boldsymbol{t}}{du}\frac{du}{ds} = \frac{d\boldsymbol{t}}{du}\Big/\left|\frac{d\boldsymbol{r}}{du}\right| = \frac{1}{a}\{-(\cos u)\boldsymbol{i} - (\sin u)\boldsymbol{j}\}$$

$$\therefore\quad \kappa = \left|\frac{d\boldsymbol{t}}{ds}\right| = \frac{1}{a}\sqrt{\cos^2 u + \sin^2 u} = \frac{1}{a}$$

この曲線は円であるから，動径ベクトル $\boldsymbol{r}$ と接線ベクトル $\boldsymbol{t}$ は直交するはずである．実際，曲線上の任意の点で $\boldsymbol{r}\cdot\boldsymbol{t} = 0$ となり，このことが確かめられる．また，$\rho = 1/\kappa = a$ となり，円の曲率半径はどこでも一定で，円の半径に等しいこともわかる．

問 2.8　曲線：$\boldsymbol{r} = (a\cos u)\boldsymbol{i} + (a\sin u)\boldsymbol{j} + bu\boldsymbol{k}$ $(a > 0,\ b > 0)$ の接線単位ベクトル $\boldsymbol{t}$ と曲率半径 ρ を求めなさい．

曲線の主法線ベクトルと従法線ベクトル*

接線単位ベクトル $\boldsymbol{t}$ は大きさが一定のベクトルであるから，$\boldsymbol{t}$ と $d\boldsymbol{t}/ds$ は直交する（2.1 節，例 2.3 参照）．そこで，$\kappa = |d\boldsymbol{t}/ds| \neq 0$ のとき，$d\boldsymbol{t}/ds$ と同じ向きをもつ単位ベクトル

$$\boldsymbol{n} = \frac{d\boldsymbol{t}}{ds} \Big/ \left|\frac{d\boldsymbol{t}}{ds}\right| = \frac{1}{\kappa}\frac{d\boldsymbol{t}}{ds} = \frac{1}{\kappa}\frac{d^2\boldsymbol{r}}{ds^2} \tag{2.20}$$

を，**主法線単位ベクトル**または単に**主法線ベクトル**という．また，曲線上の各点において，$\boldsymbol{t}$ と $\boldsymbol{n}$ でつくられる平面を**接触平面**という（図 2.8）．ただし，曲線が直線部分（$\kappa = 0$）を含むときには，その部分で $\boldsymbol{n}$ は定義できない．

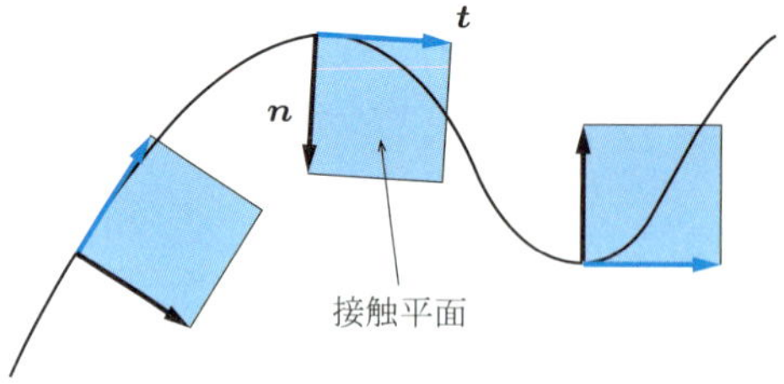

図 2.8　曲線の主法線ベクトルと接触平面

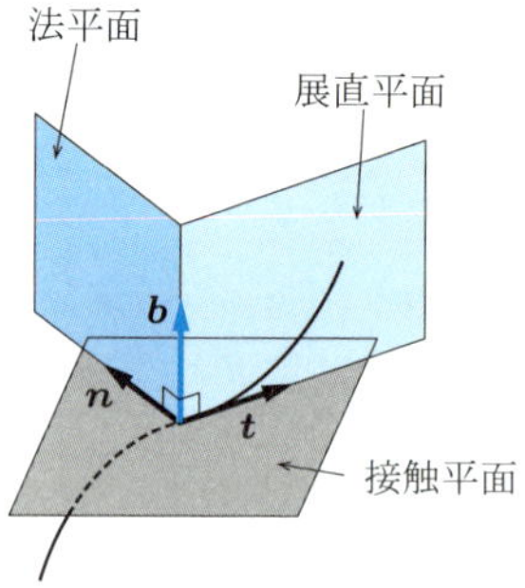

図 2.9　法平面と展直平面

曲線上の各点における接線単位ベクトルを $\boldsymbol{t}$，主法線ベクトルを $\boldsymbol{n}$ とするとき，

$$\boldsymbol{b} = \boldsymbol{t} \times \boldsymbol{n} \tag{2.21}$$

で定義されるベクトル $\boldsymbol{b}$ を，曲線の**従法線単位ベクトル**または単に**従法線ベクトル**という．$\boldsymbol{t}$，$\boldsymbol{n}$，$\boldsymbol{b}$ は互いに直交する単位ベクトルであり，曲線上の任意の点における相互の関係は基本ベクトル $\boldsymbol{i}$，$\boldsymbol{j}$，$\boldsymbol{k}$ の関係と同じである．$\boldsymbol{n}$ と $\boldsymbol{b}$ が定める平面を**法平面**といい，それは曲線（$\boldsymbol{t}$ の方向）と直交する．また，$\boldsymbol{t}$ と $\boldsymbol{b}$ が定める平面を**展直平面**という（図 2.9）．

式 (2.21) を曲線の長さ $s = s(u)$ で微分すれば，式 (2.4c)，(2.20) より

$$\frac{d\boldsymbol{b}}{ds} = \frac{d\boldsymbol{t}}{ds} \times \boldsymbol{n} + \boldsymbol{t} \times \frac{d\boldsymbol{n}}{ds} = \kappa(\boldsymbol{n} \times \boldsymbol{n}) + \boldsymbol{t} \times \frac{d\boldsymbol{n}}{ds} = \boldsymbol{t} \times \frac{d\boldsymbol{n}}{ds}$$

となる．また，$\boldsymbol{b}$ は単位ベクトル（大きさが一定）であるから，$d\boldsymbol{b}/ds$ と $\boldsymbol{b}$ は直交する（2.1 節，例 2.3 参照）．以上のことから，$d\boldsymbol{b}/ds$ は $\boldsymbol{t}$ と $\boldsymbol{b}$ に直交するベクトルであり，$\boldsymbol{n}$ と平行（共線）であることがわかる．したがって，

$$\frac{d\boldsymbol{b}}{ds} = -\tau\boldsymbol{n} \tag{2.22}$$

と書ける．このように定義される τ を，曲線の**捩率**（れいりつ）という．曲率 κ は曲線の曲がり方の度合いを表すのに対して，τ は曲線のねじれ方の度合いを表す．

$\boldsymbol{t}$，$\boldsymbol{n}$，$\boldsymbol{b}$ の関係は基本ベクトルの関係と同じであるから，$\boldsymbol{n} = -\boldsymbol{t} \times \boldsymbol{b}$ である．したがって，次式となる．

$$\frac{d\boldsymbol{n}}{ds} = -\frac{d\boldsymbol{t}}{ds} \times \boldsymbol{b} - \boldsymbol{t} \times \frac{d\boldsymbol{b}}{ds} = -\kappa(\boldsymbol{n} \times \boldsymbol{b}) + \tau(\boldsymbol{t} \times \boldsymbol{n}) = -\kappa\boldsymbol{t} + \tau\boldsymbol{b}$$

以上の結果をまとめると，

$$\left.\begin{aligned} \frac{d\boldsymbol{t}}{ds} &= \kappa\boldsymbol{n} \\ \frac{d\boldsymbol{n}}{ds} &= -\kappa\boldsymbol{t} + \tau\boldsymbol{b} \\ \frac{d\boldsymbol{b}}{ds} &= -\tau\boldsymbol{n} \end{aligned}\right\} \tag{2.23}$$

となる．式 (2.23) を**フルネ・セレーの公式**という．

例 2.11　例 2.8 の曲線（円）について，その主法線ベクトル $\boldsymbol{n}$，従法線ベクトル $\boldsymbol{b}$，および捩率 τ を求めなさい．

解　例 2.10 より，以下のようになる．

$$\frac{d\boldsymbol{t}}{ds} = -\frac{1}{a}\{(\cos u)\boldsymbol{i} + (\sin u)\boldsymbol{j}\}$$

$$\therefore \quad \boldsymbol{n} = \frac{d\boldsymbol{t}}{ds}\Bigg/\left|\frac{d\boldsymbol{t}}{ds}\right| = -(\cos u)\boldsymbol{i} - (\sin u)\boldsymbol{j}$$

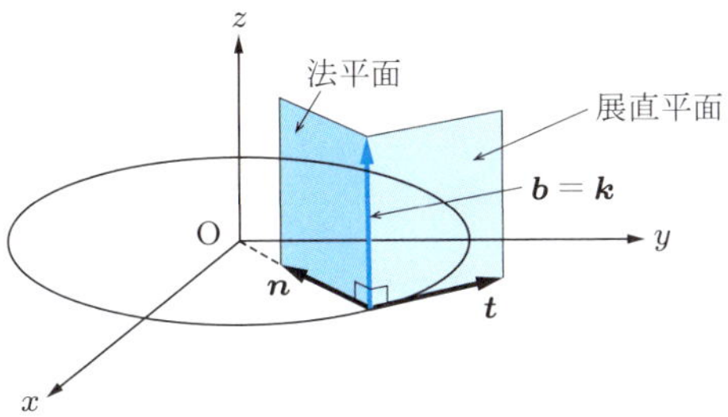

図 2.10　円の法平面と展直平面

また，定義式 (2.21) より，

$$\boldsymbol{b} = \boldsymbol{t} \times \boldsymbol{n} = \{-(\sin u)\boldsymbol{i} + (\cos u)\boldsymbol{j}\} \times \{-(\cos u)\boldsymbol{i} - (\sin u)\boldsymbol{j}\}$$

$$= \begin{vmatrix} \boldsymbol{i} & \boldsymbol{j} & \boldsymbol{k} \\ -\sin u & \cos u & 0 \\ -\cos u & -\sin u & 0 \end{vmatrix} = (\sin^2 u + \cos^2 u)\boldsymbol{k} = \boldsymbol{k}$$

となる．$\boldsymbol{b}$ は定ベクトルであるから，$d\boldsymbol{b}/ds = \boldsymbol{0}$ となり，$\tau = 0$ である．一般に，平面曲線の捩率は 0 であることが証明できる（問 2.9）．$\boldsymbol{t}$，$\boldsymbol{n}$，$\boldsymbol{b}$ の関係は，図 2.10 のようになる．

問 2.9　平面曲線の捩率は 0 であることを証明しなさい．

問 2.10　曲線：$\boldsymbol{r} = (a\cos u)\boldsymbol{i} + (a\sin u)\boldsymbol{j} + bu\boldsymbol{k}$ $(a > 0,\ b > 0)$ の主法線ベクトル $\boldsymbol{n}$，従法線ベクトル $\boldsymbol{b}$，および捩率 τ を求めなさい．また，この曲線上の点における $\boldsymbol{t}$，$\boldsymbol{n}$，$\boldsymbol{b}$ の関係を図示しなさい．

2.4 ▶ 力学への応用：点の運動*

運動している点の位置ベクトル $\boldsymbol{r}$ は，時間 t の関数で与えられると考えることができる．すなわち，前節と同様にこの時間の関数を $\boldsymbol{r}(t)$ と書くことにすると，

$$\boldsymbol{r} = \boldsymbol{r}(t) \tag{2.24}$$

である．式 (2.24) は t を媒介変数とする曲線のベクトル方程式にほかならない．このような運動している点の描く空間曲線を**軌道**という．

▶▶速度と加速度

軌道上に基準点をとり，点がそこを通過するときの時間を $t = 0$ とする．基準点から軌道上の点までの軌道の長さを s とすると，s は時間 t の関数で与えられ（$s = s(t)$），$v = ds/dt$ は点の速さを表す．したがって，

$$\boldsymbol{v} = \frac{d\boldsymbol{r}}{dt} = \frac{d\boldsymbol{r}}{ds}\frac{ds}{dt} = v\boldsymbol{t} \tag{2.25}$$

は大きさが v で，軌道の接線単位ベクトル $\boldsymbol{t}$（運動方向）と同じ向きをもつベクトルである．式 (2.25) で定義される $\boldsymbol{v}$ を**速度**（**速度ベクトル**）という．

速度 $\boldsymbol{v}$ の微分係数で定義されるベクトル

$$\boldsymbol{\alpha} = \frac{d\boldsymbol{v}}{dt} = \frac{d^2\boldsymbol{r}}{dt^2}$$

を，**加速度**（**加速度ベクトル**）という．式 (2.25) を使うと，$\boldsymbol{\alpha}$ は次のように表される．

$$\boldsymbol{\alpha} = \frac{dv}{dt}\boldsymbol{t} + v\frac{d\boldsymbol{t}}{dt} = \frac{dv}{dt}\boldsymbol{t} + v^2\frac{d\boldsymbol{t}}{ds}$$

また，軌道の曲率を κ，主法線ベクトルを $\boldsymbol{n}$ とすれば（式 (2.20) 参照），$\boldsymbol{\alpha}$ は

$$\boldsymbol{\alpha} = \frac{dv}{dt}\boldsymbol{t} + \kappa v^2\boldsymbol{n} = \alpha_t\boldsymbol{t} + \alpha_n\boldsymbol{n} \tag{2.26}$$

$$\left(\alpha_t = \frac{dv}{dt}, \quad \alpha_n = \kappa v^2 = \frac{v^2}{\rho}\right)$$

と表される．α_t，α_n はそれぞれ加速度の接線成分，主法線成分である．等速運動（$v =$ 一定）では $\alpha_t = 0$ であり，$\boldsymbol{\alpha}$ は主法線ベクトル $\boldsymbol{n}$ と同じ向きをもつ．

例 2.12　一定の角速度 ω で円運動をしている点の位置ベクトルは，

$$\boldsymbol{r} = (a\cos\omega t)\boldsymbol{i} + (a\sin\omega t)\boldsymbol{j} \quad (a > 0)$$

で与えられる．軌道が円であることを確かめ，速度 $\boldsymbol{v}$ と加速度 $\boldsymbol{\alpha}$ を求めなさい．また，接線単位ベクトル $\boldsymbol{t}$ と主法線ベクトル $\boldsymbol{n}$ を用いてこの運動を議論しなさい．

解　2.3 節の例 2.8 と同様に，

$$x^2 + y^2 = a^2(\cos^2\omega t + \sin^2\omega t) = a^2$$

となる．これは原点を中心とする半径 a の円を表す．一般に，時間 t を消去したこのような式を**軌道の方程式**という．$\boldsymbol{v}$ と $\boldsymbol{\alpha}$ はそれぞれ，

$$\boldsymbol{v} = \frac{d\boldsymbol{r}}{dt} = -(a\omega\sin\omega t)\boldsymbol{i} + (a\omega\cos\omega t)\boldsymbol{j}$$

$$\boldsymbol{\alpha} = \frac{d\boldsymbol{v}}{dt} = -(a\omega^2\cos\omega t)\boldsymbol{i} - (a\omega^2\sin\omega t)\boldsymbol{j} = -\omega^2\boldsymbol{r}$$

と計算される．これより，$\boldsymbol{v}$ は $\boldsymbol{r}$ に垂直（$\boldsymbol{v}\cdot\boldsymbol{r} = 0$）であり，$\boldsymbol{\alpha}$ は原点（円の中心）を向いていることが確かめられる．

また，2.3 節の例 2.10，例 2.11 で $u = \omega t$ とおいて，

$$\boldsymbol{t} = -(\sin\omega t)\boldsymbol{i} + (\cos\omega t)\boldsymbol{j}, \quad \boldsymbol{n} = -(\cos\omega t)\boldsymbol{i} - (\sin\omega t)\boldsymbol{j}$$

が得られる．ゆえに，$\boldsymbol{v}$ と $\boldsymbol{\alpha}$ は

$$\boldsymbol{v} = a\omega\boldsymbol{t}, \quad \boldsymbol{\alpha} = a\omega^2\boldsymbol{n}$$

と表され，$v = a\omega$，$\alpha_t = 0$，$\alpha_n = a\omega^2$ であることがわかる．すなわち，この運動は速さが一定の円運動である．

▶▶運動方程式

物体の運動は**ニュートンの運動方程式**で記述される．いま，質点の質量を m，それに働く力を $\boldsymbol{F} = \boldsymbol{F}(t)$ とすると，運動方程式は

$$m\frac{d^2\boldsymbol{r}}{dt^2} = \boldsymbol{F} \quad \text{または} \quad m\boldsymbol{\alpha} = \boldsymbol{F} \tag{2.27}$$

で与えられる．式 (2.26) を使うと，式 (2.27) は

$$m\alpha_t = F_t, \quad m\alpha_n = F_n$$

または，

$$m\frac{d^2 s}{dt^2} = F_t, \quad m\kappa\left(\frac{ds}{dt}\right)^2 = F_n \tag{2.28}$$

と書き表すことができる．ここで，$F_t = \boldsymbol{F}\cdot\boldsymbol{t}$，$F_n = \boldsymbol{F}\cdot\boldsymbol{n}$ はそれぞれ接線方向，主法線方向に対する力の成分である．

運動方程式から，いくつかの重要な結果がただちに得られる．運動方程式 (2.27) は，$md\boldsymbol{v}/dt = \boldsymbol{F}$ と書けるから，この両辺を $t = t_1$ から $t = t_2$ まで積分すると，

$$m\int_{t_1}^{t_2}\frac{d\boldsymbol{v}}{dt}dt = m\left[\boldsymbol{v}(t)\right]_{t_1}^{t_2} = m\left[\boldsymbol{v}(t_2) - \boldsymbol{v}(t_1)\right] = \int_{t_1}^{t_2}\boldsymbol{F}dt$$

となる．質点の運動量 $\boldsymbol{p} = m\boldsymbol{v}$ を用いると，この結果は

$$\boldsymbol{p}(t_2) - \boldsymbol{p}(t_1) = \int_{t_1}^{t_2}\boldsymbol{F}dt \tag{2.29}$$

と書ける．式 (2.29) の右辺を，時間 t_1 から t_2 の間における**力積**という．したがって，質点の運動量変化は，その間に質点が受ける力積に等しいことになる．

また，原点のまわりの**角運動量**および**力のモーメント**をそれぞれ $\boldsymbol{l}$，$\boldsymbol{N}$ とすると（式 (1.32)，(1.35) 参照），

$$\frac{d\boldsymbol{l}}{dt} = \boldsymbol{N} \tag{2.30}$$

が成り立つ．すなわち，質点の角運動量の時間変化の割合は，それに働く力のモーメントに等しい．式 (2.30) は運動方程式から簡単に導かれる（問 2.11 で証明する）．

質点に働く力 $\boldsymbol{F}$ がつねに原点の方向か動径方向を向いているとき，その力を**中心力**といい，$\boldsymbol{F} = f\boldsymbol{r}$ と書き表すことができる．f は，$r = |\boldsymbol{r}|$ には依存するが $\boldsymbol{r}$ の向きには依存しない関数である．このとき，質点の速度のモーメントは一定である．す

なわち，

$$\frac{d}{dt}(\boldsymbol{r}\times\boldsymbol{v})=\boldsymbol{0}\quad(\boldsymbol{F}\text{ が中心力のとき})\tag{2.31}$$

となり，これは次のように証明される．

まず，質点の運動方程式は

$$m\frac{d^2\boldsymbol{r}}{dt^2}=f\boldsymbol{r}\quad\text{または}\quad\frac{d\boldsymbol{v}}{dt}=\frac{f}{m}\boldsymbol{r}$$

と書ける．したがって，

$$\frac{d}{dt}(\boldsymbol{r}\times\boldsymbol{v})=\frac{d\boldsymbol{r}}{dt}\times\boldsymbol{v}+\boldsymbol{r}\times\frac{d\boldsymbol{v}}{dt}=\boldsymbol{r}\times\frac{d\boldsymbol{v}}{dt}=\frac{f}{m}(\boldsymbol{r}\times\boldsymbol{r})=\boldsymbol{0}$$

$$\left(\because\quad\frac{d\boldsymbol{r}}{dt}\times\boldsymbol{v}=\boldsymbol{v}\times\boldsymbol{v}=\boldsymbol{0}\right)$$

となる．

速度のモーメントの半分 $(1/2)(\boldsymbol{r}\times\boldsymbol{v})$ は，**面積速度**とよばれる（例 2.13 参照）．したがって，上で証明したことは，“中心力のもとで運動している質点の面積速度は一定である”と表現できる．実際，惑星の公転運動を調べると，その面積速度は一定であり，これをケプラーの第 2 法則という．$\boldsymbol{r}$ と $\boldsymbol{v}$ がつくる面を**軌道面**といい，$\boldsymbol{r}\times\boldsymbol{v}$ はその軌道面に垂直なベクトルである．したがって，$\boldsymbol{r}\times\boldsymbol{v}$ が一定ということは，軌道面は平面であり，しかもその平面の向きが変わらないことを意味する．実際，個々の惑星の軌道面はこのような性質をもっている．

例 2.13 原点を O，質点 P の位置ベクトルと速度を $\boldsymbol{r}$，$\boldsymbol{v}$ とすると，$(1/2)(\boldsymbol{r}\times\boldsymbol{v})$ は OP が通過した部分の面積ベクトルの増加率に等しいことを示しなさい．

解 図 2.11 のように，時間 t における質点の位置を A，Δt 時間後の位置を A′ とすると，この間に線分 OP が通過した部分の面積ベクトルは

$$\Delta S\fallingdotseq\frac{1}{2}\left(\boldsymbol{r}\times\overrightarrow{\mathrm{AA'}}\right)=\frac{1}{2}(\boldsymbol{r}\times\Delta\boldsymbol{r})$$

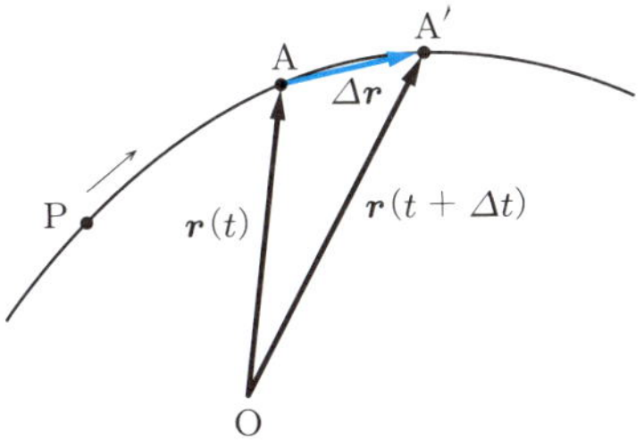

図 2.11

となる．ここで，$\Delta\boldsymbol{r} = \boldsymbol{r}(t+\Delta t) - \boldsymbol{r}(t)$ である．ゆえに，次式となる．

$$\frac{d\boldsymbol{S}}{dt} = \lim_{\Delta t\to 0}\frac{\Delta\boldsymbol{S}}{\Delta t} = \lim_{\Delta t\to 0}\frac{1}{2}\left(\boldsymbol{r}\times\frac{\Delta\boldsymbol{r}}{\Delta t}\right) = \frac{1}{2}(\boldsymbol{r}\times\boldsymbol{v})$$

問 2.11　式 (2.30) を証明しなさい．

2.5 ▶ 曲面への応用

▶▶曲面の方程式

2.3 節の曲線の方程式で述べたように，3 次元 (x, y, z) 空間では，変数 x，y，z の間に成り立つ関係式（等式）は曲面を表す．しかし，このような等式を使って曲面を扱うのは複雑であり，便利な方法ではない．そこで，以下では，曲線の場合と同様に媒介変数を使う方法について説明する．

点 P の位置ベクトル $\boldsymbol{r}$ が，2 つの独立変数 u，v の関数であるとする．すなわち，

$$\boldsymbol{r} = \boldsymbol{r}(u, v) \tag{2.32a}$$

である．ベクトルの成分表示を用いれば，式 (2.32a) は

$$x = x(u, v), \quad y = y(u, v), \quad z = z(u, v) \tag{2.32b}$$

と表される．このとき，u と v の変化にともなって，点 P は 1 つの曲面を描く．そこで，式 (2.32a) または式 (2.32b) を**曲面の方程式**といい，u と v を**媒介変数**という．また，u と v の組 (u, v) を点 P の**曲面座標**という．

式 (2.32a) の方程式が曲面を表すことは，次の説明から明らかであろう．いま，v をある値に固定すれば，$\boldsymbol{r}$ は u だけの関数であるとみなせ，それは 1 つの空間曲線を描く（2.3 節参照）．そこで，v を変化させれば，空間曲線が連続的に移動していくから 1 つの曲面ができる．v を固定して u を変化させたとき $\boldsymbol{r}$ の描く曲線を u 曲線，逆に u を固定して v を変化させたとき $\boldsymbol{r}$ の描く曲線を v 曲線という．

偏微分係数 $\partial\boldsymbol{r}/\partial u$ は，v を固定したときの u についての微分係数であるから，u 曲線に接していることがわかる（2.3 節参照）．同様に，$\partial\boldsymbol{r}/\partial v$ は v 曲線に接している．以下では，曲面上の各点で

$$\frac{\partial\boldsymbol{r}}{\partial u}\times\frac{\partial\boldsymbol{r}}{\partial v} \neq \boldsymbol{0} \tag{2.33}$$

と仮定する．すなわち，曲面上の各点で $\partial\boldsymbol{r}/\partial u$ と $\partial\boldsymbol{r}/\partial v$ が平行（共線）になることはないとする．このとき，$\partial\boldsymbol{r}/\partial u$ と $\partial\boldsymbol{r}/\partial v$ を含む平面を，点 $\mathrm{P}(u, v)$ における**接平**

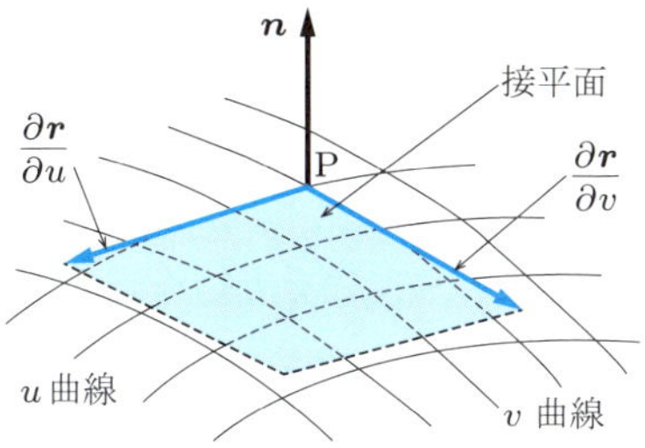

図 2.12　曲面の接平面と法単位ベクトル

面という（図 2.12）．また，外積の定義から，

$$\boldsymbol{n} = \frac{(\partial \boldsymbol{r}/\partial u) \times (\partial \boldsymbol{r}/\partial v)}{|(\partial \boldsymbol{r}/\partial u) \times (\partial \boldsymbol{r}/\partial v)|} \tag{2.34}$$

は接平面に垂直な単位ベクトルであり，これを曲面の**法単位ベクトル**という．法単位ベクトル $\boldsymbol{n}$ の選び方には 2 通りある．この任意性を取り除くためには，面の表裏を定めて，裏から表へ向かう向きを $\boldsymbol{n}$ の向きとすればよい．図では，接平面の上側を表としている．式 (2.34) における外積の順序は，それに合わせてある．

式 (2.32b) の 3 つの式から u と v が消去できれば，x，y，z の間に 1 つの関係式が得られる．その関係式を次のように表すことにする．

$$F(x, y, z) = 0 \tag{2.35}$$

これが，媒介変数を用いない曲面の方程式である．式 (2.35) が曲面を表すことは次のように説明できる．たとえば，x と y を指定すれば，それに対応して式 (2.35) の関係式から z が決まる．すなわち，空間の点が決まる．そこで，x と y を変化させれば，空間の点は連続的に動いて曲面をつくることがわかる．

式 (2.32b) で与えられる曲面の例として，次の方程式を考えてみよう．

$$x = a \sin u \cos v, \quad y = a \sin u \sin v, \quad z = a \cos u$$
$$(0 \leqq u \leqq \pi,\ 0 \leqq v \leqq 2\pi)$$

この場合，媒介変数 u，v は簡単に消去できる．すなわち，

$$\begin{aligned} x^2 + y^2 + z^2 &= a^2 \sin^2 u(\cos^2 v + \sin^2 v) + a^2 \cos^2 u \\ &= a^2(\sin^2 u + \cos^2 u) = a^2 \end{aligned}$$

となる．式 (2.35) に対応させれば，

$$F(x, y, z) = x^2 + y^2 + z^2 - a^2 = 0$$

となる．これは，直交座標で表した半径 a の球面方程式にほかならない．また，a, u, v のかわりに3次元極座標の変数 r, θ, φ を使えば，上の曲面の方程式は直交座標 (x, y, z) と3次元極座標 (r, θ, φ) の関係を表したものにほかならない（付録A.2節参照）．

例2.14　$\boldsymbol{r} = (u+v)\boldsymbol{i} + (u-v)\boldsymbol{j} + 2(u^2+v^2)\boldsymbol{k}$　$(u^2+v^2 \leqq 1/2)$ はどのような曲面を表すか，説明しなさい．また，この曲面の法単位ベクトルについて調べなさい．

解　$x = u+v$, $y = u-v$, $z = 2(u^2+v^2)$ より，$x^2+y^2 = 2(u^2+v^2) = z$ となる．したがって，曲線の方程式は式(2.35)の形で表すことができて，$F(x, y, z) = x^2+y^2-z = 0$ $(x^2+y^2 = z \leqq 1)$ となる．これより，曲面上の点 $\mathrm{P}(x, y, z)$ の xy 平面上への正射影を P' とすると，P' は原点Oを中心とする半径1の円内（円周を含む）を動くことがわかる．また，$z = x^2+y^2 = (\sqrt{x^2+y^2})^2$ より，点Pは z 軸を含む任意の面上で2次曲線を描くことがわかり，曲面は図2.13のような**放物面**（**パラボラ**）である．

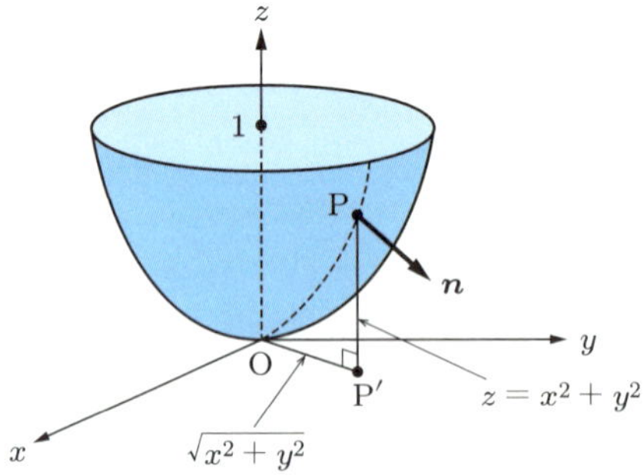

図2.13　放物面

また，$\partial\boldsymbol{r}/\partial u = \boldsymbol{i} + \boldsymbol{j} + 4u\boldsymbol{k}$, $\partial\boldsymbol{r}/\partial v = \boldsymbol{i} - \boldsymbol{j} + 4v\boldsymbol{k}$ より，以下のようになる．

$$\frac{\partial\boldsymbol{r}}{\partial u} \times \frac{\partial\boldsymbol{r}}{\partial v} = 4(u+v)\boldsymbol{i} + 4(u-v)\boldsymbol{j} - 2\boldsymbol{k}$$

$$\therefore \quad \boldsymbol{n} = \frac{\partial\boldsymbol{r}}{\partial u} \times \frac{\partial\boldsymbol{r}}{\partial v} \Big/ \left|\frac{\partial\boldsymbol{r}}{\partial u} \times \frac{\partial\boldsymbol{r}}{\partial v}\right|$$

$$= \frac{1}{\sqrt{8(u^2+v^2)+1}}\{2(u+v)\boldsymbol{i} + 2(u-v)\boldsymbol{j} - \boldsymbol{k}\}$$

$$= \frac{1}{\sqrt{4(x^2+y^2)+1}}(2x\boldsymbol{i} + 2y\boldsymbol{j} - \boldsymbol{k})$$

この法単位ベクトルは放物面の外側を向いている．

問 2.12 次の方程式はどのような曲面を表すか説明しなさい．

$$\frac{x}{a}+\frac{y}{b}+\frac{z}{c}=1 \quad (a>0,\ b>0,\ c>0; \quad x \geqq 0,\ y \geqq 0,\ z \geqq 0)$$

曲面の面積

いま，曲面の方程式が式 (2.32a) または式 (2.32b) で与えられているとする．曲面上の 4 点を $\mathrm{P}(u,v)$，$\mathrm{P}_1(u+\Delta u,\ v)$，$\mathrm{P}_2(u+\Delta u,\ v+\Delta v)$，$\mathrm{P}_3(u,\ v+\Delta v)$ とすると（図 2.14），

$$\overrightarrow{\mathrm{PP}}_1 = \boldsymbol{r}(u+\Delta u,\ v)-\boldsymbol{r}(u,v) \fallingdotseq \frac{\partial \boldsymbol{r}}{\partial u}\Delta u$$

$$\overrightarrow{\mathrm{PP}}_3 = \boldsymbol{r}(u,\ v+\Delta v)-\boldsymbol{r}(u,v) \fallingdotseq \frac{\partial \boldsymbol{r}}{\partial v}\Delta v$$

となる．そこで，4 点を頂点にもち，u 曲線と v 曲線に囲まれた面分 $\mathrm{PP_1P_2P_3}$ の面積を ΔS とすると，

$$\Delta S \fallingdotseq \left|\overrightarrow{\mathrm{PP}}_1 \times \overrightarrow{\mathrm{PP}}_3\right| \fallingdotseq \left|\frac{\partial \boldsymbol{r}}{\partial u} \times \frac{\partial \boldsymbol{r}}{\partial v}\right| \Delta u \Delta v$$

となる．ここでは，$\Delta u \Delta v > 0$ と仮定した．したがって，$\Delta u \to 0$，$\Delta v \to 0$ の極限における Δu，Δv をそれぞれ du，dv と書き，そのときの ΔS を dS と書けば，

$$dS = \left|\frac{\partial \boldsymbol{r}}{\partial u} \times \frac{\partial \boldsymbol{r}}{\partial v}\right| dudv \quad (dudv > 0) \tag{2.36}$$

である．これを**面積要素**とよぶ．これより，**曲面の面積**は，2 重の定積分

$$S = \int dS = \iint_{D_0} \left|\frac{\partial \boldsymbol{r}}{\partial u} \times \frac{\partial \boldsymbol{r}}{\partial v}\right| dudv \tag{2.37}$$

で表される．D_0 は **2 重積分**を (u,v) の変域 D_0 にわたって行うことを意味する．

次に，曲面の方程式が式 (2.35) で与えられる場合を考える．いま，この方程式が

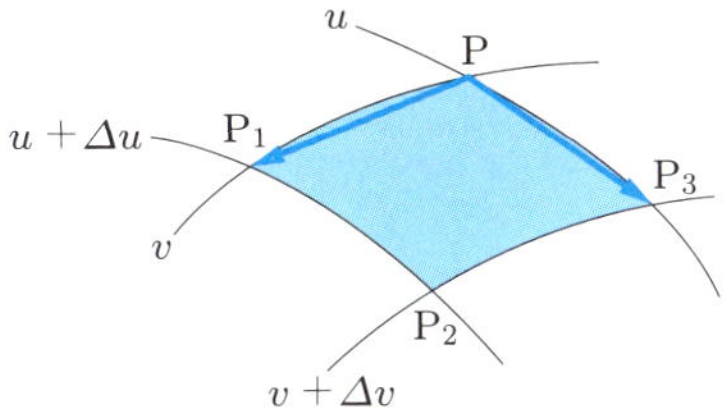

図 2.14

z について解けたとして，それを $z = f(x,y)$ とする．前と同様に記号節約のため，$f(x,y)$ を $z(x,y)$ で表すことにすれば，曲面の方程式は

$$z = z(x,y) \tag{2.38}$$

となる．そこで，曲面上の 4 点 P，P_1，P_2，P_3 の x,y 座標をそれぞれ (x,y)，$(x+\Delta x,\ y)$，$(x+\Delta x,\ y+\Delta y)$，$(x,\ y+\Delta y)$ とすると（図 2.15），

$$\overrightarrow{PP_1} = \Delta x\boldsymbol{i} + [z(x+\Delta x,\ y) - z(x,y)]\boldsymbol{k} \fallingdotseq \Delta x\boldsymbol{i} + \frac{\partial z}{\partial x}\Delta x\boldsymbol{k}$$

$$\overrightarrow{PP_3} = \Delta y\boldsymbol{j} + [z(x,\ y+\Delta y) - z(x,y)]\boldsymbol{k} \fallingdotseq \Delta y\boldsymbol{j} + \frac{\partial z}{\partial y}\Delta y\boldsymbol{k}$$

となる．これより，4 点を頂点にもつ面分 $PP_1P_2P_3$ の面積を ΔS とすれば，

$$\begin{aligned}\Delta S &\fallingdotseq \left|\overrightarrow{PP_1} \times \overrightarrow{PP_3}\right| = \left|\left(\boldsymbol{i} + \frac{\partial z}{\partial x}\boldsymbol{k}\right) \times \left(\boldsymbol{j} + \frac{\partial z}{\partial y}\boldsymbol{k}\right)\right| \Delta x\Delta y \\ &= \left|-\frac{\partial z}{\partial x}\boldsymbol{i} - \frac{\partial z}{\partial y}\boldsymbol{j} + \boldsymbol{k}\right| \Delta x\Delta y = \sqrt{1 + \left(\frac{\partial z}{\partial x}\right)^2 + \left(\frac{\partial z}{\partial y}\right)^2}\,\Delta x\Delta y\end{aligned}$$

と表される．ここでも，$\Delta x\Delta y > 0$ と仮定した．したがって，点 P における面積要素は

$$dS = \sqrt{1 + \left(\frac{\partial z}{\partial x}\right)^2 + \left(\frac{\partial z}{\partial y}\right)^2}\,dxdy \quad (dxdy > 0) \tag{2.39}$$

となる．曲面の面積は 2 重の定積分で表される．すなわち，

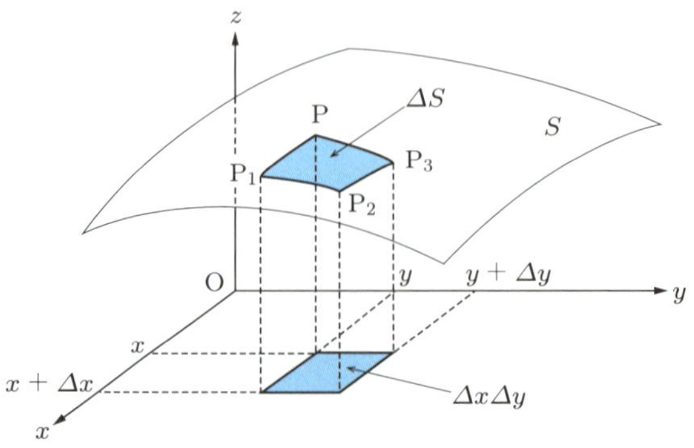

図 2.15　曲面の面積の計算

$$S = \int dS = \iint_D \sqrt{1 + \left(\frac{\partial z}{\partial x}\right)^2 + \left(\frac{\partial z}{\partial y}\right)^2} dxdy \tag{2.40}$$

となる．D は (x, y) の変域を表し，2 重積分はその領域にわたって行う．

ここで，式 (2.40) に対するいくつかの注意をまとめておこう．

(i)　上では，曲面の面積はつねに正であると考えている．式 (2.39) の導出から明らかなように，$dxdy > 0$ であるから，式 (2.40) の 2 重積分はこの条件を満たすように実行しなければならない．

(ii)　式 (2.40) の導出は，$z = z(x, y)$ が一価関数であること，すなわち，1 組の (x, y) にただ 1 つの z が対応するという仮定に基づいている．$z = z(x, y)$ が多価関数のときには，曲面 S をいくつかの部分に分割して，各曲面の方程式が一価関数となるようにすればよい．このようにすれば，曲面 S の各部分に対して式 (2.40) が使える．

(iii)　曲面 S が xy 平面に垂直な有限部分を含むときには，曲面 S の方程式は式 (2.38) の形では表されない．曲面のそのような部分は，$x = x(y, z)$ または $y = y(x, z)$ の形の方程式で表せるから，その部分の面積は yz 平面または xz 平面の 2 重積分に帰着させることができる．

なお，曲面の方程式が媒介変数を用いて表されているときには，上の (ii)，(iii) のような注意は不要である．

式 (2.32b) で与えられる曲面が xy 平面上にあるとき，法単位ベクトル $\boldsymbol{n}$（式 (2.34)）は z 軸方向を向き，式 (2.36) の面積要素は次のように表される．

$$dxdy = \left| \left(\frac{\partial \boldsymbol{r}}{\partial u} \times \frac{\partial \boldsymbol{r}}{\partial v} \right)_z \right| dudv = \left| \frac{\partial x}{\partial u}\frac{\partial y}{\partial v} - \frac{\partial y}{\partial u}\frac{\partial x}{\partial v} \right| dudv = \left| \frac{\partial(x, y)}{\partial(u, v)} \right| dudv$$

ここで，(x, y) の (u, v) に対する**ヤコビアン**（ヤコビ行列）を次のように定義した．

$$\frac{\partial(x, y)}{\partial(u, v)} = \begin{vmatrix} \dfrac{\partial x}{\partial u} & \dfrac{\partial x}{\partial v} \\ \dfrac{\partial y}{\partial u} & \dfrac{\partial y}{\partial v} \end{vmatrix} = \frac{\partial x}{\partial u}\frac{\partial y}{\partial v} - \frac{\partial y}{\partial u}\frac{\partial x}{\partial v}$$

次の例題 2.15 で示すように，ヤコビアンは重積分での変数変換で用いられる．

例 2.15　例 2.14 における曲面の面積を計算しなさい．

解　例 2.14 および式 (2.37) より

$$S = \iint_{u^2+v^2 \leqq 1/2} \left| \frac{\partial \boldsymbol{r}}{\partial u} \times \frac{\partial \boldsymbol{r}}{\partial v} \right| dudv = 2 \iint_{u^2+v^2 \leqq 1/2} \sqrt{1 + 8(u^2 + v^2)}\, dudv$$

となる．また，曲面の方程式は $z=x^2+y^2$ $(x^2+y^2 \leqq 1)$ と表すこともできるから（式 (2.38) 参照），式 (2.40) より次式となる．

$$S=\iint_{x^2+y^2\leqq 1}\sqrt{1+\left(\frac{\partial z}{\partial x}\right)^2+\left(\frac{\partial z}{\partial y}\right)^2}\,dxdy$$
$$=\iint_{x^2+y^2\leqq 1}\sqrt{1+4(x^2+y^2)}\,dxdy$$

ここでは，後者の表式を用いて S を計算してみよう．$x=r\cos\theta$，$y=r\sin\theta$ と変数変換すると，ヤコビアンを用いて

$$dxdy=\left|\frac{\partial(x,y)}{\partial(r,\theta)}\right|drd\theta$$

と表され，ここで，

$$\frac{\partial(x,y)}{\partial(r,\theta)}=\begin{vmatrix}\dfrac{\partial x}{\partial r} & \dfrac{\partial x}{\partial \theta}\\ \dfrac{\partial y}{\partial r} & \dfrac{\partial y}{\partial \theta}\end{vmatrix}=\begin{vmatrix}\cos\theta & -r\sin\theta\\ \sin\theta & r\cos\theta\end{vmatrix}=r$$

となる．また，$x^2+y^2=r^2(\cos^2\theta+\sin^2\theta)=r^2\leqq 1$ より，r の変域を $0\leqq r\leqq 1$ として，θ の変域は $0\leqq\theta\leqq 2\pi$ とすればよい．ゆえに，

$$S=\int_0^1\sqrt{4r^2+1}\,r\,dr\int_0^{2\pi}d\theta=2\pi\int_0^1\sqrt{4r^2+1}\,r\,dr$$
$$=\pi\int_0^1\sqrt{4\xi+1}\,d\xi\quad(\xi=r^2,\ d\xi=2r\,dr)$$
$$=\pi\left[\frac{1}{6}(4\xi+1)^{3/2}\right]_0^1=\frac{\pi}{6}(5\sqrt{5}-1)$$

となる．上で用いた座標 (r,θ) を，**2次元極座標**という．

問 2.13　問 2.12 の曲面の面積を計算しなさい．

問 2.14*　$\boldsymbol{r}=(a\sin\theta\cos\varphi)\boldsymbol{i}+(a\sin\theta\sin\varphi)\boldsymbol{j}+(b\cos\theta)\boldsymbol{k}$ $(a>0,\ b>0;\ 0\leqq\theta\leqq\pi,\ 0\leqq\varphi\leqq 2\pi)$ が**回転楕円体**の表面を表すことを示し，その表面積を計算しなさい．

演習問題

2.1　$\boldsymbol{A}(u)=(u^2+u+1)\boldsymbol{i}+(u-3)\boldsymbol{j}+2\boldsymbol{k}$，$\boldsymbol{B}(u)=3\boldsymbol{i}+u\boldsymbol{j}-2u^2\boldsymbol{k}$ のとき，次のものを求めなさい．

(1) $\dfrac{d\boldsymbol{A}}{du}$　(2) $\dfrac{d\boldsymbol{B}}{du}$　(3) $\dfrac{d}{du}(\boldsymbol{A}\cdot\boldsymbol{B})$　(4) $\dfrac{d}{du}(\boldsymbol{A}\times\boldsymbol{B})$

2.2　$\boldsymbol{A}(u)=(3u^2+2u)\boldsymbol{i}-3\boldsymbol{j}+(2u+1)\boldsymbol{k}$ のとき，次のものを求めなさい．

(1) $\displaystyle\int \boldsymbol{A}du,\quad \int_0^1 \boldsymbol{A}du$　　(2) $\displaystyle\int \boldsymbol{A}\cdot\frac{d\boldsymbol{A}}{du}du,\quad \int_0^1 \boldsymbol{A}\cdot\frac{d\boldsymbol{A}}{du}du$

(3) $\displaystyle\int \boldsymbol{A}\times\frac{d\boldsymbol{A}}{du}du,\quad \int_0^1 \boldsymbol{A}\times\frac{d\boldsymbol{A}}{du}du$

2.3　$\boldsymbol{A}$，$\boldsymbol{B}$，$\boldsymbol{C}$ を変数 u のベクトル関数とするとき，

$$\frac{d}{du}[\boldsymbol{ABC}] = \left[\frac{d\boldsymbol{A}}{du}\boldsymbol{BC}\right] + \left[\boldsymbol{A}\frac{d\boldsymbol{B}}{du}\boldsymbol{C}\right] + \left[\boldsymbol{AB}\frac{d\boldsymbol{C}}{du}\right]$$

であることを証明しなさい．ここで，$[\boldsymbol{ABC}]$ はベクトル $\boldsymbol{A}$，$\boldsymbol{B}$，$\boldsymbol{C}$ のスカラー 3 重積を表す（式 (1.28) を参照）．

2.4　時間 t における点の位置ベクトルを $\boldsymbol{r}(t)$ とするとき，$\boldsymbol{r}\times(d\boldsymbol{r}/dt) = \boldsymbol{0}$ ならば，この点は直線運動をして，

$$\frac{d\boldsymbol{r}}{dt} = \frac{1}{r}\frac{dr}{dt}\boldsymbol{r}\quad (r = |\boldsymbol{r}|)$$

であることを示しなさい．

2.5　質量 m の質点が，原点からの距離に比例する求心力 $\boldsymbol{F} = -k\boldsymbol{r}$ $(k > 0)$ を受けているとき，その質点はどのような運動をするか議論しなさい．

2.6　曲線 C: $\boldsymbol{r} = \dfrac{3}{2}u^2\boldsymbol{i} + 2u^2\boldsymbol{j} + \dfrac{5}{3}u^3\boldsymbol{k}$ $(0 \leqq u \leqq 1)$ の長さ l，接線単位ベクトル $\boldsymbol{t}$，主法線ベクトル $\boldsymbol{n}$，曲率 κ を求めなさい．

2.7　曲線 $\boldsymbol{r} = \boldsymbol{r}(u)$ について，次の問いに答えなさい．

(1) 曲率を κ とするとき，次の関係を証明しなさい．

$$\kappa^2 = \frac{(\boldsymbol{r}'\cdot\boldsymbol{r}')(\boldsymbol{r}''\cdot\boldsymbol{r}'') - (\boldsymbol{r}'\cdot\boldsymbol{r}'')^2}{(\boldsymbol{r}'\cdot\boldsymbol{r}')^3}\quad \left(\boldsymbol{r}' = \frac{d\boldsymbol{r}}{du},\ \boldsymbol{r}'' = \frac{d^2\boldsymbol{r}}{du^2}\right)$$

(2) $\boldsymbol{r}(u) = (a\cos u)\boldsymbol{i} + (b\sin u)\boldsymbol{j}$ $(a > 0,\ b > 0)$ のとき，(1) の結果を用いて，曲率 κ を求めなさい．

2.8*　質量 m の質点が，外部からの力 $\boldsymbol{F}$ と，質点の運動をある曲線上に束縛する力 $\boldsymbol{R}$（束縛力）を受けて運動する．質点は，曲線 $\boldsymbol{r} = \boldsymbol{r}(s)$（$s$ は曲線の長さを表す）に滑らかに束縛されているとする．すなわち，$\boldsymbol{R}$ は曲線に垂直な成分のみをもち，曲線に平行な成分は 0 である．この質点の運動方程式をつくり，運動を議論しなさい．また，外力が働いていないときには，質点の速さは一定であり（これを v とする），束縛力は次のように与えられることを示しなさい．

$$\boldsymbol{R} = m\kappa v^2\boldsymbol{n}$$

ここで，κ と $\boldsymbol{n}$ は曲線の曲率と主法線ベクトルを表す．

2.9　曲面 $z = z(x, y)$ の法単位ベクトルは，

$$\boldsymbol{n} = \frac{\pm 1}{\sqrt{1 + (\partial z/\partial x)^2 + (\partial z/\partial y)^2}} \left(-\frac{\partial z}{\partial x}\boldsymbol{i} - \frac{\partial z}{\partial y}\boldsymbol{j} + \boldsymbol{k} \right)$$

で与えられることを証明しなさい．

2.10　半径 a の球面 $x^2 + y^2 + z^2 = a^2$ のうち，2 つの平面 $z = z_1$ と $z = z_2$ の間にはさまれた部分の表面積を求めなさい．ただし，$-a \leqq z_1 \leqq z_2 \leqq a$ とする．

2.11　曲面 $z = a - \sqrt{x^2 + y^2}$ $(a > 0,\ x^2 + y^2 \leqq a^2)$ の概略を図示しなさい．また，この曲面の面積 S を求めなさい．

第3章
スカラー場とベクトル場

あるスカラー量の値が空間の座標の関数で与えられるとき，それが定義されている空間の領域，またはその領域とスカラー量を合わせた概念を**スカラー場**という．また，あるベクトル量が空間の座標のベクトル関数で与えられるとき，同様の概念を**ベクトル場**という．このような**場**の概念は，種々の物理法則や物理現象を扱ううえで便利な考え方である．本章では，スカラー場とベクトル場に対して定義される種々の微分量とその概念について学ぶ．スカラー場とベクトル場の積分量については次章で学ぶ．

3.1 スカラー場と勾配

スカラー場とベクトル場

あるスカラー量 φ が座標の関数で与えられているとき，その関数を $\varphi(x,y,z)$ と書き表すことにする．すなわち，$\varphi = \varphi(x,y,z)$ である．このとき，φ が定義されている空間の領域，またはその領域と φ を合わせた概念であるスカラー場を，“スカラー場 φ” または “φ の場” などといい表す．同様に，あるベクトル量 $\boldsymbol{A} = \boldsymbol{A}(x,y,z)$ に対し，そのベクトル場を “ベクトル場 $\boldsymbol{A}$” または “$\boldsymbol{A}$ の場” などといい表す．

スカラー場の例としては，質量の分布を表す質量密度，電荷の分布を表す電荷密度，ポテンシャルなどがある．また，ベクトル場の例としては，重力場，電場，磁場，流体の速度分布を表す速度場などがある．一般に，1つの空間領域に分布する種々のスカラー量やベクトル量を同時に考えることができる．たとえば，$\varphi = \varphi(x,y,z)$ と $\boldsymbol{A} = \boldsymbol{A}(x,y,z)$ を同時に考えることができるとき，φ と $\boldsymbol{A}$ が定義されている空間の領域は，φ の場であると同時に $\boldsymbol{A}$ の場でもある．このように，1つの空間領域に同時に分布するスカラー量やベクトル量は，互いにまったく無関係（独立）な場合もあれば，相互に関係していることもある．たとえば，電荷密度と電場の間には，物理法則に由来する関係が存在する．

スカラー場の勾配

スカラー場 $\varphi = \varphi(x, y, z)$ の空間の各点 (x, y, z) において，偏微分係数 $\partial\varphi/\partial x$, $\partial\varphi/\partial y$, $\partial\varphi/\partial z$ をそれぞれ x, y, z 成分とするベクトルを φ の**勾配**といい，$\mathrm{grad}\,\varphi$ または $\nabla\varphi$ と書き表す．すなわち，

$$\mathrm{grad}\,\varphi = \nabla\varphi = \frac{\partial\varphi}{\partial x}\boldsymbol{i} + \frac{\partial\varphi}{\partial y}\boldsymbol{j} + \frac{\partial\varphi}{\partial z}\boldsymbol{k} \tag{3.1}$$

である．grad は**グラディエント** (gradient) と読み，∇ は**ナブラ** (nabla) と読む．式 (3.1) は，ベクトル微分演算子

$$\nabla = \boldsymbol{i}\frac{\partial}{\partial x} + \boldsymbol{j}\frac{\partial}{\partial y} + \boldsymbol{k}\frac{\partial}{\partial z} \tag{3.2}$$

を φ に作用させたものと考えることもできる．ナブラ ∇ は，**ハミルトンの演算子**ともいう．$\nabla\varphi$ は空間の各点で定義されるベクトル量である．したがって，$\nabla\varphi$ の場はスカラー場 φ で定義されるベクトル場ということになる．

ベクトル場 $\boldsymbol{A} = \boldsymbol{A}(x, y, z)$ に対して

$$\boldsymbol{A} = -\nabla\varphi \tag{3.3}$$

となるようなスカラー関数 $\varphi = \varphi(x, y, z)$ が存在するとき，φ を $\boldsymbol{A}$ の**スカラーポテンシャル**という†．$\boldsymbol{A}$ の成分を $(A_x,\ A_y,\ A_z)$ とすれば，式 (3.3) の関係は

$$A_x = -\frac{\partial\varphi}{\partial x}, \quad A_y = -\frac{\partial\varphi}{\partial y}, \quad A_z = -\frac{\partial\varphi}{\partial z}$$

と表される．φ が $\boldsymbol{A}$ のスカラーポテンシャルであれば，$\varphi + c$（c は任意の定数）も $\boldsymbol{A}$ のスカラーポテンシャルである．このような任意性を除くためには，スカラーポテンシャルの原点を適当に定めればよい．

例 3.1　$\varphi = \varphi(u)$, $u = u(x, y, z)$ のとき，次の式を証明しなさい．

$$\nabla\varphi = \frac{d\varphi}{du}\nabla u$$

解　$\nabla\varphi$ の定義より以下のようになる．

$$\begin{aligned}\nabla\varphi &= \frac{\partial\varphi}{\partial x}\boldsymbol{i} + \frac{\partial\varphi}{\partial y}\boldsymbol{j} + \frac{\partial\varphi}{\partial z}\boldsymbol{k} = \frac{d\varphi}{du}\frac{\partial u}{\partial x}\boldsymbol{i} + \frac{d\varphi}{du}\frac{\partial u}{\partial y}\boldsymbol{j} + \frac{d\varphi}{du}\frac{\partial u}{\partial z}\boldsymbol{k} \\ &= \frac{d\varphi}{du}\left(\frac{\partial u}{\partial x}\boldsymbol{i} + \frac{\partial u}{\partial y}\boldsymbol{j} + \frac{\partial u}{\partial z}\boldsymbol{k}\right) = \frac{d\varphi}{du}\nabla u\end{aligned}$$

† 式 (3.3) における負の符号は便宜上（力学における力とポテンシャルの関係に合わせて）付けたもので，これを付けないでスカラーポテンシャルを定義することもある．

例 3.2 $\boldsymbol{F} = -g\boldsymbol{k}$（$g$ は定数）のとき，$\boldsymbol{F}$ のスカラーポテンシャル φ を求めなさい．

解 $\boldsymbol{F} = -\nabla\varphi$ より以下のようになる．

$$-g\boldsymbol{k} = -\frac{\partial\varphi}{\partial x}\boldsymbol{i} - \frac{\partial\varphi}{\partial y}\boldsymbol{j} - \frac{\partial\varphi}{\partial z}\boldsymbol{k}$$

$$\therefore \quad \frac{\partial\varphi}{\partial x} = 0, \quad \frac{\partial\varphi}{\partial y} = 0, \quad \frac{\partial\varphi}{\partial z} = g$$

したがって，φ は z だけの関数であり，$\varphi = gz + c$（c は任意定数）が得られる．$z = 0$ のとき $\varphi = 0$ とすれば，$c = 0$ となる．

問 3.1 $\boldsymbol{r} = x\boldsymbol{i} + y\boldsymbol{j} + z\boldsymbol{k}$，$r = |\boldsymbol{r}|$ とするとき，次の式を証明しなさい．

(1) $\nabla r = \dfrac{1}{r}\boldsymbol{r}$ (2) $\nabla\left(\dfrac{1}{r}\right) = -\dfrac{1}{r^3}\boldsymbol{r}$

問 3.2 $f = f(u, v)$，$u = u(x, y, z)$，$v = v(x, y, z)$ とするとき，$\nabla f = (\partial f/\partial u)\nabla u + (\partial f/\partial v)\nabla v$ であることを証明しなさい．

勾配と方向微分係数

いま，スカラー場 $\varphi = \varphi(x, y, z)$ 内の 1 点 P からある方向に引かれた直線を s とし，点 P に近い直線 s 上の点を Q とする（図 3.1）．そこで，点 P，Q におけるスカラー関数の値をそれぞれ φ，$\varphi + \Delta\varphi$，また $\Delta s = \overline{\mathrm{PQ}}$ として，$\Delta s \to 0$ のときの $\Delta\varphi/\Delta s$ の極限値を $\partial\varphi/\partial s$ と書く．すなわち，

$$\frac{\partial\varphi}{\partial s} = \lim_{\Delta s \to 0} \frac{\Delta\varphi}{\Delta s}$$

となる．$\partial\varphi/\partial s$ を点 P における s 方向に対する φ の**方向微分係数**といい，s 方向に対する φ の変化率を表す．

点 P，Q の座標をそれぞれ (x, y, z)，$(x + \Delta x,\ y + \Delta y,\ z + \Delta z)$ とすれば，$\Delta s = \sqrt{(\Delta x)^2 + (\Delta y)^2 + (\Delta z)^2}$ である．また，

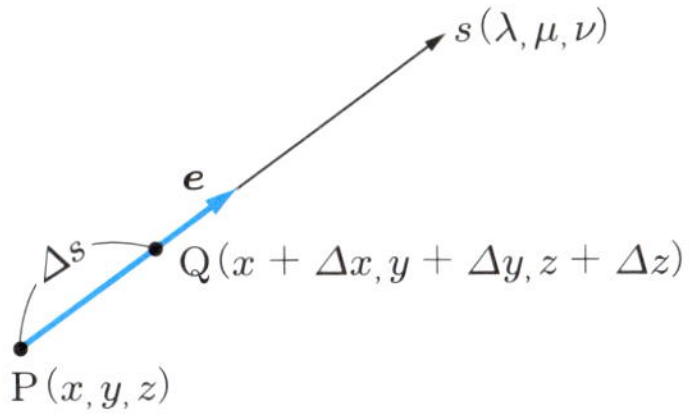

図 3.1

$$\Delta\varphi = \varphi(x+\Delta x, y+\Delta y, z+\Delta z) - \varphi(x,y,z)$$
$$\fallingdotseq \frac{\partial\varphi}{\partial x}\Delta x + \frac{\partial\varphi}{\partial y}\Delta y + \frac{\partial\varphi}{\partial z}\Delta z \tag{3.4}$$

であるから，ゆえに

$$\frac{\Delta\varphi}{\Delta s} \fallingdotseq \frac{\partial\varphi}{\partial x}\frac{\Delta x}{\Delta s} + \frac{\partial\varphi}{\partial y}\frac{\Delta y}{\Delta s} + \frac{\partial\varphi}{\partial z}\frac{\Delta z}{\Delta s}$$

となる．$(\Delta x/\Delta s,\ \Delta y/\Delta s,\ \Delta z/\Delta s)$ は直線 s の方向余弦であるから，これを (λ, μ, ν) とする．ここで，方向余弦 (λ, μ, ν) は Δs の大きさに無関係であることに注意しておこう．また，(λ, μ, ν) を成分とするベクトル

$$\boldsymbol{e} = \lambda\boldsymbol{i} + \mu\boldsymbol{j} + \nu\boldsymbol{k}$$

は，s 方向に向きをもつ単位ベクトルである．以上のことを使うと，s 方向に対する φ の方向微分係数は次のように表される．

$$\frac{\partial\varphi}{\partial s} = \lim_{\Delta s \to 0}\frac{\Delta\varphi}{\Delta s} = \lambda\frac{\partial\varphi}{\partial x} + \mu\frac{\partial\varphi}{\partial y} + \nu\frac{\partial\varphi}{\partial z} = \boldsymbol{e}\cdot\nabla\varphi = |\nabla\varphi|\cos\theta \tag{3.5}$$

θ は $\nabla\varphi$ と s 方向のなす角である．式 (3.5) より，s の向きが $\nabla\varphi$ の向きと一致したとき $\partial\varphi/\partial s$ は最大となり，その値（最大増加率）が $|\nabla\varphi|$ であることがわかる（図 3.2）．

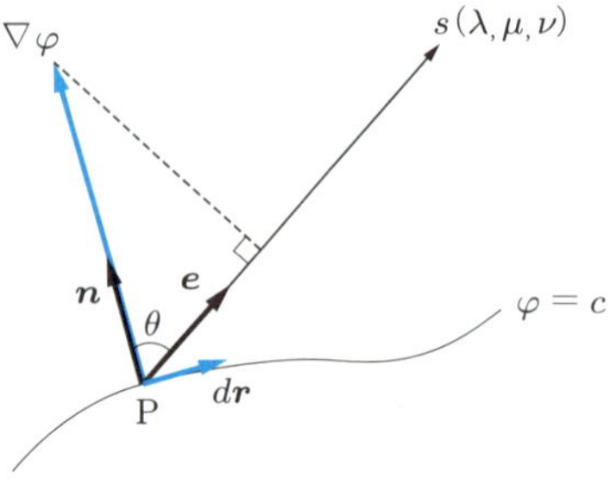

図 3.2 等位面と勾配

次に，$\nabla\varphi$ の向き，すなわち，方向微分係数 $\partial\varphi/\partial s$ が最大となる方向の意味を考えてみよう．図 3.1 で，$\Delta s \to 0$ の極限における Δx，Δy，Δz および $\Delta\varphi$ をそれぞれ dx，dy，dz および $d\varphi$ とすると，式 (3.4) より

$$d\varphi = \frac{\partial\varphi}{\partial x}dx + \frac{\partial\varphi}{\partial y}dy + \frac{\partial\varphi}{\partial z}dz = (\nabla\varphi)\cdot d\boldsymbol{r} \tag{3.6}$$

となる．ここで，$d\boldsymbol{r} = (dx)\boldsymbol{i} + (dy)\boldsymbol{j} + (dz)\boldsymbol{k}$ は点 P の位置ベクトル $\boldsymbol{r}$ の全微分で

あり，微小変位を表す．式 (3.6) の $d\varphi$ は，スカラー関数 $\varphi=\varphi(x,y,z)$ の**全微分**にほかならない（2.1 節参照）．ここで，c を定数とすると，

$$\varphi(x,y,z)=c$$

を満たす点 (x,y,z) の集合は 1 つの曲面をつくる（式 (2.35) 参照）．このような曲面を**等位面**という．等位面上では $\varphi=$ 一定 $(d\varphi=0)$ であるから，点 P を通る等位面上の任意の微小変位を $d\boldsymbol{r}$ とすると，式 (3.6) より

$$d\varphi=(\nabla\varphi)\cdot d\boldsymbol{r}=0$$

となる．すなわち，$\nabla\varphi$ は $d\boldsymbol{r}$ に垂直である．ところで，$d\boldsymbol{r}$ は等位面上の任意の微小変位であるから，$\nabla\varphi$ は等位面（厳密には，点 P における等位面の接平面）に垂直であることがわかる（図 3.3）．この図では，等位面 $\varphi=c_i$ $(i=0\sim3)$ は曲線で表されている．また，c_i の値は $c_0<c_1<c_2<c_3$ として等間隔にとってある．

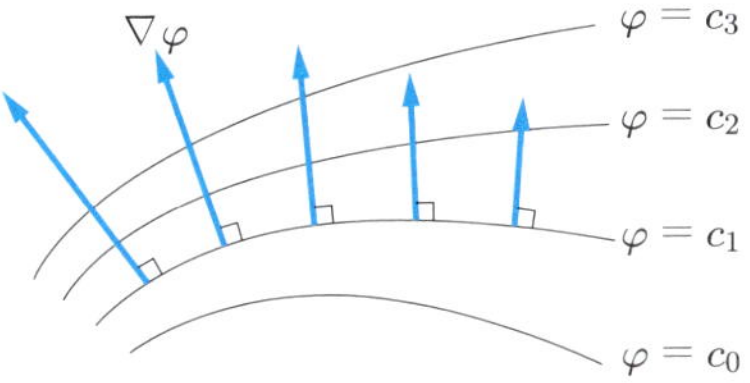

図 3.3　等位面 $\varphi=c_i$ と $\nabla\varphi$

以上の結果をまとめると，“点 P における勾配 $\nabla\varphi$ は点 P を通る等位面に垂直で，φ の増加する方向を向いていて，その大きさは点 P における φ の最大増加率に等しい”，ということになる．そこで，点 P を通る等位面に垂直で，φ の増加する方向に向きをもつ単位ベクトルを $\boldsymbol{n}$ とすると，$\nabla\varphi$ は

$$\nabla\varphi=|\nabla\varphi|\boldsymbol{n}=\frac{\partial\varphi}{\partial n}\boldsymbol{n} \tag{3.7}$$

と表される．$\partial\varphi/\partial n$ は $\boldsymbol{n}$ 方向に対する方向微分係数である．

曲面の方程式が式 (2.35) の形で与えられているとき，その曲面は $F(x,y,z)=0$ の等位面であると考えることができる．したがって，その面に垂直で $F(x,y,z)$ が増加する方向に向きをもつ単位ベクトルは，

$$\boldsymbol{n}=\frac{\nabla F}{|\nabla F|} \tag{3.8}$$

で与えられる．式 (3.8) が，曲面の方程式 (2.35) に対応する**法単位ベクトル**の表式で

ある.

例 3.3　$\varphi = x/a + y/b + z/c$ $(a > 0,\ b > 0,\ c > 0)$ のとき，$\nabla\varphi$ および，$\varphi = d$（定数）で与えられる曲面の法単位ベクトル $\boldsymbol{n}$ を求めなさい.

解　定義より

$$\nabla\varphi = \frac{1}{a}\boldsymbol{i} + \frac{1}{b}\boldsymbol{j} + \frac{1}{c}\boldsymbol{k} = \frac{1}{abc}(bc\boldsymbol{i} + ca\boldsymbol{j} + ab\boldsymbol{k})$$

となり，これは定ベクトルである．したがって，$\boldsymbol{n}$ も定ベクトルとなり，

$$\boldsymbol{n} = \frac{\nabla\varphi}{|\nabla\varphi|} = \frac{1}{\sqrt{a^2b^2 + b^2c^2 + c^2a^2}}(bc\boldsymbol{i} + ca\boldsymbol{j} + ab\boldsymbol{k})$$

で与えられる．これより，$\varphi = d$ で与えられる曲面は平面であることがわかる（2.5 節，問 2.12 の曲面は $d = 1$ に対応し，それも平面である）.

問 3.3　曲面 $z = x^2 + y^2$ $(z \leqq 1)$ の法単位ベクトル $\boldsymbol{n}$ の表式を求めなさい．ただし，曲面の向きは z の減少する方向にとる（2.5 節，例 2.14 参照）.

3.2 ▶ ベクトル場の発散と回転

ベクトル場においても種々の概念や量を定義することが可能である．その中で便利なものは**発散**と**回転**であり，電磁気学や流体力学では不可欠である.

▶▶ベクトル場の流線

ベクトル場 $\boldsymbol{A} = \boldsymbol{A}(x, y, z)$ において，ある点から $\boldsymbol{A}$ の方向を連続的に追っていくと，1 つの空間曲線が得られる．A が**流体**の速度場のときには，流体の流れはこの空間曲線に沿っている．そこで，流体の速度場に限らず一般のベクトル場に対しても，このような空間曲線をそのベクトル場の**流線**という．図 3.4 はその様子の一例を示したものである.

いま，ベクトル場 $\boldsymbol{A} = \boldsymbol{A}(x, y, z)$ に 1 つの流線を考え，その方程式を

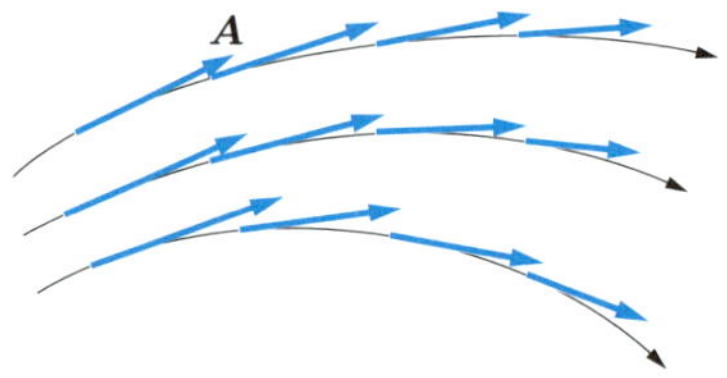

図 3.4　ベクトル場の流線

$$\boldsymbol{r} = \boldsymbol{r}(s)$$

とする（式 (2.16) 参照）．s は，流線上の基準点から測った流線の長さを表す．ベクトル場 $\boldsymbol{A}$ の方向と s が増加する方向が一致するように s をとれば，流線の定義（流線上の各点で，$\boldsymbol{A}$ と流線の接線ベクトルの向きが一致する）から，

$$\boldsymbol{A}(x, y, z) = |\boldsymbol{A}(x, y, z)| \frac{d\boldsymbol{r}}{ds} \tag{3.9}$$

が成り立つ．$d\boldsymbol{r}/ds$ は流線の接線単位ベクトルを表す（式 (2.17) 参照）．式 (3.9) は流線に対する微分方程式であり，これを解けば流線の方程式が得られる．逆に流線が与えられたとき，それに対応するベクトル場は一義的には求められない．媒介変数 u を用いて流線の方程式を表したいときには，式 (3.9) における $d\boldsymbol{r}/ds$ を

$$\frac{d\boldsymbol{r}}{ds} = \frac{d\boldsymbol{r}}{du}\frac{du}{ds} = \frac{d\boldsymbol{r}}{du} \bigg/ \left|\frac{d\boldsymbol{r}}{du}\right| \tag{3.10}$$

と書き換えておけばよい（式 (2.15) 参照）．

次に，図 3.5 のように，ベクトル場 $\boldsymbol{A} = \boldsymbol{A}(x, y, z)$ の空間に微小面分を考え，その面積を ΔS，面分上の 1 点を P とする．また，面分の向きを定めて，その法単位ベクトルを $\boldsymbol{n}$ とする．まず，$\boldsymbol{A}$ が流体の**速度場** $\boldsymbol{v} = \boldsymbol{v}(x, y, z)$ を表す場合を考えてみよう．そのとき，単位時間にこの微小面分を通って面の裏から表（$\boldsymbol{n}$ の方向）へ流れる流体の質量は，

$$\rho v_n \Delta S = \rho \boldsymbol{v} \cdot \boldsymbol{n} \Delta S \tag{3.11}$$

で与えられる．ここで，ρ と $\boldsymbol{v}$ は，点 P における流体の密度と速度ベクトルを，v_n $(= \boldsymbol{v} \cdot \boldsymbol{n})$ は $\boldsymbol{v}$ の $\boldsymbol{n}$ 方向成分を表す．一般に，流体の密度も座標の関数である．すなわち，$\rho = \rho(x, y, z)$ である．一般のベクトル場 $\boldsymbol{A}$ に対しては，このような物理的に実体のある流れを考えることはできない．しかし，やや抽象的ではあるが，ベクト

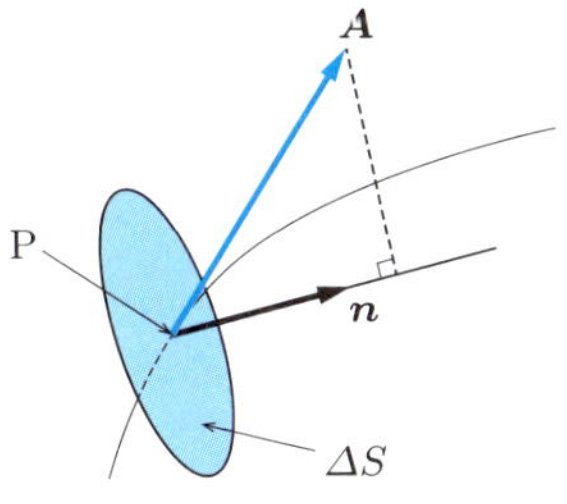

図 3.5　ベクトル場の流量

ル場そのものの流れを想定することは可能である．そこで，点 P におけるベクトルを $\boldsymbol{A}$ として，

$$A_n \Delta S = \boldsymbol{A} \cdot \boldsymbol{n} \Delta S \tag{3.12}$$

を，微小面分を通るベクトル場 $\boldsymbol{A}$ の**流量**と定義する．A_n $(= \boldsymbol{A} \cdot \boldsymbol{n})$ は微小面分の単位面積あたりの流量であり，**流量密度**という．$\boldsymbol{n}$ と $\boldsymbol{A}$ の向きが一致すれば，$A_n = |\boldsymbol{A}|$ である．したがって，図 3.4 のように流線を描くときには，$\boldsymbol{A}$ と直角な単位断面積あたりを通る流線の数を，$\boldsymbol{A}$ の大きさ $|\boldsymbol{A}|$ に比例するようにすればよい．このように流線を描けば，流線が密なところほど $\boldsymbol{A}$ が大きいことになる．

例 3.4　流線の方程式が $\boldsymbol{r} = (a\cos u)\boldsymbol{i} + (a\sin u)\boldsymbol{j}$ で与えられるようなベクトル場 $\boldsymbol{A} = \boldsymbol{A}(x, y, z)$ を求めなさい．ここで，a は任意の固定された正数，u は $0 \leqq u \leqq 2\pi$ の媒介変数である．

解　$x = a\cos u$，$y = a\sin u$ であるから，

$$\frac{d\boldsymbol{r}}{du} = -(a\sin u)\boldsymbol{i} + (a\cos u)\boldsymbol{j} = -y\boldsymbol{i} + x\boldsymbol{j}$$

となる．ゆえに，式 (3.9)，(3.10) より

$$\frac{\boldsymbol{A}}{|\boldsymbol{A}|} = \frac{d\boldsymbol{r}}{du}\bigg/\left|\frac{d\boldsymbol{r}}{du}\right| = \frac{1}{\sqrt{x^2+y^2}}(-y\boldsymbol{i} + x\boldsymbol{j})$$

$$\therefore \quad \boldsymbol{A} = f(-y\boldsymbol{i} + x\boldsymbol{j}) \quad (f = f\ (x, y, z) \text{ は任意のスカラー場})$$

となる．流線は原点を中心とする円であり，ベクトル $\boldsymbol{A}$ がそのような円の接線方向を向いていることは明らかであろう（2.3 節，例 2.8，例 2.10 参照）．図 3.6 は，f が定数のときの複数の流線の様子を示したものである．

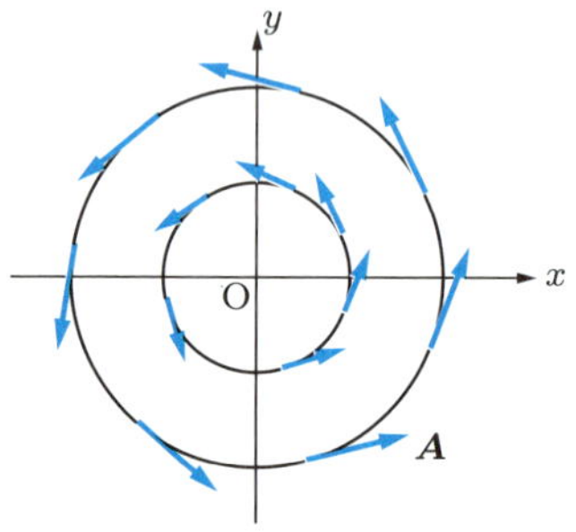

図 3.6　ベクトル場 $\boldsymbol{A}$ の流線

問 3.4 次のベクトル場の流線を描きなさい.

$$\boldsymbol{A} = \left(\frac{x}{\sqrt{x^2+y^2}} - y\right)\boldsymbol{i} + \left(\frac{y}{\sqrt{x^2+y^2}} + x\right)\boldsymbol{j}$$

【ヒント】 空間曲線：$x = u\cos u$，$y = u\sin u$ $(u \geqq 0)$，$z = 0$ を考えてみるとよい.

ベクトル場の発散

ベクトル場 $\boldsymbol{A} = \boldsymbol{A}(x, y, z)$ の**発散**を $\mathrm{div}\,\boldsymbol{A}$ と書き表し，次のように定義する.

$$\mathrm{div}\,\boldsymbol{A} = \frac{\partial A_x}{\partial x} + \frac{\partial A_y}{\partial y} + \frac{\partial A_z}{\partial z} \tag{3.13}$$

div は，**ダイバージェンス** (divergence) と読む．$\mathrm{div}\,\boldsymbol{A}$ はスカラー場を構成する.

式 (3.2) で定義されるナブラ ∇ と $\boldsymbol{A}$ の内積をつくると，

$$\nabla \cdot \boldsymbol{A} = \left(\boldsymbol{i}\frac{\partial}{\partial x} + \boldsymbol{j}\frac{\partial}{\partial y} + \boldsymbol{k}\frac{\partial}{\partial z}\right) \cdot (A_x\boldsymbol{i} + A_y\boldsymbol{j} + A_z\boldsymbol{k})$$

$$= \frac{\partial A_x}{\partial x} + \frac{\partial A_y}{\partial y} + \frac{\partial A_z}{\partial z} = \mathrm{div}\,\boldsymbol{A} \tag{3.14}$$

となる．したがって，$\mathrm{div}\,\boldsymbol{A}$ を $\nabla \cdot \boldsymbol{A}$ と書き表すこともできる.

次に，ベクトル場 $\boldsymbol{A}$ の発散の意味を考えてみよう．いま，図 3.7 のように，点 $\mathrm{P}(x, y, z)$ から各座標軸の正の方向に微小線分 Δx，Δy，Δz を引き，それらを 3 辺とする直方体をつくる．点 P における $\boldsymbol{A}$ の成分を (A_x, A_y, A_z) とすると，x 軸に垂直な 1 つの面を通って直方体の内部へ流れ込む流量は，

$$A_x \Delta y \Delta z$$

となる．また，x 軸に垂直なほかの面を通って直方体の外へ流れ出す流量は，

$$\left(A_x + \frac{\partial A_x}{\partial x}\Delta x\right)\Delta y \Delta z$$

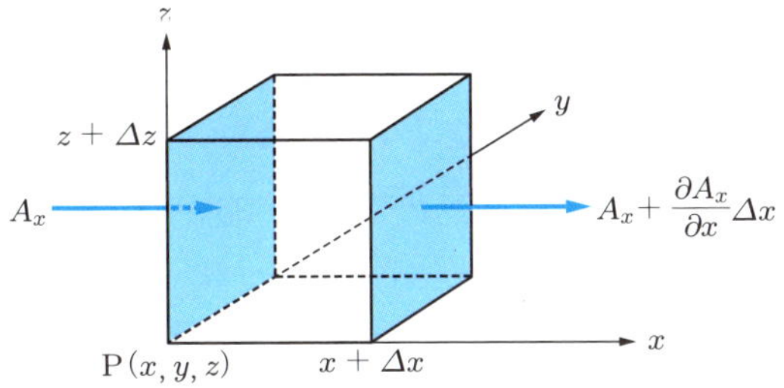

図 3.7　発散の意味（点 P を座標軸の原点として描いてある）

で与えられる．したがって，x 軸に垂直な2つの面を通って直方体の内部から外へ流れ出すベクトル場 $\boldsymbol{A}$ の流量は，

$$\left(A_x + \frac{\partial A_x}{\partial x}\Delta x\right)\Delta y\Delta z - A_x\Delta y\Delta z = \frac{\partial A_x}{\partial x}\Delta x\Delta y\Delta z$$

となる．y 軸，z 軸に垂直な面についても同様である．ゆえに，直方体の内部から外へ流れ出す流量は，

$$\left(\frac{\partial A_x}{\partial x} + \frac{\partial A_y}{\partial y} + \frac{\partial A_z}{\partial z}\right)\Delta x\Delta y\Delta z = \mathrm{div}\,\boldsymbol{A}\Delta x\Delta y\Delta z$$

となる．$\Delta x\Delta y\Delta z$ は直方体の体積である．したがって，$\mathrm{div}\,\boldsymbol{A}$ は各点における単位体積あたりのベクトル場 $\boldsymbol{A}$ の**湧き出し量**を表すことがわかる．$\mathrm{div}\,\boldsymbol{A} < 0$ ならば負の湧き出し（吸い込み）があることになる．

ベクトル場 $\boldsymbol{A}$ の**スカラーポテンシャル**が存在するとして，それを φ とする．すなわち，$\boldsymbol{A} = -\nabla\varphi$（式 (3.3) 参照）となる φ が存在する．これを成分で表せば，

$$A_x = -\frac{\partial \varphi}{\partial x}, \quad A_y = -\frac{\partial \varphi}{\partial y}, \quad A_z = -\frac{\partial \varphi}{\partial z}$$

となる．ゆえに，

$$\mathrm{div}\,\boldsymbol{A} = \frac{\partial A_x}{\partial x} + \frac{\partial A_y}{\partial y} + \frac{\partial A_z}{\partial z} = -\left(\frac{\partial^2 \varphi}{\partial x^2} + \frac{\partial^2 \varphi}{\partial y^2} + \frac{\partial^2 \varphi}{\partial z^2}\right) \tag{3.15}$$

となる．ここで，$\nabla^2 = \nabla \cdot \nabla$ とすると，

$$\begin{aligned}\nabla^2 &= \left(\boldsymbol{i}\frac{\partial}{\partial x} + \boldsymbol{j}\frac{\partial}{\partial y} + \boldsymbol{k}\frac{\partial}{\partial z}\right) \cdot \left(\boldsymbol{i}\frac{\partial}{\partial x} + \boldsymbol{j}\frac{\partial}{\partial y} + \boldsymbol{k}\frac{\partial}{\partial z}\right)\\ &= \frac{\partial^2}{\partial x^2} + \frac{\partial^2}{\partial y^2} + \frac{\partial^2}{\partial z^2}\end{aligned} \tag{3.16}$$

となり，これを使うと，式 (3.15) は

$$\mathrm{div}\,\boldsymbol{A} = -\nabla^2\varphi$$

と表される．∇^2 を $\triangle$ と書き表すこともあり，これらを**ラプラスの演算子**という．∇^2，$\triangle$ はそれぞれナブラ2乗，**ラプラシアン** (Laplacian) と読む．$\mathrm{div}\,\boldsymbol{A} = 0$ のとき，すなわち，ベクトル場の湧き出しがないときには，

$$\nabla^2\varphi = 0 \tag{3.17}$$

が成り立つ．これを**ラプラスの方程式**といい，電磁気学や流体力学でしばしば登場す

る．式 (3.17) は 2 階偏微分方程式であり，これを満たすスカラー関数 φ を**調和関数**という．

例 3.5　$\boldsymbol{r} = x\boldsymbol{i} + y\boldsymbol{j} + z\boldsymbol{k}$ とするとき，次のベクトル場の発散を調べなさい．

$$\boldsymbol{A} = \frac{1}{r^3}\boldsymbol{r} \quad (r = |\boldsymbol{r}| = \sqrt{x^2 + y^2 + z^2})$$

解　$A_x = x/r^3$，$\partial r/\partial x = x/r$ であるから，

$$\frac{\partial A_x}{\partial x} = \frac{1}{r^3} - \frac{3x}{r^4}\frac{\partial r}{\partial x} = \frac{1}{r^3} - \frac{3x^2}{r^5}$$

となる．同様に，以下が得られる．

$$\frac{\partial A_y}{\partial y} = \frac{1}{r^3} - \frac{3y^2}{r^5}, \quad \frac{\partial A_z}{\partial z} = \frac{1}{r^3} - \frac{3z^2}{r^5}$$

$$\therefore \quad \mathrm{div}\,\boldsymbol{A} = \frac{3}{r^3} - \frac{3(x^2 + y^2 + z^2)}{r^5} = \frac{3}{r^3} - \frac{3}{r^3} = 0 \quad (r \neq 0)$$

上の結果は原点（$r = 0$）では成り立たない．いま，原点 O を中心とする半径 a の球面を考えると，$\boldsymbol{A}$ はこの球面に垂直でその大きさは $1/a^2$ である（図 3.8）．したがって，球面での式 (3.12) の和を考えると，この球面の内部から外へ流れ出すベクトル場の流量は，

$$\frac{1}{a^2} \cdot 4\pi a^2 = 4\pi$$

となり，a には依存しない．このことは，$r \neq 0$ の領域ではベクトル場の湧き出しがない（$\mathrm{div}\,\boldsymbol{A} = 0$）ことを意味し，上の結果と一致する．したがって，ベクトル場はすべて原点から湧き出していることになり，原点では

$$\mathrm{div}\,\boldsymbol{A} = \lim_{r \to 0} \frac{4\pi}{4\pi r^3/3} = \lim_{r \to 0} \frac{3}{r^3} = \infty$$

であると考えてよい．4.3 節で述べるガウスの定理（発散定理）を用いると，ここで述べたことはより容易に理解できるであろう．

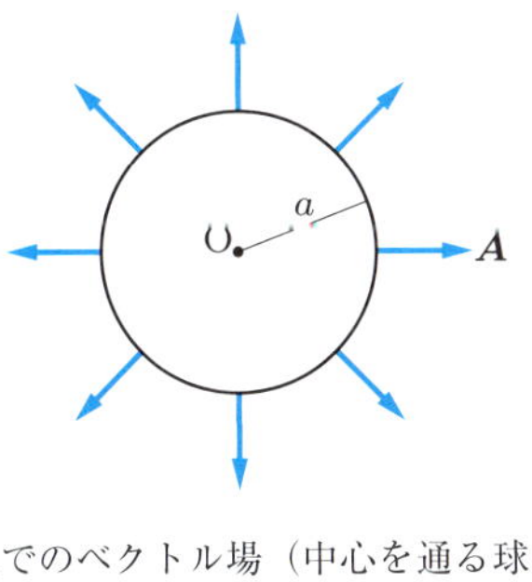

図 3.8　球面上でのベクトル場（中心を通る球の断面で表示）

問 3.5　次のベクトル場の発散を求めなさい．

(1) $\boldsymbol{A} = \dfrac{1}{r}\boldsymbol{r}$ 　$(\boldsymbol{r} = x\boldsymbol{i} + y\boldsymbol{j} + z\boldsymbol{k},\ r = |\boldsymbol{r}|)$

(2) $\boldsymbol{A} = \left(\dfrac{x}{\sqrt{x^2+y^2}} - y\right)\boldsymbol{i} + \left(\dfrac{y}{\sqrt{x^2+y^2}} + x\right)\boldsymbol{j}$ 　(問 3.4 のベクトル場)

▶▶ベクトル場の回転

ベクトル場 $\boldsymbol{A} = \boldsymbol{A}(x, y, z)$ の**回転**を $\mathrm{rot}\,\boldsymbol{A}$ と表し†,

$$\mathrm{rot}\,\boldsymbol{A} = \left(\frac{\partial A_z}{\partial y} - \frac{\partial A_y}{\partial z}\right)\boldsymbol{i} + \left(\frac{\partial A_x}{\partial z} - \frac{\partial A_z}{\partial x}\right)\boldsymbol{j} + \left(\frac{\partial A_y}{\partial x} - \frac{\partial A_x}{\partial y}\right)\boldsymbol{k} \tag{3.18}$$

と定義する．rot は**ローテーション** (rotation) と読む．**行列式**を使うと，式 (3.18) は形式的に

$$\mathrm{rot}\,\boldsymbol{A} = \begin{vmatrix} \boldsymbol{i} & \boldsymbol{j} & \boldsymbol{k} \\ \dfrac{\partial}{\partial x} & \dfrac{\partial}{\partial y} & \dfrac{\partial}{\partial z} \\ A_x & A_y & A_z \end{vmatrix} \tag{3.19}$$

と書ける．式 (3.19) の右辺は $\nabla \times \boldsymbol{A}$ を表すから，

$$\mathrm{rot}\,\boldsymbol{A} = \nabla \times \boldsymbol{A} \tag{3.20}$$

となり，$\mathrm{rot}\,\boldsymbol{A}$ のかわりに $\nabla \times \boldsymbol{A}$ を用いることもある．

$\mathrm{rot}\,\boldsymbol{A}$ の x，y，z 成分をそれぞれ $(\mathrm{rot}\,\boldsymbol{A})_x$，$(\mathrm{rot}\,\boldsymbol{A})_y$，$(\mathrm{rot}\,\boldsymbol{A})_z$ と書き表すことにすると，

$$(\mathrm{rot}\,\boldsymbol{A})_x = \frac{\partial A_z}{\partial y} - \frac{\partial A_y}{\partial z} = \begin{vmatrix} \dfrac{\partial}{\partial y} & \dfrac{\partial}{\partial z} \\ A_y & A_z \end{vmatrix}$$

$$(\mathrm{rot}\,\boldsymbol{A})_y = \frac{\partial A_x}{\partial z} - \frac{\partial A_z}{\partial x} = \begin{vmatrix} \dfrac{\partial}{\partial z} & \dfrac{\partial}{\partial x} \\ A_z & A_x \end{vmatrix}$$

† rot のかわりに curl（カール）を使うこともある．アメリカの工学関係の分野では，curl が一般的である．

$$(\mathrm{rot}\,\boldsymbol{A})_z = \frac{\partial A_y}{\partial x} - \frac{\partial A_x}{\partial y} = \begin{vmatrix} \dfrac{\partial}{\partial x} & \dfrac{\partial}{\partial y} \\ A_x & A_y \end{vmatrix}$$

となる．ゆえに，rot $\boldsymbol{A}$ は次のように書き表すこともできる．

$$\mathrm{rot}\,\boldsymbol{A} = \begin{vmatrix} \dfrac{\partial}{\partial y} & \dfrac{\partial}{\partial z} \\ A_y & A_z \end{vmatrix} \boldsymbol{i} + \begin{vmatrix} \dfrac{\partial}{\partial z} & \dfrac{\partial}{\partial x} \\ A_z & A_x \end{vmatrix} \boldsymbol{j} + \begin{vmatrix} \dfrac{\partial}{\partial x} & \dfrac{\partial}{\partial y} \\ A_x & A_y \end{vmatrix} \boldsymbol{k} \tag{3.21}$$

式 (3.21) は，行列式 (3.19) を余因子展開すれば得られる．

次に，ベクトル場 $\boldsymbol{A}$ の回転の意味を考えてみよう．いま，点 $\mathrm{P}(x, y, z)$ から y 軸と z 軸の正の方向に引いた微小線分 Δy と Δz を 2 辺とする長方形 PQRS をつくり，その辺に沿ったベクトル場の流れの強さを考える（図 3.9）．このとき，x 軸の正の方向に進む右ねじの回転の向き（図 3.9 における矢印の向き）を正とする．**閉曲線**（始点と終点が一致して閉じた曲線）に沿ったこのようなベクトル場の流れを**渦**という．また，閉曲線に垂直な単位断面積あたりの流量（すなわち，接線方向に対する $\boldsymbol{A}$ の成分）を，閉曲線の一周について積分したものを**渦の強さ**とする．そこで，点 P におけるベクトル場の成分を $(A_x,\ A_y,\ A_z)$ とすると，長方形 PQRS についての渦の強さは次のように計算される．

$$\begin{aligned} & A_y \Delta y + \left(A_z + \frac{\partial A_z}{\partial y} \Delta y \right) \Delta z - \left(A_y + \frac{\partial A_y}{\partial z} \Delta z \right) \Delta y - A_z \Delta z \\ & = \left(\frac{\partial A_z}{\partial y} - \frac{\partial A_y}{\partial z} \right) \Delta y \Delta z = (\mathrm{rot}\,\boldsymbol{A})_x \Delta y \Delta z \end{aligned} \tag{3.22}$$

これより，$(\mathrm{rot}\,\boldsymbol{A})_x$ は点 P における，x 軸に垂直な単位面積あたりの，x 軸まわりの

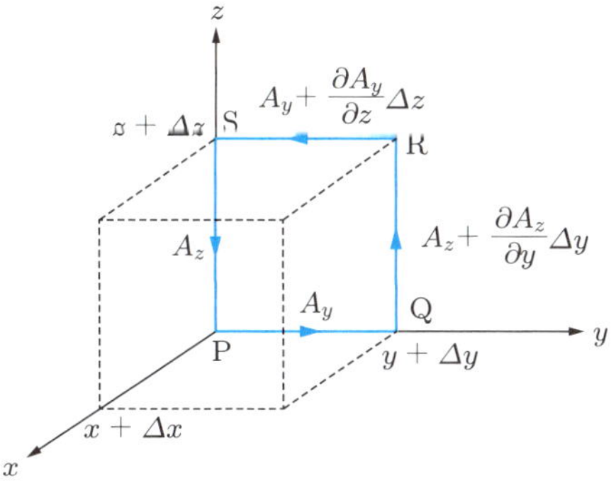

図 3.9　回転の意味（点 P を座標軸の原点として描いてある）

渦の強さを表すことがわかる．また，$(\mathrm{rot}\,\boldsymbol{A})_x > 0$ ならば，x 軸の正の方向に進む右ねじの回転と同じ向きの渦があり，$(\mathrm{rot}\,\boldsymbol{A})_x < 0$ ならば，その逆まわりの渦がある．

上の計算を x 軸方向の長さ $\Delta x\ (>0)$ について行えば，渦の強さに対して

$$\left(\frac{\partial A_z}{\partial y} - \frac{\partial A_y}{\partial z}\right)\Delta x \Delta y \Delta z = (\mathrm{rot}\,\boldsymbol{A})_x \Delta x \Delta y \Delta z$$

が得られる．したがって，$(\mathrm{rot}\,\boldsymbol{A})_x$ は点 P における単位体積あたりの，x 軸まわりの渦の強さであると表現することもできる．

$(\mathrm{rot}\,\boldsymbol{A})_y$，$(\mathrm{rot}\,\boldsymbol{A})_z$ の意味も，それぞれの軸について同様であり，$\mathrm{rot}\,\boldsymbol{A}$ は単位体積あたりの渦の強さ（向きも含む）を表すことがわかる．4.5 節で述べるストークスの定理を使うと，ベクトル場の回転の意味は一層明瞭に理解できる．

ベクトル場 $\boldsymbol{A}$ に対して

$$\boldsymbol{A} = \mathrm{rot}\,\boldsymbol{p} \tag{3.23}$$

を満たすベクトル場 $\boldsymbol{p}$ が存在するとき，$\boldsymbol{p}$ を $\boldsymbol{A}$ の**ベクトルポテンシャル**という．

例 3.6　次のベクトル場の回転を求めなさい．

(1) $\boldsymbol{A} = -y\boldsymbol{i} + x\boldsymbol{j}$　（例 3.4 参照）

(2) $\boldsymbol{A} = \dfrac{1}{r^3}\boldsymbol{r}$　（$\boldsymbol{r} = x\boldsymbol{i} + y\boldsymbol{j} + z\boldsymbol{k},\ r = |\boldsymbol{r}|$；例 3.5 参照）

解　(1) 式 (3.21) より

$$\mathrm{rot}\,\boldsymbol{A} = \begin{vmatrix} \dfrac{\partial}{\partial y} & \dfrac{\partial}{\partial z} \\ x & 0 \end{vmatrix}\boldsymbol{i} + \begin{vmatrix} \dfrac{\partial}{\partial z} & \dfrac{\partial}{\partial x} \\ 0 & -y \end{vmatrix}\boldsymbol{j} + \begin{vmatrix} \dfrac{\partial}{\partial x} & \dfrac{\partial}{\partial y} \\ -y & x \end{vmatrix}\boldsymbol{k} = 2\boldsymbol{k}$$

となる．すなわち，ベクトル場 $\boldsymbol{A}$ の回転は一定で，z 軸方向を向いている（図 3.6 の紙面手前方向）．

(2) $\mathrm{rot}\,\boldsymbol{A}$ の x 成分を計算すると

$$(\mathrm{rot}\,\boldsymbol{A})_x = \frac{\partial}{\partial y}\left(\frac{z}{r^3}\right) - \frac{\partial}{\partial z}\left(\frac{y}{r^3}\right) = -\frac{3z}{r^4}\frac{\partial r}{\partial y} + \frac{3y}{r^4}\frac{\partial r}{\partial z} = -\frac{3yz}{r^5} + \frac{3yz}{r^5} = 0$$

となる．同様に，$(\mathrm{rot}\,\boldsymbol{A})_y = 0$，$(\mathrm{rot}\,\boldsymbol{A})_z = 0$ であるから，$\mathrm{rot}\,\boldsymbol{A} = \boldsymbol{0}$ となる．

問 3.6　次のベクトル場の回転を求めなさい．

(1) $\boldsymbol{A} = yz\boldsymbol{i} + zx\boldsymbol{j} + xy\boldsymbol{k}$

(2) $\boldsymbol{A} = ay\boldsymbol{i}$　（a は定数）

3.3 勾配，発散，回転に関する諸公式

φ，ψ を任意のスカラー場，$\boldsymbol{A}$，$\boldsymbol{B}$ を任意のベクトル場とすると，勾配，発散，回転について次の公式が成り立つ．

$$\left.\begin{aligned}
&\text{(i)}\ \ \mathrm{grad}(\varphi\psi) = \nabla(\varphi\psi) = \psi\nabla\varphi + \varphi\nabla\psi \\
&\text{(ii)}\ \ \mathrm{div}(\varphi\boldsymbol{A}) = \nabla\cdot(\varphi\boldsymbol{A}) = (\nabla\varphi)\cdot\boldsymbol{A} + \varphi(\nabla\cdot\boldsymbol{A}) \\
&\text{(iii)}\ \ \mathrm{rot}(\varphi\boldsymbol{A}) = \nabla\times(\varphi\boldsymbol{A}) = (\nabla\varphi)\times\boldsymbol{A} + \varphi(\nabla\times\boldsymbol{A}) \\
&\text{(iv)}\ \ \mathrm{grad}(\boldsymbol{A}\cdot\boldsymbol{B}) = \nabla(\boldsymbol{A}\cdot\boldsymbol{B}) \\
&\qquad = (\boldsymbol{B}\cdot\nabla)\boldsymbol{A} + (\boldsymbol{A}\cdot\nabla)\boldsymbol{B} + \boldsymbol{A}\times(\nabla\times\boldsymbol{B}) + \boldsymbol{B}\times(\nabla\times\boldsymbol{A}) \\
&\text{(v)}\ \ \mathrm{div}(\boldsymbol{A}\times\boldsymbol{B}) = \nabla\cdot(\boldsymbol{A}\times\boldsymbol{B}) \\
&\qquad = \boldsymbol{B}\cdot(\nabla\times\boldsymbol{A}) - \boldsymbol{A}\cdot(\nabla\times\boldsymbol{B}) \\
&\text{(vi)}\ \ \mathrm{rot}(\boldsymbol{A}\times\boldsymbol{B}) = \nabla\times(\boldsymbol{A}\times\boldsymbol{B}) \\
&\qquad = (\boldsymbol{B}\cdot\nabla)\boldsymbol{A} - (\boldsymbol{A}\cdot\nabla)\boldsymbol{B} + (\mathrm{div}\,\boldsymbol{B})\boldsymbol{A} - (\mathrm{div}\,\boldsymbol{A})\boldsymbol{B}
\end{aligned}\right\} \quad (3.24\mathrm{a})$$

(i) の証明：

$$\begin{aligned}
\mathrm{grad}(\varphi\psi) &= \frac{\partial(\varphi\psi)}{\partial x}\boldsymbol{i} + \frac{\partial(\varphi\psi)}{\partial y}\boldsymbol{j} + \frac{\partial(\varphi\psi)}{\partial z}\boldsymbol{k} \\
&= \left(\frac{\partial\varphi}{\partial x}\psi + \varphi\frac{\partial\psi}{\partial x}\right)\boldsymbol{i} + \left(\frac{\partial\varphi}{\partial y}\psi + \varphi\frac{\partial\psi}{\partial y}\right)\boldsymbol{j} + \left(\frac{\partial\varphi}{\partial z}\psi + \varphi\frac{\partial\psi}{\partial z}\right)\boldsymbol{k} \\
&= \psi\left(\frac{\partial\varphi}{\partial x}\boldsymbol{i} + \frac{\partial\varphi}{\partial y}\boldsymbol{j} + \frac{\partial\varphi}{\partial z}\boldsymbol{k}\right) + \varphi\left(\frac{\partial\psi}{\partial x}\boldsymbol{i} + \frac{\partial\psi}{\partial y}\boldsymbol{j} + \frac{\partial\psi}{\partial z}\boldsymbol{k}\right) \\
&= \psi\nabla\varphi + \varphi\nabla\psi
\end{aligned}$$

(ii) の証明：

$$\begin{aligned}
\mathrm{div}(\varphi\boldsymbol{A}) &= \frac{\partial}{\partial x}(\varphi A_x) + \frac{\partial}{\partial y}(\varphi A_y) + \frac{\partial}{\partial z}(\varphi A_z) \\
&= \frac{\partial\varphi}{\partial x}A_x + \varphi\frac{\partial A_x}{\partial x} + \frac{\partial\varphi}{\partial y}A_y + \varphi\frac{\partial A_y}{\partial y} + \frac{\partial\varphi}{\partial z}A_z + \varphi\frac{\partial A_z}{\partial z} \\
&= \left(\frac{\partial\varphi}{\partial x}A_x + \frac{\partial\varphi}{\partial y}A_y + \frac{\partial\varphi}{\partial z}A_z\right) + \varphi\left(\frac{\partial A_x}{\partial x} + \frac{\partial A_y}{\partial y} + \frac{\partial A_z}{\partial z}\right) \\
&= (\nabla\varphi)\cdot\boldsymbol{A} + \varphi(\nabla\cdot\boldsymbol{A})
\end{aligned}$$

問 3.7　式 (3.24a) の (iii)～(vi) を証明しなさい．

また，2次の微分係数を含むものについては，次の公式がある．

$$\left.\begin{array}{l}\text{(vii) } \mathrm{rot}(\mathrm{grad}\,\varphi) = \nabla\times(\nabla\varphi) = \mathbf{0} \\ \text{(viii) } \mathrm{div}(\mathrm{rot}\,\boldsymbol{A}) = \nabla\cdot(\nabla\times\boldsymbol{A}) = 0 \\ \text{(ix) } \mathrm{rot}(\mathrm{rot}\,\boldsymbol{A}) = \nabla\times(\nabla\times\boldsymbol{A}) = \nabla(\nabla\cdot\boldsymbol{A}) - \nabla^2\boldsymbol{A}\end{array}\right\} \qquad (3.24\mathrm{b})$$

(vii) の証明：x 成分については

$$[\nabla\times(\nabla\varphi)]_x = \frac{\partial}{\partial y}\left(\frac{\partial\varphi}{\partial z}\right) - \frac{\partial}{\partial z}\left(\frac{\partial\varphi}{\partial y}\right) = \frac{\partial^2\varphi}{\partial y\partial z} - \frac{\partial^2\varphi}{\partial z\partial y} = 0$$

となる．同様に，y，z 成分も 0 となることが証明される．

(viii) の証明：

$$\begin{aligned}\nabla\cdot(\nabla\times\boldsymbol{A}) &= \frac{\partial}{\partial x}\left(\frac{\partial A_z}{\partial y} - \frac{\partial A_y}{\partial z}\right) + \frac{\partial}{\partial y}\left(\frac{\partial A_x}{\partial z} - \frac{\partial A_z}{\partial x}\right) \\ &\quad + \frac{\partial}{\partial z}\left(\frac{\partial A_y}{\partial x} - \frac{\partial A_x}{\partial y}\right) \\ &= \frac{\partial^2 A_z}{\partial x\partial y} - \frac{\partial^2 A_y}{\partial x\partial z} + \frac{\partial^2 A_x}{\partial y\partial z} - \frac{\partial^2 A_z}{\partial y\partial x} + \frac{\partial^2 A_y}{\partial z\partial x} - \frac{\partial^2 A_x}{\partial z\partial y} \\ &= 0\end{aligned}$$

(ix) の証明：左辺の x 成分を計算すると

$$\begin{aligned}[\nabla\times(\nabla\times\boldsymbol{A})]_x &= \frac{\partial}{\partial y}(\nabla\times\boldsymbol{A})_z - \frac{\partial}{\partial z}(\nabla\times\boldsymbol{A})_y \\ &= \frac{\partial}{\partial y}\left(\frac{\partial A_y}{\partial x} - \frac{\partial A_x}{\partial y}\right) - \frac{\partial}{\partial z}\left(\frac{\partial A_x}{\partial z} - \frac{\partial A_z}{\partial x}\right) \\ &= \frac{\partial^2 A_y}{\partial y\partial x} - \frac{\partial^2 A_x}{\partial y^2} - \frac{\partial^2 A_x}{\partial z^2} + \frac{\partial^2 A_z}{\partial z\partial x} \\ &= \frac{\partial}{\partial x}\left(\frac{\partial A_x}{\partial x} + \frac{\partial A_y}{\partial y} + \frac{\partial A_z}{\partial z}\right) - \left(\frac{\partial^2}{\partial x^2} + \frac{\partial^2}{\partial y^2} + \frac{\partial^2}{\partial z^2}\right)A_x \\ &= \frac{\partial}{\partial x}(\nabla\cdot\boldsymbol{A}) - \nabla^2 A_x\end{aligned}$$

となる．y，z 成分についても同様に，

$$[\nabla\times(\nabla\times\boldsymbol{A})]_y = \frac{\partial}{\partial y}(\nabla\cdot\boldsymbol{A}) - \nabla^2 A_y$$

$$[\nabla\times(\nabla\times\boldsymbol{A})]_z = \frac{\partial}{\partial z}(\nabla\cdot\boldsymbol{A}) - \nabla^2 A_z$$

となる．ゆえに，

$$\nabla\times(\nabla\times\boldsymbol{A})=\left[\frac{\partial}{\partial x}(\nabla\cdot\boldsymbol{A})-\nabla^2A_x\right]\boldsymbol{i}+\left[\frac{\partial}{\partial y}(\nabla\cdot\boldsymbol{A})-\nabla^2A_y\right]\boldsymbol{j}$$
$$+\left[\frac{\partial}{\partial z}(\nabla\cdot\boldsymbol{A})-\nabla^2A_z\right]\boldsymbol{k}$$
$$=\left(\boldsymbol{i}\frac{\partial}{\partial x}+\boldsymbol{j}\frac{\partial}{\partial y}+\boldsymbol{k}\frac{\partial}{\partial z}\right)(\nabla\cdot\boldsymbol{A})-\nabla^2(A_x\boldsymbol{i}+A_y\boldsymbol{j}+A_z\boldsymbol{k})$$
$$=\nabla(\nabla\cdot\boldsymbol{A})-\nabla^2\boldsymbol{A}$$

となる．

例 3.7　ベクトル場 $\boldsymbol{A}$ に対して次のことを証明しなさい．

(1) スカラーポテンシャルが存在するときは，$\mathrm{rot}\,\boldsymbol{A}=\boldsymbol{0}$ である．

(2) ベクトルポテンシャルが存在するときは，$\mathrm{div}\,\boldsymbol{A}=0$ である．

解　(1) $\boldsymbol{A}=-\nabla\varphi$ と書けるから，式 (3.24b) の(vii)より次式が成り立つ．

$$\mathrm{rot}\,\boldsymbol{A}=-\,\mathrm{rot}(\mathrm{grad}\,\varphi)=-\nabla\times(\nabla\varphi)=\boldsymbol{0}$$

(2) $\boldsymbol{A}=\mathrm{rot}\,\boldsymbol{p}$ と書けるから，式 (3.24b) の(viii)より次式が成り立つ．

$$\mathrm{div}\,\boldsymbol{A}=\mathrm{div}(\mathrm{rot}\,\boldsymbol{p})=\nabla\cdot(\nabla\times\boldsymbol{p})=0$$

演習問題

3.1　スカラー場 $\varphi=x^2+y^2+z^2$ について，次のものを求めなさい．

(1) $\nabla\varphi$　(2) $\nabla^2\varphi$　(3) 曲面 $\varphi=a^2$ $(a>0)$ の法単位ベクトル $\boldsymbol{n}$（面の向きは φ の増加する方向とする）．

3.2　$f=f(u,v)$，$g=g(u,v,w)$，$u=u(x,y,z)$，$v=v(x,y,z)$，$w=w(x,y,z)$ のとき，次の性質を証明しなさい．ただし，$\partial f/\partial u=0$，$\partial f/\partial v=0$ が同時に満たされることはないと仮定する．また，g の 3 つの偏導関数も同時に 0 となることはないと仮定する．

(1) $f=c$（一定）ならば，$\nabla u\times\nabla v=\boldsymbol{0}$

(2) $g=c$（一定）ならば，$[\nabla u\ \nabla v\ \nabla w]=0$（左辺はスカラー 3 重積）

3.3　$\boldsymbol{r}=x\boldsymbol{i}+y\boldsymbol{j}+z\boldsymbol{k}$，$r=|\boldsymbol{r}|$ のとき，次の等式または関係を証明しなさい．

(1) $\nabla\cdot\boldsymbol{r}=3$　(2) $\nabla\times\boldsymbol{r}=\boldsymbol{0}$　(3) $\nabla^2\left(\dfrac{1}{r}\right)=0\quad(r\neq 0)$

(4) $\nabla^2 f(r)=\dfrac{d^2f(r)}{dr^2}+\dfrac{2}{r}\dfrac{df(r)}{dr}$

(5) $\nabla^2 f(r) = 0$ ならば $f(r) = \dfrac{A}{r} + B$　(A，B は任意の定数)

3.4　φ，ψ を任意のスカラー場，$\boldsymbol{A}$，$\boldsymbol{B}$ を任意のベクトル場とするとき，次の関係を証明しなさい．

(1) $\nabla(\varphi + \psi) = \nabla\varphi + \nabla\psi$　(2) $\nabla \cdot (\boldsymbol{A} + \boldsymbol{B}) = \nabla \cdot \boldsymbol{A} + \nabla \cdot \boldsymbol{B}$

(3) $\nabla \times (\boldsymbol{A} + \boldsymbol{B}) = \nabla \times \boldsymbol{A} + \nabla \times \boldsymbol{B}$

3.5　$\varphi = (x + y + z)^2$，$\boldsymbol{A} = xyz^2\boldsymbol{i} + x^2yz\boldsymbol{j} + xy^2z\boldsymbol{k}$ のとき，次のものを求めなさい．

(1) $\nabla\varphi$　(2) $\nabla \cdot \boldsymbol{A}$　(3) $\boldsymbol{A} \cdot (\nabla\varphi)$　(4) $\nabla \cdot (\varphi\boldsymbol{A})$　(5) $\nabla \cdot (\nabla\varphi)$

3.6　ベクトル場 $\boldsymbol{A} = A_x\boldsymbol{i} + A_y\boldsymbol{j} + A_z\boldsymbol{k}$ について，次の等式を証明しなさい．

(1) $\nabla \cdot \boldsymbol{A} = (\nabla A_x) \cdot \boldsymbol{i} + (\nabla A_y) \cdot \boldsymbol{j} + (\nabla A_z) \cdot \boldsymbol{k}$

(2) $\nabla \times \boldsymbol{A} = (\nabla A_x) \times \boldsymbol{i} + (\nabla A_y) \times \boldsymbol{j} + (\nabla A_z) \times \boldsymbol{k}$

3.7　スカラー場 φ，ベクトル場 $\boldsymbol{A}$ に対して，次の等式を証明しなさい．

(1) $(\boldsymbol{A} \cdot \nabla)\varphi = \boldsymbol{A} \cdot (\nabla\varphi)$　(2) $(\boldsymbol{A} \cdot \nabla)\boldsymbol{r} = \boldsymbol{A}$　$(\boldsymbol{r} = x\boldsymbol{i} + y\boldsymbol{j} + z\boldsymbol{k})$

3.8　スカラー場 φ，ψ に対して，次の等式を証明しなさい．

(1) $\nabla\left(\dfrac{\varphi}{\psi}\right) = \dfrac{\psi\nabla\varphi - \varphi\nabla\psi}{\psi^2}$　(2) $\nabla \cdot (\nabla\varphi \times \nabla\psi) = 0$

(3) $\nabla \times (\varphi\nabla\psi) = (\nabla\varphi) \times (\nabla\psi)$

3.9　ベクトル場 $\boldsymbol{A}$ に対して，次の等式を証明しなさい．

(1) $\mathrm{div}\,\mathrm{rot}\,\mathrm{rot}\,\boldsymbol{A} = \nabla^2(\mathrm{div}\,\boldsymbol{A}) - \mathrm{div}(\nabla^2\boldsymbol{A})$　(2) $\mathrm{rot}\,\mathrm{rot}\,\mathrm{rot}\,\boldsymbol{A} = -\nabla^2(\mathrm{rot}\,\boldsymbol{A})$

3.10　$\boldsymbol{F}$ が中心力場（力の中心を原点にとる）であるとき，$\boldsymbol{F} = f(r)\boldsymbol{r}$ と表される．ここで，$\boldsymbol{r} = x\boldsymbol{i} + y\boldsymbol{j} + z\boldsymbol{k}$，$r = |\boldsymbol{r}|$ である．このとき，$\mathrm{div}\,\boldsymbol{F} = 0$ ならば，$f = c/r^3$（c は定数）であることを証明しなさい．

第4章
線積分，面積分と積分定理

本章では，スカラー場とベクトル場に対して定義される線積分，面積分および種々の積分定理について学ぶ．ある量が空間曲線上の各点で定義されているとき，それを空間曲線に沿って積分したものを**線積分**という．また，曲面上の各点で定義されている量をその曲面にわたって積分したものを**面積分**という．空間曲線と曲面の方程式が与えられれば，線積分と面積分はそれぞれ 1 重と 2 重の通常の定積分に帰着させることができる．体積積分と面積分，面積分と線積分の間にはいくつかの重要な公式（積分定理）がある．これらの積分定理は，スカラー場とベクトル場に対して定義される種々の微分量とともに，力学，電磁気学，流体力学などの分野で重要な役割を果たす．

4.1 ▶ 線積分

▶▶スカラー場の線積分

スカラー場 $\varphi = \varphi(x, y, z)$ 内の 2 点 P，Q を結ぶ曲線を C とする．曲線 C は向きをもち，それは P から Q へ向かう方向であるとする．このとき，始点 P，曲線 C を n 個に分割する点，および終点 Q を順に $\mathrm{P}_0 = \mathrm{P}, \mathrm{P}_1, \mathrm{P}_2, \ldots, \mathrm{P}_n = \mathrm{Q}$，点 P_{i-1} と P_i の間にある曲線上の任意の点の座標を (x_i, y_i, z_i)，青線で示したような微小弧の長さを $\Delta s_i = \overset{\frown}{\mathrm{P}_{i-1}\mathrm{P}_i}$ として，次の和をつくる（図 4.1）．

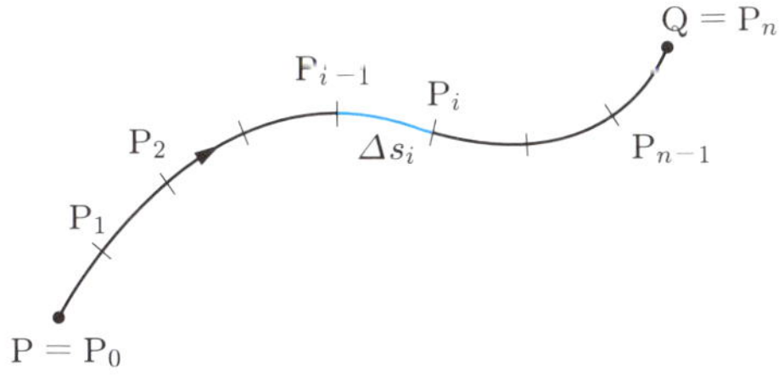

図 4.1　曲線 C

$$S_n = \sum_{i=1}^{n} \varphi(x_i, y_i, z_i) \Delta s_i$$

φ が連続ならば，分割の数 n を無限に大きくして，すべての Δs_i を無限に小さくする極限では（この極限を単に $n \to \infty$ で表すことにする），S_n は分割の仕方に無関係な一定の値に収束する．この極限値を曲線 C に関する φ の**線積分**といい，

$$\int_C \varphi(x, y, z) ds, \quad \int_{\mathrm{PQ}} \varphi(x, y, z) ds \tag{4.1}$$

などと書く．このとき，曲線 C を**経路**（**積分経路**）といい，線積分を**経路積分**ということもある．式 (4.1) における積分変数 s は，点 P から Q に向かって測られた曲線の長さである．また，被積分関数 $\varphi(x, y, z)$ は曲線上の点 (x, y, z) におけるスカラー場 φ の値であり，その座標は s の関数で与えられる．すなわち

$$x = x(s), \quad y = y(s), \quad z = z(s)$$

となる．これは，s を媒介変数とする曲線 C の方程式にほかならない（式 (2.16) 参照）．

次に，曲線 C の方程式が媒介変数 u を用いて，$\boldsymbol{r} = \boldsymbol{r}(u)$，すなわち，

$$x = x(u), \quad y = y(u), \quad z = z(u)$$

で与えられている場合を考える．u は区間 $a \leqq u \leqq b$ を動き，$u = a$，$u = b$ がそれぞれ点 P，Q に対応するものとする．式 (2.15) より

$$\frac{ds}{du} = \sqrt{\left(\frac{dx}{du}\right)^2 + \left(\frac{dy}{du}\right)^2 + \left(\frac{dz}{du}\right)^2}$$

となる．したがって，積分の変数変換を用いて，式 (4.1) の線積分は次のように計算される．

$$\begin{aligned} \int_C \varphi(x, y, z) ds &= \int_C \varphi(x, y, z) \frac{ds}{du} du \\ &= \int_a^b \varphi(x(u), y(u), z(u)) \times \sqrt{\left(\frac{dx}{du}\right)^2 + \left(\frac{dy}{du}\right)^2 + \left(\frac{dz}{du}\right)^2} du \end{aligned} \tag{4.2}$$

この線積分は，微小弧の長さを用いて定義されているので，積分経路を逆向きにしても符号は変わらない．

S_n の定義式において，Δs_i のかわりに $\Delta x_i = x_i - x_{i-1}$ を用いると，その和の極限値も 1 つの線積分である．すなわち，

$$\int_C \varphi(x, y, z)\, dx = \lim_{n\to\infty} \sum_{i=1}^{n} \varphi(x_i, y_i, z_i) \Delta x_i \tag{4.3}$$

となる．このとき，曲線 C 上の点の y，z 座標は x の関数で与えられる．すなわち，

$$y = y(x), \quad z = z(x)$$

となる．これは曲線 C の方程式に対する表式の 1 つであり，媒介変数を用いて表された曲線の方程式において，その媒介変数を消去すれば得られる．式 (4.2) と同様に，式 (4.3) の線積分は次のように計算することもできる．

$$\int_C \varphi(x, y, z)\, dx = \int_a^b \varphi(x(u), y(u), z(u)) \frac{dx}{du}\, du \tag{4.4}$$

この線積分は曲線上での x 座標の微小変化を用いて定義されているので，積分経路を逆向きにすればその符号が変わる．すなわち，

$$\int_{\mathrm{QP}} \varphi(x, y, z) dx = -\int_{\mathrm{PQ}} \varphi(x, y, z) dx$$

となる．また，曲線 C 上の 1 点を R とすれば，

$$\int_{\mathrm{PQ}} \varphi(x, y, z) dx = \int_{\mathrm{PR}} \varphi(x, y, z) dx + \int_{\mathrm{RQ}} \varphi(x, y, z) dx$$

が成り立つ．この点 R は曲線 C の延長上にあってもよい（図 4.2）．曲線 C が閉曲線のとき（図 4.3），C の一周に関する線積分を

$$\oint_C \varphi(x, y, z) dx$$

と書き表す．

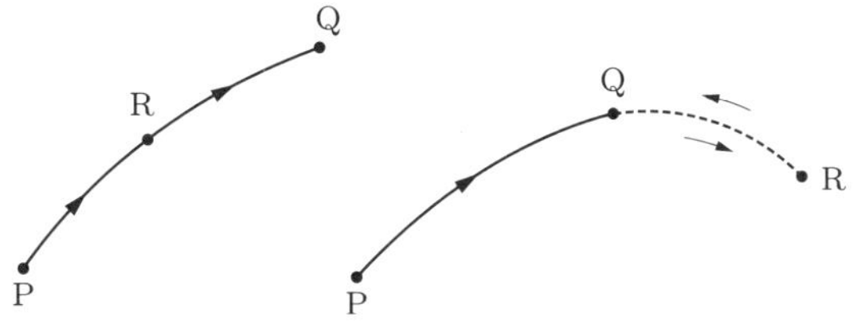

図 4.2　曲線 C と点 R

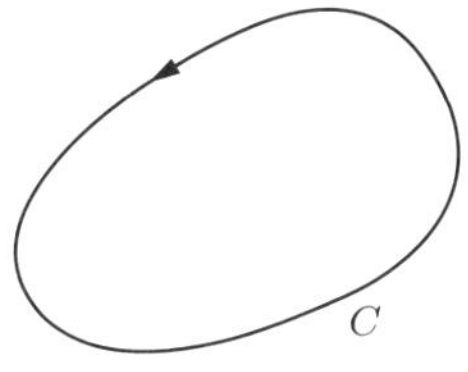

図 4.3　閉曲線 C

図 4.4 のように，曲線 PQ の x 座標が点 R で最大となり，x のある区間に 2 つの弧が存在する場合を考える．曲線 PR の方程式を $y = y_1(x)$，$z = z_1(x)$，曲線 RQ の方程式を $y = y_2(x)$，$z = z_2(x)$ として，点 P，Q，R の x 座標をそれぞれ a，b，c とすれば，式 (4.3) の線積分は次のように計算される．

$$\begin{aligned}\int_{\mathrm{PQ}} \varphi(x,y,z)\,dx &= \int_{\mathrm{PR}} \varphi(x,y,z)\,dx + \int_{\mathrm{RQ}} \varphi(x,y,z)\,dx \\ &= \int_a^c \varphi(x, y_1(x), z_1(x))\,dx + \int_c^b \varphi(x, y_2(x), z_2(x))\,dx\end{aligned}$$

このように，曲線が 1 つの方程式で表されないときには，線積分はいくつかの定積分の和になる．しかし，曲線の方程式が媒介変数を用いて表されているときには，このようなことは気にしなくてよい．

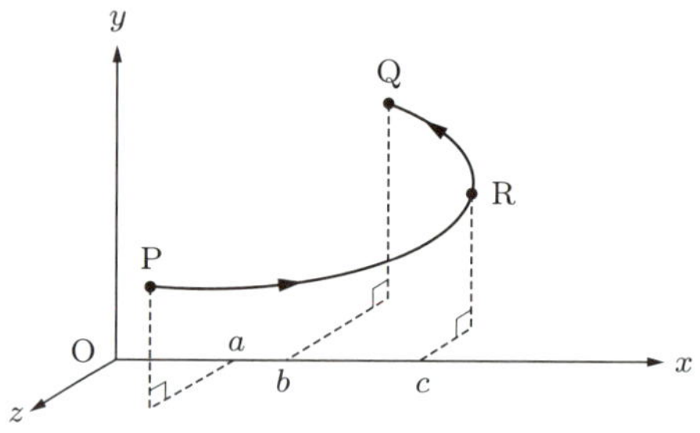

図 4.4

式 (4.3) と同様に，線積分

$$\int_C \varphi(x,y,z)\,dy, \quad \int_C \varphi(x,y,z)\,dz \tag{4.5}$$

も考えることができる．

例 4.1　スカラー場 $\varphi = x^2 + y^2 + z^2$ 内の曲線を $C\colon \boldsymbol{r} = (a\cos u)\boldsymbol{i} + (a\sin u)\boldsymbol{j} + bu\boldsymbol{k}$ $(0 \leqq u \leqq 2\pi)$ とするとき，次の線積分をそれぞれ求めなさい．

$$\int_C \varphi\,ds, \quad \int_C \varphi\,dx, \quad \int_C \varphi\,dy, \quad \int_C \varphi\,dz$$

解　$x = a\cos u$，$y = a\sin u$，$z = bu$ であるから，

$$\varphi = x^2 + y^2 + z^2 = a^2(\cos^2 u + \sin^2 u) + b^2u^2 = a^2 + b^2u^2$$

$$\sqrt{\left(\frac{dx}{du}\right)^2 + \left(\frac{dy}{du}\right)^2 + \left(\frac{dz}{du}\right)^2} = \sqrt{a^2(\sin^2 u + \cos^2 u) + b^2} = \sqrt{a^2 + b^2}$$

となる．ゆえに，式 (4.2) より

$$\int_C \varphi\,ds = \int_0^{2\pi} (a^2+b^2u^2)\sqrt{a^2+b^2}\,du$$
$$= \sqrt{a^2+b^2}\left\{a^2[u]_0^{2\pi} + b^2\left[\frac{1}{3}u^3\right]_0^{2\pi}\right\} = \sqrt{a^2+b^2}\left(2\pi a^2 + \frac{8}{3}\pi^3 b^2\right)$$

となる．同様に，式 (4.4) より以下のようになる．

$$\int_C \varphi\,dx = \int_0^{2\pi} (a^2+b^2u^2)(-a\sin u)\,du$$
$$= -a^3[-\cos u]_0^{2\pi} - ab^2[2u\sin u - (u^2-2)\cos u]_0^{2\pi} = 4\pi^2 ab^2$$
$$\int_C \varphi\,dy = \int_0^{2\pi} (a^2+b^2u^2)(a\cos u)\,du$$
$$= a^3[\sin u]_0^{2\pi} + ab^2[2u\cos u + (u^2-2)\sin u]_0^{2\pi} = 4\pi ab^2$$
$$\int_C \varphi\,dz = \int_0^{2\pi} (a^2+b^2u^2)\,b\,du = 2\pi a^2 b + \frac{8}{3}\pi^3 b^3$$

問 4.1　スカラー場 $\varphi = \sqrt{x^2+y^2+|z|}$ 内の曲線を C: $\boldsymbol{r} = 3u\boldsymbol{i} + 4u\boldsymbol{j} + \frac{5}{2}u^2\boldsymbol{k}$ $(0 \leqq u \leqq 1)$ とするとき，例 4.1 の 4 つの線積分を求めなさい．

ベクトル場の線積分

ベクトル場 $\boldsymbol{A} = \boldsymbol{A}(x, y, z)$ に対しても種々の線積分を考えることができる．前項と同様に，点 P から点 Q に向かう曲線を C として，この曲線を n 個に分割する点を $\mathrm{P}_0 = \mathrm{P}, \mathrm{P}_1, \mathrm{P}_2, \ldots, \mathrm{P}_n = \mathrm{Q}$ とする．そこで，点 P_i の位置ベクトルを $\boldsymbol{r}_i = x_i\boldsymbol{i} + y_i\boldsymbol{j} + z_i\boldsymbol{k}$ $(i = 0, 1, 2, \ldots, n)$，$\Delta\boldsymbol{r}_i = \overrightarrow{\mathrm{P}_{i-1}\mathrm{P}_i} = \boldsymbol{r}_i - \boldsymbol{r}_{i-1}$ として，次のような内積の和をつくる（図 4.5）．

$$S_n = \sum_{i=1}^{n} \boldsymbol{A}(x_{i-1}, y_{i-1}, z_{i-1}) \cdot \Delta\boldsymbol{r}_i = \sum_{i=1}^{n} \boldsymbol{A}(x_{i-1}, y_{i-1}, z_{i-1}) \cdot \frac{\Delta\boldsymbol{r}_i}{\Delta s_i}\Delta s_i \tag{4.6}$$

ここで，$\Delta s_i = \overset{\frown}{\mathrm{P}_{i-1}\mathrm{P}_i}$ である．$\boldsymbol{A}$ が連続のとき，分割の数 n を無限に大きくして，すべての Δs_i を無限に小さくする極限では，S_n は分割の仕方に無関係な一定の値に収束する．この極限値を，曲線 C に関する $\boldsymbol{A}$ の**接線線積分**または単に**線積分**といい，式 (4.6) の各表式に対応して，

$$\int_C \boldsymbol{A}(x, y, z) \cdot d\boldsymbol{r}, \quad \int_C \boldsymbol{A}(x, y, z) \cdot \boldsymbol{t}\,ds \tag{4.7}$$

などと書かれる．ここで，$\boldsymbol{t} = d\boldsymbol{r}/ds$ は，曲線上の点 (x, y, z) における接線単位ベク

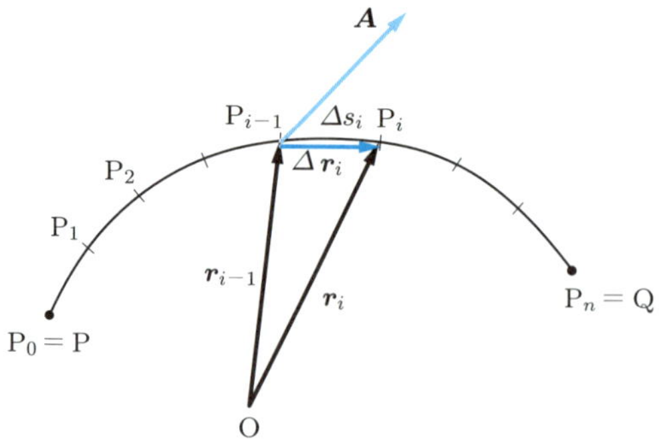

図 4.5

トルである（式 (2.17) と図 2.6 を参照）．式 (4.7) の第 2 の表式では，点 P から点 Q に向かって測った曲線の長さ s が積分変数である．

曲線の方程式を $\boldsymbol{r} = \boldsymbol{r}(s)$，すなわち，$x = x(s)$，$y = y(s)$，$z = z(s)$ とする．接線単位ベクトル $\boldsymbol{t}$ は

$$\boldsymbol{t} = \frac{d\boldsymbol{r}}{ds} = \frac{dx}{ds}\boldsymbol{i} + \frac{dy}{ds}\boldsymbol{j} + \frac{dz}{ds}\boldsymbol{k}$$

と表されるから，$\boldsymbol{A}$ の成分を (A_x, A_y, A_z) とすると，接線線積分の式 (4.7) は

$$\int_C \boldsymbol{A} \cdot \boldsymbol{t} ds = \int_0^l \left(A_x \frac{dx}{ds} + A_y \frac{dy}{ds} + A_z \frac{dz}{ds} \right) ds \tag{4.8}$$

と書き表される．ここでは，s の原点を点 P にとり，曲線の長さを l とした．式 (4.8) では，$A_x = A_x(x, y, z)$，$A_y = A_y(x, y, z)$，$A_z = A_z(x, y, z)$ であり，x，y，z は曲線の方程式により s の関数で与えられていることに注意しておこう．

次に，曲線 C が媒介変数 u を用いて与えられている場合を考える．曲線の方程式を，$\boldsymbol{r} = x(u)\boldsymbol{i} + y(u)\boldsymbol{j} + z(u)\boldsymbol{k}$ とすると，

$$\boldsymbol{t} = \frac{d\boldsymbol{r}}{ds} = \frac{d\boldsymbol{r}}{du}\frac{du}{ds} = \left(\frac{dx}{du}\boldsymbol{i} + \frac{dy}{du}\boldsymbol{j} + \frac{dz}{du}\boldsymbol{k} \right) \frac{du}{ds}$$

となる．したがって，式 (4.7) は次のように書き表される．

$$\begin{aligned}\int_C \boldsymbol{A} \cdot \boldsymbol{t} ds &= \int_C \left(A_x \frac{dx}{du} + A_y \frac{dy}{du} + A_z \frac{dz}{du} \right) \frac{du}{ds} ds \\ &= \int_a^b \left(A_x \frac{dx}{du} + A_y \frac{dy}{du} + A_z \frac{dz}{du} \right) du \end{aligned} \tag{4.9}$$

a，b は，それぞれ点 P，Q に対応する u の値である．式 (4.9) では，$A_x = A_x(x, y, z)$，

$A_y = A_y(x, y, z)$, $A_z = A_z(x, y, z)$ であり，x, y, z は曲線の方程式により u の関数で与えられている．

スカラー場の場合と同様に，ベクトル場に対してもほかの形の種々の線積分を定義できるが，それらの説明は省略する．

例 4.2 ベクトル場を $\boldsymbol{A} = -y\boldsymbol{i} + x\boldsymbol{j} + z(x^2 + y^2)\boldsymbol{k}$ とする．例 4.1 の曲線 C に関するベクトル場 $\boldsymbol{A}$ の接線線積分を求めなさい．

解 曲線 C の方程式より，$x = a\cos u$, $y = a\sin u$, $z = bu$ である．ゆえに，

$$\frac{dx}{du} = -a\sin u, \quad \frac{dy}{du} = a\cos u, \quad \frac{dz}{du} = b$$

$$A_x = -y = -a\sin u, \quad A_y = x = a\cos u, \quad A_z = (x^2 + y^2)z = a^2bu$$

となる．したがって，式 (4.9) より次式となる．

$$\begin{aligned}\int_C \boldsymbol{A}\cdot\boldsymbol{t}ds &= \int_0^{2\pi} \{(-a\sin u)^2 + (a\cos u)^2 + a^2b^2u\}du \\ &= \int_0^{2\pi} (a^2 + a^2b^2u)du = 2\pi a^2(1 + \pi b^2)\end{aligned}$$

問 4.2 曲線 C: $\boldsymbol{r} = 3u\boldsymbol{i} + 4u\boldsymbol{j} + \dfrac{5}{2}u^2\boldsymbol{k}$ $(0 \leqq u \leqq 1)$ に対して，例 4.2 のベクトル場 $\boldsymbol{A}$ の接線線積分を求めなさい．

4.2 ▶ 面積分

▶▶スカラー場の面積分

スカラー場 $\varphi = \varphi(x, y, z)$ 内のある曲面を考え，それを S とする．このとき，図 4.6 のように，曲面 S を n 個の微小部分に分割して，それらの面積を ΔS_1, ΔS_2, $\ldots, \Delta S_n$ とする．そこで，各微小面分上の任意の点を (x_i, y_i, z_i) $(i = 1, 2, \ldots, n)$ として，次のような和をつくる．

$$T_n = \sum_{i=1}^{n} \varphi(x_i, y_i, z_i)\Delta S_i$$

φ が連続のとき，分割の数 n を無限に大きくし，かつ各面分が点に収束するような極限では，T_n は曲面の分割の仕方および点 (x_i, y_i, z_i) のとり方に無関係な一定の値に収束する．この極限値を曲面 S に関する φ の**面積分**といい，

$$\int_S \varphi(x, y, z)dS \tag{4.10}$$

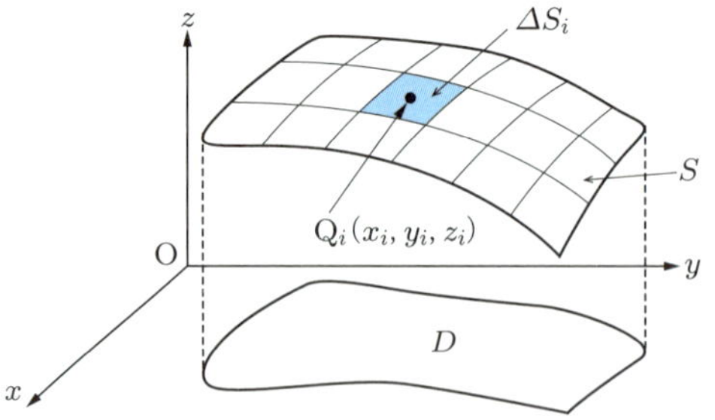

図 4.6

と書き表す．式 (4.10) における被積分関数 $\varphi(x, y, z)$ は，曲面上の点 (x, y, z) におけるスカラー場 φ の値を表し，dS はその点における面積要素を表す．

面積分を実際に計算するためには，曲面の方程式が必要である．まず，曲面 S の方程式が式 (2.38) の形で与えられているとする．すなわち，

$$z = z(x, y)$$

である．このとき，点 (x, y, z) における面積要素は

$$dS = \sqrt{1 + \left(\frac{\partial z}{\partial x}\right)^2 + \left(\frac{\partial z}{\partial y}\right)^2}\, dxdy$$

と表される（式 (2.39) 参照）．したがって，式 (4.10) の面積分は，次のような通常の 2 重積分に帰着する．

$$\int_S \varphi\, dS = \iint_D \varphi(x, y, z(x, y))\sqrt{1 + \left(\frac{\partial z}{\partial x}\right)^2 + \left(\frac{\partial z}{\partial y}\right)^2}\, dxdy \qquad (4.11)$$

D は曲面 S の xy 平面への正射影で表される領域であり，積分はこの領域にわたって行う．式 (4.11) に対しては，式 (2.40) に対する注意がそのままあてはまる．

次に，曲面 S の方程式が媒介変数 u，v を用いて与えられている場合を考える．曲面 S の方程式を，$\boldsymbol{r} = \boldsymbol{r}(u, v)$，すなわち，

$$x = x(u, v), \quad y = y(u, v), \quad z = z(u, v)$$

とすると，式 (2.36) より

$$dS = \left|\frac{\partial \boldsymbol{r}}{\partial u} \times \frac{\partial \boldsymbol{r}}{\partial v}\right| dudv$$

となる．したがって，式 (4.11) の面積分は次のように計算される．

$$\int_S \varphi\, dS = \iint_{D_0} \varphi(x, y, z) \left| \frac{\partial \boldsymbol{r}}{\partial u} \times \frac{\partial \boldsymbol{r}}{\partial v} \right| dudv \quad (dudv > 0) \tag{4.12}$$

D_0 は (u, v) の変域を表し，2 重積分はその変域にわたって行う．

例 4.3　a，b，c を正の定数として，

$$\frac{x}{a} + \frac{y}{b} + \frac{z}{c} = 1 \quad (x \geqq 0, \quad y \geqq 0, \quad z \geqq 0)$$

で与えられる曲面を S とする．スカラー場 $\varphi = xyz$ の曲面 S に関する面積分を求めよ（2.5 節，問 2.12，問 2.13 参照）．

解　$z = c(1 - x/a - y/b)$，$\partial z/\partial x = -c/a$，$\partial z/\partial y = -c/b$ より，

$$\varphi = xyz = cxy\left(1 - \frac{x}{a} - \frac{y}{b}\right)$$

$$dS = \sqrt{1 + \left(\frac{\partial z}{\partial x}\right)^2 + \left(\frac{\partial z}{\partial y}\right)^2}\, dxdy = \sqrt{1 + \left(\frac{c}{a}\right)^2 + \left(\frac{c}{b}\right)^2}\, dxdy$$

となる．ゆえに，次式となる．

$$\begin{aligned}\int_S \varphi\, dS &= c\sqrt{1 + \left(\frac{c}{a}\right)^2 + \left(\frac{c}{b}\right)^2} \int_0^a \left\{ \int_0^{b(1-x/a)} xy\left(1 - \frac{x}{a} - \frac{y}{b}\right) dy \right\} dx \\ &= c\sqrt{1 + \left(\frac{c}{a}\right)^2 + \left(\frac{c}{b}\right)^2} \cdot \frac{1}{6} b^2 \int_0^a x\left(1 - \frac{x}{a}\right)^3 dx \\ &= \frac{1}{6} b^2 c \sqrt{1 + \left(\frac{c}{a}\right)^2 + \left(\frac{c}{b}\right)^2} \cdot \frac{1}{20} a^2 = \frac{abc}{120}\sqrt{a^2b^2 + b^2c^2 + c^2a^2}\end{aligned}$$

問 4.3　$\boldsymbol{r} = (u + v)\boldsymbol{i} + (u - v)\boldsymbol{j} + (u^2 + v^2)\boldsymbol{k} \quad (u^2 + v^2 \leqq 1/2)$ で与えられる曲面を S とする．スカラー場 $\varphi = 1/\sqrt{x^2 + y^2 + 1}$ の曲面 S に関する面積分を求めなさい．

ベクトル場の面積分

次に，ベクトル場 $\boldsymbol{A} = \boldsymbol{A}(x, y, z)$ の面積分を考える．上と同様に，曲面 S を n 個の微小部分に分割し，各微小部分の面積ベクトルを $\Delta \boldsymbol{S}_i = \boldsymbol{n}(x_i, y_i, z_i)\Delta S_i$ $(i = 1, 2, \ldots, n)$ とする．$\boldsymbol{n}(x_i, y_i, z_i)$ は各微小面分上の任意の点 (x_i, y_i, z_i) における法単位ベクトルであり，ΔS_i は微小面分の面積である（図 4.7）．そこで，次のような内積の和をつくる．

$$T_n = \sum_{i=1}^{n} \boldsymbol{A}(x_i, y_i, z_i) \cdot \Delta \boldsymbol{S}_i = \sum_{i=1}^{n} \boldsymbol{A}(x_i, y_i, z_i) \cdot \boldsymbol{n}(x_i, y_i, z_i)\Delta S_i$$

$\boldsymbol{A}$ が連続のとき，分割の数 n を無限に大きくし，かつすべての微小面分が点に収束

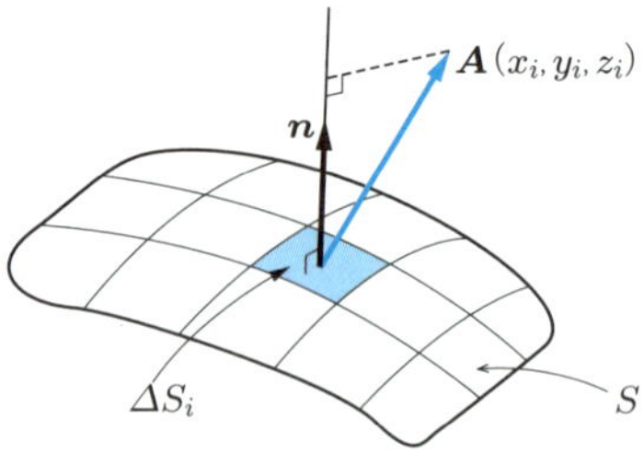

図 4.7

するような極限では，T_n は一定の値に収束する．この極限値を，曲面 S に関するベクトル場 $\boldsymbol{A}$ の**法線面積分**または単に**面積分**といい，

$$\int_S \boldsymbol{A}\cdot d\boldsymbol{S}, \quad \int_S \boldsymbol{A}\cdot \boldsymbol{n}dS, \quad \int_S A_n dS \tag{4.13}$$

などと表す．$A_n = \boldsymbol{A}\cdot\boldsymbol{n}$ は法線方向に対する $\boldsymbol{A}$ の成分である．

式 (4.13) の面積分を計算するためには，曲面 S の方程式が必要である．そこで，まず，曲面 S が媒介変数 u，v を用いて，$\boldsymbol{r} = \boldsymbol{r}(u, v)$ で与えられている場合を考える．このとき，式 (2.34) と式 (2.36) から

$$d\boldsymbol{S} = \boldsymbol{n}dS = \left(\frac{\partial \boldsymbol{r}}{\partial u} \times \frac{\partial \boldsymbol{r}}{\partial v}\right) dudv$$

となる．したがって，式 (4.13) の面積分は次のように計算される．

$$\int_S \boldsymbol{A}\cdot d\boldsymbol{S} = \int_S \boldsymbol{A}\cdot\boldsymbol{n}dS = \iint_{D_0} \boldsymbol{A}\cdot\left(\frac{\partial \boldsymbol{r}}{\partial u} \times \frac{\partial \boldsymbol{r}}{\partial v}\right) dudv \tag{4.14}$$

D_0 は (u, v) の変域を表す．ここで，

$$\begin{aligned}
\boldsymbol{A}\cdot\left(\frac{\partial \boldsymbol{r}}{\partial u} \times \frac{\partial \boldsymbol{r}}{\partial v}\right) &= A_x\left(\frac{\partial \boldsymbol{r}}{\partial u} \times \frac{\partial \boldsymbol{r}}{\partial v}\right)_x + A_y\left(\frac{\partial \boldsymbol{r}}{\partial u} \times \frac{\partial \boldsymbol{r}}{\partial v}\right)_y + A_z\left(\frac{\partial \boldsymbol{r}}{\partial u} \times \frac{\partial \boldsymbol{r}}{\partial v}\right)_z \\
&= A_x\left(\frac{\partial y}{\partial u}\frac{\partial z}{\partial v} - \frac{\partial z}{\partial u}\frac{\partial y}{\partial v}\right) + A_y\left(\frac{\partial z}{\partial u}\frac{\partial x}{\partial v} - \frac{\partial x}{\partial u}\frac{\partial z}{\partial v}\right) \\
&\quad + A_z\left(\frac{\partial x}{\partial u}\frac{\partial y}{\partial v} - \frac{\partial y}{\partial u}\frac{\partial x}{\partial v}\right) \\
&= A_x\begin{vmatrix} \dfrac{\partial y}{\partial u} & \dfrac{\partial y}{\partial v} \\ \dfrac{\partial z}{\partial u} & \dfrac{\partial z}{\partial v} \end{vmatrix} + A_y\begin{vmatrix} \dfrac{\partial z}{\partial u} & \dfrac{\partial z}{\partial v} \\ \dfrac{\partial x}{\partial u} & \dfrac{\partial x}{\partial v} \end{vmatrix} + A_z\begin{vmatrix} \dfrac{\partial x}{\partial u} & \dfrac{\partial x}{\partial v} \\ \dfrac{\partial y}{\partial u} & \dfrac{\partial y}{\partial v} \end{vmatrix}
\end{aligned}$$

$$= A_x \frac{\partial(y,z)}{\partial(u,v)} + A_y \frac{\partial(z,x)}{\partial(u,v)} + A_z \frac{\partial(x,y)}{\partial(u,v)}$$

となる．ゆえに，式 (4.14) は

$$\int_S \boldsymbol{A}\cdot\boldsymbol{n}dS = \iint_{D_0} \left\{ A_x \frac{\partial(y,z)}{\partial(u,v)} + A_y \frac{\partial(z,x)}{\partial(u,v)} + A_z \frac{\partial(x,y)}{\partial(u,v)} \right\} dudv \tag{4.15}$$

と表すこともできる．$\partial(y,z)/\partial(u,v)$ などは，2.5 節でも用いたヤコビアンである．

次に，曲面 S の方程式が，$F(x,y,z)=0$ の形で与えられている場合を考える（式 (2.35) 参照）．いま，曲面 S 上の各点における法単位ベクトル $\boldsymbol{n}$ の方向余弦を $(\cos\alpha, \cos\beta, \cos\gamma)$ とすれば，

$$\boldsymbol{n} = (\cos\alpha)\boldsymbol{i} + (\cos\beta)\boldsymbol{j} + (\cos\gamma)\boldsymbol{k}$$

となる．したがって，$\boldsymbol{A}$ の成分を (A_x, A_y, A_z) とすれば，面積分は

$$\int_S \boldsymbol{A}\cdot\boldsymbol{n}dS = \int_S (A_x\cos\alpha + A_y\cos\beta + A_z\cos\gamma)\, dS \tag{4.16}$$

と書き表される．

ここでは，例として，式 (4.16) の最後の項の計算方法を示そう．いま，図 4.8 のように，曲面 S の微小部分の面積を $\Delta S\ (>0)$ として，その xy 平面への正射影を $\Delta x\Delta y\ (>0)$ とする．このとき，微小面分の法単位ベクトル $\boldsymbol{n}$ と z 軸のなす角 γ が鋭角か鈍角かによって，次の関係がある．

$$\cos\gamma\Delta S = \begin{cases} \Delta x\Delta y & (0 \leqq \gamma < \pi/2) \\ -\Delta x\Delta y & (\pi/2 < \gamma \leqq \pi) \end{cases} \tag{4.17}$$

$\gamma = \pi/2$ のときは $\cos\gamma = 0$ であり，積分には寄与しない．曲面 S に重なりがあり，S が z 軸に平行な直線と 2 点で交わる部分がある場合を考えよう．S を 2 つの部分に分けて，$\boldsymbol{n}$ と z 軸がなす角が鋭角，鈍角である部分をそれぞれ S_1，S_2 として上の関係を使うと，式 (4.16) の最後の項は次のように計算される（図 4.9）．

$$\begin{aligned} \int_S A_z\cos\gamma\, dS &= \int_{S_1} A_z\cos\gamma\, dS + \int_{S_2} A_z\cos\gamma\, dS \\ &= \iint_{D_1} A_z(x,y,z_1(x,y))\, dxdy - \iint_{D_2} A_z(x,y,z_2(x,y))\, dxdy \end{aligned} \tag{4.18}$$

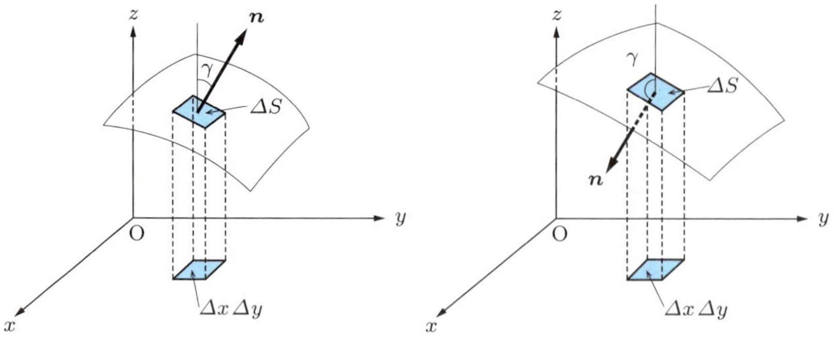

（a）$0 \leqq \gamma < \dfrac{\pi}{2}$　　（b）$\dfrac{\pi}{2} < \gamma \leqq \pi$

図 4.8

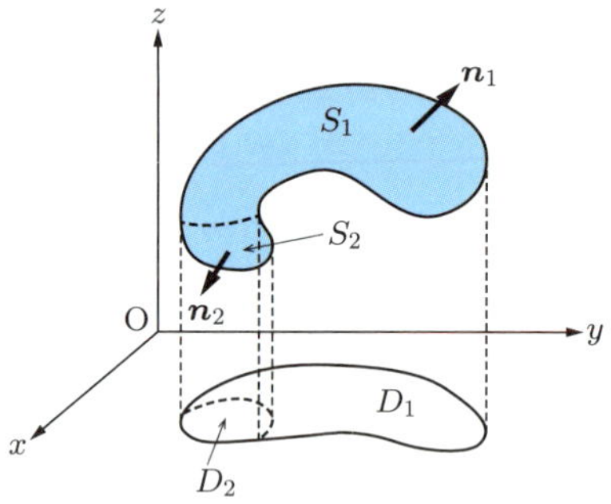

図 4.9

ここで，D_1，D_2 はそれぞれ，S_1，S_2 の xy 平面上への正射影で与えられる領域である．また，曲面 S_1，S_2 の方程式をそれぞれ $z = z_1(x, y)$，$z = z_2(x, y)$ とした．これらの方程式は，曲面 S の方程式 $F(x, y, z) = 0$ から得られる．このように，ベクトル関数の法線面積分を通常の 2 重積分に帰着させるときには，面の向きに細心の注意を払う必要がある．

まったく同様にして，式 (4.16) の第 1 項と第 2 項もそれぞれ，yz 平面，xz 平面における定積分に帰着させることができる．

例 4.4　曲面 S の方程式が $F(x, y, z) = 0$ の形で与えられていて，それを z について解けば，$z = z(x, y)$ となる場合を考える（式 (2.35)，(2.38) 参照）．このとき，$F(x, y, z)$ が増加する方向を曲面 S の向きとして，曲面 S の xy 平面への正射影で表される領域を D とすれば，

$$\int_S \boldsymbol{A}\cdot\boldsymbol{n}dS = \iint_D \{\boldsymbol{A}(x,y,z(x,y))\cdot\nabla F\}\frac{1}{|\partial F/\partial z|}dxdy \qquad (4.19)$$

である．これを証明しなさい．

解 式 (2.39) と式 (3.8) より，次式が得られる．

$$dS = \sqrt{1+\left(\frac{\partial z}{\partial x}\right)^2+\left(\frac{\partial z}{\partial y}\right)^2}\,dxdy, \quad \boldsymbol{n}=\frac{\nabla F}{|\nabla F|}$$

$$\therefore \quad \int_S \boldsymbol{A}\cdot\boldsymbol{n}dS = \iint_D \{\boldsymbol{A}(x,y,z(x,y))\cdot\nabla F\}\times\frac{1}{|\nabla F|}\sqrt{1+\left(\frac{\partial z}{\partial x}\right)^2+\left(\frac{\partial z}{\partial y}\right)^2}\,dxdy \qquad (4.20)$$

ここで，$z=z(x,y)$ を考慮すると，$F(x,y,z)$ は x と y だけの関数とみなすことができる．そこで，$G(x,y)=F(x,y,z(x,y))$ とおくと，曲面上では $G=F=0$（一定）であるから，

$$dG = \frac{\partial G}{\partial x}dx + \frac{\partial G}{\partial y}dy = 0$$

となる（式 (2.8) 参照）．すなわち，独立変数 x，y の微小変化 dx，dy による G の変化（全微分）は 0 である．これは任意の dx，dy に対して成り立つので，次式が得られる．

$$\frac{\partial G}{\partial x}=\frac{\partial F}{\partial x}+\frac{\partial F}{\partial z}\frac{\partial z}{\partial x}=0, \quad \frac{\partial G}{\partial y}=\frac{\partial F}{\partial y}+\frac{\partial F}{\partial z}\frac{\partial z}{\partial y}=0$$

$$\therefore \quad \frac{\partial F}{\partial x}=-\frac{\partial F}{\partial z}\frac{\partial z}{\partial x}, \quad \frac{\partial F}{\partial y}=-\frac{\partial F}{\partial z}\frac{\partial z}{\partial y}$$

したがって，

$$\begin{aligned}|\nabla F| &= \sqrt{\left(\frac{\partial F}{\partial x}\right)^2+\left(\frac{\partial F}{\partial y}\right)^2+\left(\frac{\partial F}{\partial z}\right)^2}\\ &= \sqrt{\left(\frac{\partial F}{\partial z}\right)^2\left(\frac{\partial z}{\partial x}\right)^2+\left(\frac{\partial F}{\partial z}\right)^2\left(\frac{\partial z}{\partial y}\right)^2+\left(\frac{\partial F}{\partial z}\right)^2}\\ &= \left|\frac{\partial F}{\partial z}\right|\sqrt{1+\left(\frac{\partial z}{\partial x}\right)^2+\left(\frac{\partial z}{\partial y}\right)^2}\end{aligned}$$

となる．これを式 (4.20) に使えば，式 (4.19) が得られる．

次に，面積分を電磁気学に応用する例をあげる．

例 4.5 原点 O に電荷 q があるとき，点 P の位置ベクトルを $\boldsymbol{r}$ として，$r=|\boldsymbol{r}|$ とすると，点 P の電場は，$\boldsymbol{E}=(q/4\pi\varepsilon_0 r^3)\boldsymbol{r}$ で与えられる．ここで，ε_0 は定数（真空の誘電率）である．原点を中心とする半径 a の球面を S として，法単位ベク

トルを外向きにとると，

$$\int_S \boldsymbol{E}\cdot\boldsymbol{n}dS = \frac{q}{\varepsilon_0}$$

である．すなわち，この面積分は球面の半径によらず一定である．この結果を証明しなさい．

解　球面の法単位ベクトルは $\boldsymbol{n} = \boldsymbol{r}/r$ であり，球面上では $r = a$ である．したがって，

$$\int_S \boldsymbol{E}\cdot\boldsymbol{n}dS = \int_S \frac{q}{4\pi\varepsilon_0 r^3}\boldsymbol{r}\cdot\left(\frac{\boldsymbol{r}}{r}\right)dS = \frac{q}{4\pi\varepsilon_0 a^4}\int_S \boldsymbol{r}\cdot\boldsymbol{r}dS = \frac{q}{4\pi\varepsilon_0 a^2}\int_S dS$$
$$= \frac{q}{4\pi\varepsilon_0 a^2}\cdot 4\pi a^2 = \frac{q}{\varepsilon_0}$$

となる．この結果は，球面に限らず，電荷 q を内部に含む任意の閉曲面に対して成り立ち，電磁気学で**ガウスの法則**とよばれる（4.3 節，「ガウスの積分」参照）．

問 4.4　a，b，c を正の定数として，

$$F(x, y, z) = \frac{x}{a} + \frac{y}{b} + \frac{z}{c} - 1 = 0 \quad (x \geqq 0,\quad y \geqq 0,\quad z \geqq 0)$$

で表される曲面を S とする（2.5 節，問 2.12 参照）．曲面 S に関するベクトル場 $\boldsymbol{A} = ax^2\boldsymbol{i} + by^2\boldsymbol{j} + cz^2\boldsymbol{k}$ の法線面積分を求めなさい．ここで，法単位ベクトル $\boldsymbol{n}$ の向きは，$F(x, y, z)$ が増加する方向にとるものとする．

問 4.5*　閉曲面 S: $\boldsymbol{r} = (a\sin\theta\cos\varphi)\boldsymbol{i} + (a\sin\theta\sin\varphi)\boldsymbol{j} + (b\cos\theta)\boldsymbol{k}$ $(0 \leqq \theta \leqq \pi,\ 0 \leqq \varphi \leqq 2\pi)$ に対して，例 4.5 のガウスの法則を証明しなさい．

4.3 ▶ ガウスの定理とグリーンの定理

▶▶ ガウスの定理

次に，体積積分を面積分に，または面積分を体積積分に変える重要な公式を学ぶ．

ガウスの定理（発散定理）

ベクトル場 $\boldsymbol{A} = \boldsymbol{A}(x, y, z)$ において，**閉曲面** S で囲まれる領域を V，閉曲面 S の内部から外へ向かう法単位ベクトルを $\boldsymbol{n}$ とすれば，次式が成り立つ（図 4.10）．

$$\int_V \mathrm{div}\,\boldsymbol{A}dV = \int_S \boldsymbol{A}\cdot\boldsymbol{n}dS \tag{4.21}$$

左辺は領域 V での**体積積分**であり，右辺は閉曲面 S に関する**面積分**である．

直交座標系では，式 (4.21) の左辺は次のように表される．

$$\int_V \mathrm{div}\,\boldsymbol{A}dV = \iiint_V \mathrm{div}\,\boldsymbol{A}\,dxdydz$$

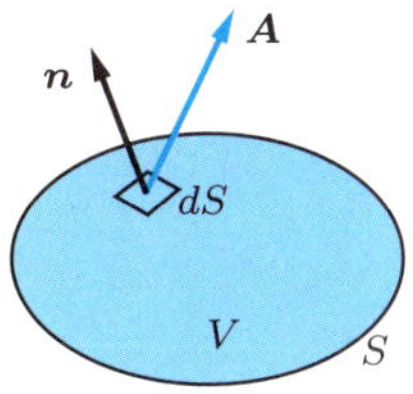

図 4.10

$$= \iiint_V \left(\frac{\partial A_x}{\partial x} + \frac{\partial A_y}{\partial y} + \frac{\partial A_z}{\partial z} \right) dxdydz$$

また，$\boldsymbol{n}$ の方向余弦（すなわち成分）を $(\cos\alpha, \cos\beta, \cos\gamma)$ とすると，式 (4.21) の右辺は式 (4.16) のように書ける．したがって，式 (4.21) は

$$\iiint_V \left(\frac{\partial A_x}{\partial x} + \frac{\partial A_y}{\partial y} + \frac{\partial A_z}{\partial z} \right) dxdydz = \int_S (A_x \cos\alpha + A_y \cos\beta + A_z \cos\gamma)\, dS \tag{4.22}$$

と書き表される．式 (4.22) の両辺はいずれも 3 個の積分の和であるが，以下で証明するように，$\boldsymbol{A}$ の同一成分を含む各積分についても等式が成り立つ．

証明　まず，簡単な場合について式 (4.22) を証明してみよう．いま，S は z 軸に平行な直線と高々 2 点で交わるような閉曲面であるとする．このとき，閉曲面 S の xy 平面への正射影で表される領域を D とすれば，S は D を底面とする柱面の内部に含まれる（図 4.11）．この柱面と閉曲面 S が接する点の集合は閉曲線であり，S はこの閉曲線によって 2 つの部分 S_1，S_2 に分けられる．ここでは，z が増加する側にある曲面を S_1 とする．そこで，曲面 S_1，S_2 の方程式をそれぞれ $z = z_1(x, y)$，$z = z_2(x, y)$ とすると，式 (4.22) の左辺の最後の積分は次のように計算される．

$$\iiint_V \frac{\partial A_z}{\partial z} dxdydz = \iint_D \left(\int_{z_2}^{z_1} \frac{\partial A_z}{\partial z} dz \right) dxdy = \iint_D [A_z]_{z=z_2}^{z=z_1} dxdy$$
$$= \iint_D [A_z(x, y, z_1(x, y)) - A_z(x, y, z_2(x, y))] dxdy$$

一方，曲面 S_1，S_2 の法単位ベクトルを $\boldsymbol{n}_1$，$\boldsymbol{n}_2$ とすると，$\boldsymbol{n}_1$ と z 軸のなす角は鋭角であり，$\boldsymbol{n}_2$ と z 軸のなす角は鈍角であるから，式 (4.18) と同様に

$$\int_S A_z \cos\gamma\, dS = \iint_D [A_z(x, y, z_1(x, y)) - A_z(x, y, z_2(x, y))] dxdy$$

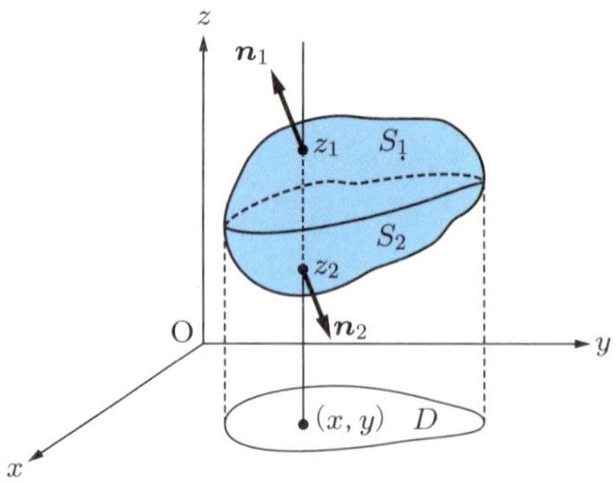

図 4.11　ガウスの定理の証明

となる．したがって，上の 2 式から

$$\iiint_V \frac{\partial A_z}{\partial z} dxdydz = \int_S A_z \cos\gamma \, dS \tag{4.23a}$$

が得られる．（証明終）

上の証明では，z 軸に平行な直線と閉曲面 S は高々 2 点で交わると仮定したが，次に述べるように，交点の数が多くても式 (4.23a) が成り立つ．任意の閉曲面に対する厳密な証明は膨大な数学的準備を必要とするが，ここでは直観的に理解できる場合だけを考えてみよう．まず，z 軸に平行な直線と閉曲面が多数の（有限個の）点で交わる場合を考える．このとき，閉曲面 S で囲まれる領域 V をいくつかの部分 $V_1, V_2, \ldots$ に分割すれば，それらを囲む閉曲面 $S_1, S_2, \ldots$ と z 軸に平行な直線が高々 2 点で交わるようにすることができる．このようにすれば，上で証明したように各部分に対して

$$\iiint_{V_i} \frac{\partial A_z}{\partial z} dxdydz = \int_{S_i} A_z \cos\gamma \, dS \quad (i = 1, 2, \ldots)$$

が成り立つ．上の式で i について和をとると，左辺は領域 V での体積積分になる．また，右辺の和では，2 つの部分が共有する曲面の法線ベクトルは互いに逆向きであるから，共有面に関する面積分は打ち消し合う（図 4.12）．したがって，右辺の和をとれば，閉曲面 S に関する面積分だけが残り，式 (4.23a) が成り立つことがわかる．

次に，z 軸に平行な直線が曲面 S と無限個の点で交わることがある場合，すなわち，曲面 S が z 軸に平行な部分を含む場合を考える．その場合，z 軸に平行な部分を z 軸方向に延長して領域 V を分割すれば（図 4.13），上と同様な議論ができる．なお，z 軸に平行な面上では $\cos\gamma = 0$ であるから，そのような部分は面積分で考慮する必要はないことに注意しておこう．

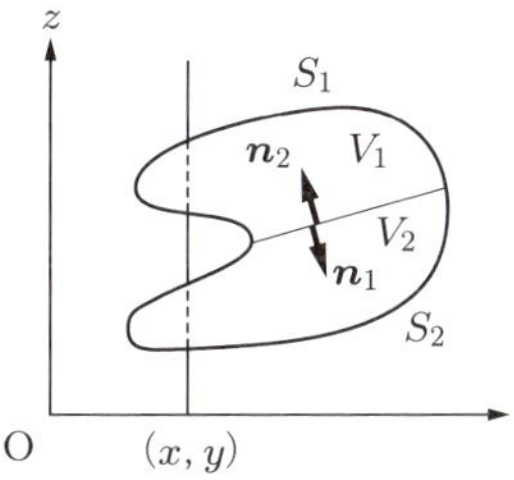

図 4.12

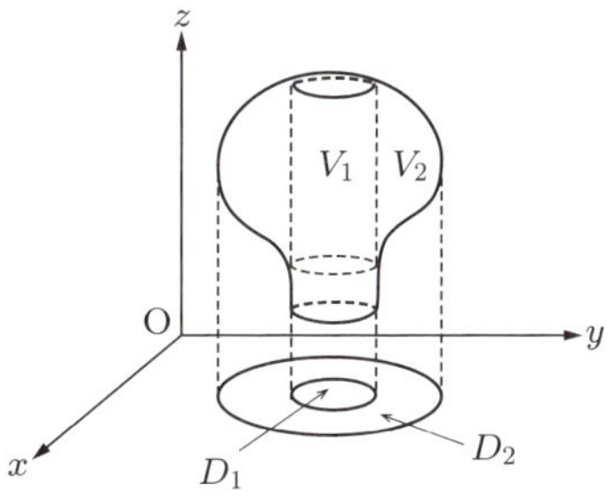

図 4.13

このように，通常考えられる閉曲面に対しては，式 (4.23a) が成り立つことがわかる．z 軸のかわりに x 軸，y 軸を考えることにより，

$$\iiint_V \frac{\partial A_x}{\partial x} dxdydz = \int_S A_x \cos\alpha \, dS \tag{4.23b}$$

$$\iiint_V \frac{\partial A_y}{\partial y} dxdydz = \int_S A_y \cos\beta \, dS \tag{4.23c}$$

も証明することができる．したがって，式 (4.22) が証明されたことになる．

上の証明から明らかなように，式 (4.23a)～(4.23c) において，A_x，A_y，A_z はベクトルの成分である必要はなく，これらを任意のスカラー場 $\varphi = \varphi(x, y, z)$ で置き換えてもよい．そこで，$A_x = A_y = A_z = \varphi$ として，式 (4.23a)～(4.23c) の各式を成分とするベクトルをつくれば，

$$\iiint_V \left(\frac{\partial \varphi}{\partial x} \boldsymbol{i} + \frac{\partial \varphi}{\partial y} \boldsymbol{j} + \frac{\partial \varphi}{\partial z} \boldsymbol{k} \right) dxdydz$$
$$= \int_S \varphi \{ (\cos\alpha) \boldsymbol{i} + (\cos\beta) \boldsymbol{j} + (\cos\gamma) \boldsymbol{k} \} \, dS$$

が得られる．すなわち，

$$\int_V \nabla\varphi \, dV - \int_S \varphi \, \boldsymbol{n} \, dS \tag{4.24}$$

となる．

例 4.6 原点を中心とする半径 a の球面を S とする．ベクトル場 $\boldsymbol{A} = f(r)\boldsymbol{r}$ $(\boldsymbol{r} = x\boldsymbol{i} + y\boldsymbol{j} + z\boldsymbol{k},\ r = |\boldsymbol{r}|)$ に対して，ガウスの定理が成り立つことを確かめなさい．ただし，$r > 0$ において $df(r)/dr$ が連続であり，$\lim_{r \to 0} r^3 f(r) = 0$ であるとする．

解 $r > 0$ では，$\partial r/\partial x = x/r$，$\partial r/\partial y = y/r$，$\partial r/\partial z = z/r$ に注意すると，

$$\operatorname{div} \boldsymbol{A} = 3f(r) + \frac{df(r)}{dr}\left(x\frac{\partial r}{\partial x} + y\frac{\partial r}{\partial y} + z\frac{\partial r}{\partial z}\right) = 3f(r) + r\frac{df(r)}{dr}$$

となる．ゆえに，式 (4.21) の左辺は次のように表される．

$$\int_V \operatorname{div} \boldsymbol{A} dV = \iiint_V \left\{3f(r) + r\frac{df(r)}{dr}\right\} dxdydz$$

ここで，次のような変数変換を行う．

$$x = r\sin\theta\cos\varphi, \quad y = r\sin\theta\sin\varphi, \quad z = r\cos\theta$$

変数（r, θ, φ）で表される座標系を **3 次元の極座標**という（付録 A.2 節参照）．このとき，ヤコビアン J は次のように計算される．

$$J = \frac{\partial(x,y,z)}{\partial(r,\theta,\varphi)} = \begin{vmatrix} \dfrac{\partial x}{\partial r} & \dfrac{\partial x}{\partial \theta} & \dfrac{\partial x}{\partial \varphi} \\ \dfrac{\partial y}{\partial r} & \dfrac{\partial y}{\partial \theta} & \dfrac{\partial y}{\partial \varphi} \\ \dfrac{\partial z}{\partial r} & \dfrac{\partial z}{\partial \theta} & \dfrac{\partial z}{\partial \varphi} \end{vmatrix} = \begin{vmatrix} \sin\theta\cos\varphi & r\cos\theta\cos\varphi & -r\sin\theta\sin\varphi \\ \sin\theta\sin\varphi & r\cos\theta\sin\varphi & r\sin\theta\cos\varphi \\ \cos\theta & -r\sin\theta & 0 \end{vmatrix}$$

$$= r^2\sin\theta$$

したがって，

$$dxdydz = |J|\, drd\theta d\varphi = r^2 dr\sin\theta\, d\theta d\varphi$$

となる．また，(x, y, z) は半径 a の球内の点であるから，(r, θ, φ) の変域は

$$0 \leqq r \leqq a, \quad 0 \leqq \theta \leqq \pi, \quad 0 \leqq \varphi \leqq 2\pi$$

とすればよい．したがって，式 (4.21) の左辺は

$$\begin{aligned} \int_V \operatorname{div} \boldsymbol{A} dV &= \int_0^a \left\{3f(r) + r\frac{df(r)}{dr}\right\} r^2 dr \int_0^\pi \sin\theta d\theta \int_0^{2\pi} d\varphi \\ &= 4\pi \int_0^a \left\{3f(r) + r\frac{df(r)}{dr}\right\} r^2 dr = 4\pi \int_0^a \frac{d}{dr}\left\{r^3 f(r)\right\} dr \\ &= 4\pi[r^3 f(r)]_0^a = 4\pi a^3 f(a) \\ &\left(\because \quad \int_0^\pi \sin\theta d\theta \int_0^{2\pi} d\varphi = 2\cdot 2\pi = 4\pi, \quad \lim_{r\to 0} r^3 f(r) = 0\right) \end{aligned}$$

となる．一方，球面上では $r = a$ であるから，

$$\boldsymbol{A}\cdot\boldsymbol{n} = f(r)\boldsymbol{r}\cdot\left(\frac{\boldsymbol{r}}{r}\right) = af(a)$$

となる．ゆえに，式 (4.21) の右辺は

$$\int_S \boldsymbol{A}\cdot\boldsymbol{n} dS = af(a)\int_S dS = af(a)\cdot 4\pi a^2 = 4\pi a^3 f(a)$$

となり，式 (4.21) の左辺を計算した結果に一致する．

問 4.6　a，b，c を正の定数として，

$$F(x,y,z)=\frac{x}{a}+\frac{y}{b}+\frac{z}{c}-1=0\quad(x\geqq 0,\ y\geqq 0,\ z\geqq 0)$$

で与えられる平面を S_1 とする（2.5 節，問 2.12 参照）．平面 S_1 と 3 つの平面 $x=0$，$y=0$，$z=0$ で囲まれる領域を V とする．ベクトル場 $\boldsymbol{A}=\boldsymbol{r}=x\boldsymbol{i}+y\boldsymbol{j}+z\boldsymbol{k}$ に対して，ガウスの定理が成り立つことを確かめなさい．

問 4.7　任意の閉曲面 S とその法単位ベクトル $\boldsymbol{n}$ に対して，

$$\int_S \boldsymbol{n}\,dS=0$$

であることを証明しなさい．

ガウスの積分

ガウスの定理 (4.21) で $\boldsymbol{A}=\boldsymbol{r}/r^3$ ($\boldsymbol{r}=x\boldsymbol{i}+y\boldsymbol{j}+z\boldsymbol{k}$，$r=|\boldsymbol{r}|$) とおくと，次のガウスの積分が得られる．

ガウスの積分

閉曲面 S 上の任意の点 P の位置ベクトルを $\boldsymbol{r}$，点 P における外向き法単位ベクトルを $\boldsymbol{n}$，$r=|\boldsymbol{r}|$ とすると，

$$\int_S \frac{\boldsymbol{r}\cdot\boldsymbol{n}}{r^3}dS=\begin{cases}0 & (\text{原点 O が } S \text{ の外部})\\ 4\pi & (\text{原点 O が } S \text{ の内部})\\ 2\pi & (\text{原点 O が } S \text{ の上})\end{cases}\qquad(4.25)$$

となる．これを**ガウスの積分**という．

例 4.7　式 (4.25) を証明しなさい．

解　まず，$r\neq 0$ のときには

$$\operatorname{div}\left(\frac{\boldsymbol{r}}{r^3}\right)=\nabla\cdot\left(\frac{\boldsymbol{r}}{r^3}\right)=0$$

であることに注意しておこう（3.2 節，例 3.5 参照）．

いま，閉曲面 S で囲まれる領域を V とする．原点 O が S の外部にあるときには，V 内のすべての点で $r\neq 0$ であるから，上の結果が成り立つ．したがって，ガウスの定理 (4.21) により次式となる．

$$\int_S \frac{\boldsymbol{r}\cdot\boldsymbol{n}}{r^3}dS=\int_V \operatorname{div}\left(\frac{\boldsymbol{r}}{r^3}\right)dV=0$$

原点 O が閉曲面 S の内部にあるときには，原点 O を中心とする半径 a の球面を S' として，S と S' でつくられる閉曲面を $S+S'$ と表す（図 4.14）．ここで，a は小さく，S'

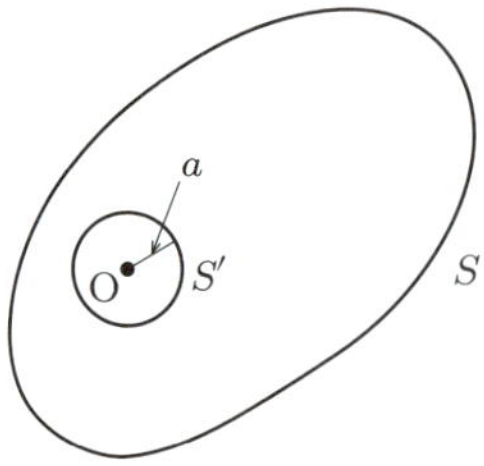

図 4.14 O が S の内部にあるときの断面図

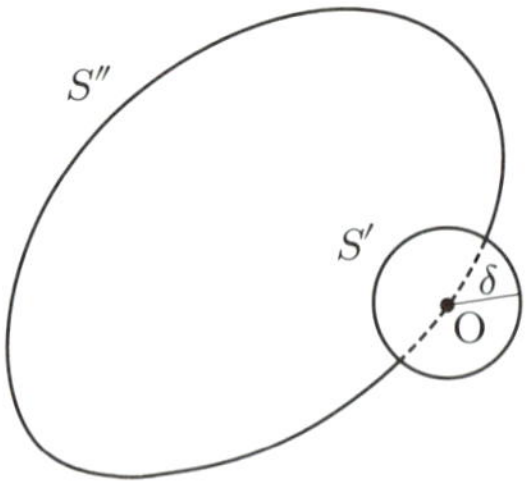

図 4.15 O が S の上にあるときの断面図

は S の内部に含まれるものとする．閉曲面 $S+S'$ で囲まれる領域（S の内側で，S' の外側の領域）のすべての点で，$r \neq 0$ であるから，上と同様に

$$\int_{S+S'} \frac{\boldsymbol{r}\cdot\boldsymbol{n}}{r^3}dS = \int_S \frac{\boldsymbol{r}\cdot\boldsymbol{n}}{r^3}dS + \int_{S'} \frac{\boldsymbol{r}\cdot\boldsymbol{n}}{r^3}dS = 0 \tag{4.26}$$

となる．ここで，$\boldsymbol{n}$ は閉曲面 $S+S'$ の外向き法単位ベクトルであることに注意しておこう．S' 上では，$\boldsymbol{n} = -\boldsymbol{r}/r$，$r = a$ であるから，$\boldsymbol{r}\cdot\boldsymbol{n} = \boldsymbol{r}\cdot(-\boldsymbol{r}/r) = -a$ となる．

したがって，

$$\int_{S'} \frac{\boldsymbol{r}\cdot\boldsymbol{n}}{r^3}dS = \int_{S'} \frac{-a}{a^3}dS = -\frac{1}{a^2}\cdot 4\pi a^2 = -4\pi \tag{4.27}$$

となる．ゆえに，式 (4.26), (4.27) の 2 式より次式となる．

$$\int_S \frac{\boldsymbol{r}\cdot\boldsymbol{n}}{r^3}dS = -\int_{S'} \frac{\boldsymbol{r}\cdot\boldsymbol{n}}{r^3}dS = 4\pi$$

最後に，原点 O が閉曲面 S の上にある場合を考える．このとき，O を中心とする半径 δ の球面をつくり，S の内部にある部分を S'，球面の外部にある S の部分を S'' とする（図 4.15）．S' と S'' でつくられる閉曲面を $S'+S''$ と表すと，原点 O は $S'+S''$ の外部にあるから，

$$\int_{S'+S''} \frac{\boldsymbol{r}\cdot\boldsymbol{n}}{r^3}dS = \int_{S'} \frac{\boldsymbol{r}\cdot\boldsymbol{n}}{r^3}dS + \int_{S''} \frac{\boldsymbol{r}\cdot\boldsymbol{n}}{r^3}dS = 0$$

となる．閉曲面 S が滑らかであるとすれば，$\delta \to 0$ の極限では S' は半球面と考えてよい．

したがって，式 (4.26), (4.27) と同様に

$$\lim_{\delta\to 0}\int_{S'} \frac{\boldsymbol{r}\cdot\boldsymbol{n}}{r^3}dS = -\lim_{\delta\to 0}\frac{1}{\delta^2}\int_{S'} dS = -\lim_{\delta\to 0}\frac{1}{\delta^2}2\pi\delta^2 = -2\pi$$

となり，ゆえに次式が成り立つ．

$$\int_S \frac{\boldsymbol{r}\cdot\boldsymbol{n}}{r^3}dS = \lim_{\delta\to 0}\int_{S''} \frac{\boldsymbol{r}\cdot\boldsymbol{n}}{r^3}dS = -\lim_{\delta\to 0}\int_{S'} \frac{\boldsymbol{r}\cdot\boldsymbol{n}}{r^3}dS = 2\pi$$

グリーンの定理

次に，体積積分を面積分に，または面積分を体積積分に変える公式であるグリーンの定理を学ぶ.

> **グリーンの定理**
>
> 閉曲面 S で囲まれる領域を V とすると，スカラー場 $\varphi = \varphi(x,y,z)$，$\psi = \psi(x,y,z)$ に対して
>
> $$\int_V \{\varphi\nabla^2\psi + (\nabla\varphi)\cdot(\nabla\psi)\}\,dV = \int_S \varphi\frac{\partial\psi}{\partial n}\,dS \tag{4.28a}$$
>
> $$\int_V \left(\varphi\nabla^2\psi - \psi\nabla^2\varphi\right)dV = \int_S \left(\varphi\frac{\partial\psi}{\partial n} - \psi\frac{\partial\varphi}{\partial n}\right)dS \tag{4.28b}$$
>
> が成り立つ．ここで，$\partial\varphi/\partial n$，$\partial\psi/\partial n$ は外向き法線方向に対する方向微分係数である．式 (4.28) を（3 次元における）**グリーンの定理**という.

証明　ガウスの定理を使うと容易に証明できる．式 (4.21) において，$\boldsymbol{A} = \varphi\nabla\psi$ とおくと，

$$\int_V \mathrm{div}(\varphi\nabla\psi)dV = \int_S (\varphi\nabla\psi)\cdot\boldsymbol{n}dS \tag{4.29}$$

となる．ここで，公式 (3.24a) の (ii) より

$$\mathrm{div}(\varphi\nabla\psi) = \nabla\cdot(\varphi\nabla\psi) = (\nabla\varphi)\cdot(\nabla\psi) + \varphi\nabla^2\psi$$

となる．また，式 (3.7) より

$$\nabla\psi\cdot\boldsymbol{n} = \frac{\partial\psi}{\partial n}\boldsymbol{n}\cdot\boldsymbol{n} = \frac{\partial\psi}{\partial n}$$

となる．これらを式 (4.29) に使えば，式 (4.28a) がただちに得られる.

同様に，式 (4.21) で $\boldsymbol{A} = \psi\nabla\varphi$ とおけば

$$\int_V \{\psi\nabla^2\varphi + (\nabla\varphi)\cdot(\nabla\psi)\}\,dV = \int_S \psi\frac{\partial\varphi}{\partial n}\,dS$$

となる．式 (4.28a) とこの式の差をとれば，式 (4.28b) が得られる.　（証明終）

4.4 平面におけるグリーンの定理

本節では，平面におけるグリーンの定理を学ぶ．この定理は平面における面積分と線積分との関係を与える公式であり，次節で述べるストークスの定理や複素関数論に

おけるコーシーの積分定理などの証明に使われる．

平面におけるグリーンの定理

xy 平面で**単一閉曲線** C（途中でそれ自身と交わらない閉曲線）で囲まれた領域を D とする．このとき，2つの関数 $f=f(x,y)$，$g=g(x,y)$ について，

$$\iint_D \left(\frac{\partial g}{\partial x}-\frac{\partial f}{\partial y}\right)dxdy=\oint_C (fdx+gdy) \tag{4.30}$$

が成り立つ．ただし，閉曲線 C の向きは反時計まわり（内部を左側に見て回る向き）とする．$\oint_C$ は C に沿って一周する積分（周回積分）を表す記号である．

証明　まず，図 4.16 のように，閉曲線 C と y 軸に平行な直線が高々 2 点で交わる場合を考える．図のように，C 上の点を A，B，E，F として，曲線 AEB と曲線 AFB の方程式をそれぞれ，

$$y=y_1(x),\quad y=y_2(x)$$

とする．このとき，点 A，B の x 座標をそれぞれ a，b とすると，以下のようになる．

$$\begin{aligned}-\iint_D \frac{\partial f}{\partial y}dxdy&=-\int_a^b\left\{\int_{y_1(x)}^{y_2(x)}\frac{\partial f}{\partial y}dy\right\}dx=-\int_a^b[f(x,y)]_{y=y_1(x)}^{y=y_2(x)}dx\\&=-\int_a^b\{f(x,y_2(x))-f(x,y_1(x))\}dx\\&=\int_b^a f(x,y_2(x))dx+\int_a^b f(x,y_1(x))dx\\&=\int_{\mathrm{BFA}}fdx+\int_{\mathrm{AEB}}fdx=\oint_C fdx\end{aligned} \tag{4.31}$$

次に，閉曲線 C が y 軸に平行な直線と 3 点以上で交わることがある場合を考える．

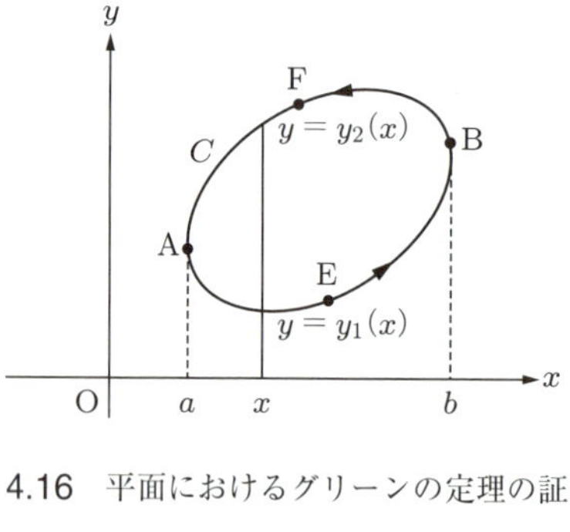

図 4.16　平面におけるグリーンの定理の証明

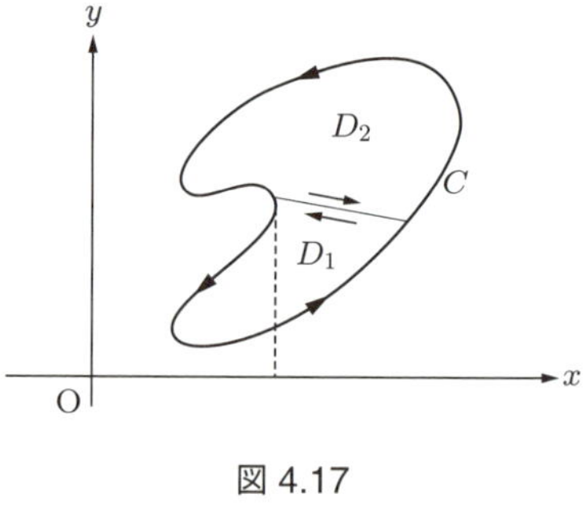

図 4.17

このときには，図 4.17 のように，領域 D をいくつかの領域 $D_1, D_2, \ldots$ に分割すれば，それらを囲む閉曲線 $C_1, C_2, \ldots$ と y 軸に平行な直線が高々 2 点で交わるようにすることができる．このようにすれば，上で証明したように，各部分に対して

$$-\iint_{D_i} \frac{\partial f}{\partial y} dxdy = \oint_{C_i} f dx \quad (i = 1, 2, \ldots)$$

が成り立つ．上の式で i について和をとれば，左辺は領域 D での 2 重積分になる．また，2 つの部分領域の境界線に沿った線積分は互いに打ち消し合うから，右辺の和をとれば，閉曲線 C に関する線積分だけが残る．よって，式 (4.31) が成り立つ．

y 軸のかわりに x 軸を考えることにより，次の式も証明することができる（後述の問 4.8 参照）．

$$\iint_D \frac{\partial g}{\partial x} dxdy = \oint_C g dy \tag{4.32}$$

式 (4.31) と式 (4.32) の和をとれば，式 (4.30) が得られる． （証明終）

図 4.16 のように，D が単一閉曲線で囲まれた領域であるとき，D 内の任意の閉曲線で囲まれる領域内の点はすべて D 内の点である．別のいい方をすれば，D 内の任意の閉曲線を連続的に縮めて点にすることができる．このような領域を**単連結領域**という．いま，図 4.18 のように，単一閉曲線 C_1 の内部にほかの単一閉曲線 C_2，C_3 を考え，C_1 の内部にあって C_2，C_3 の外部にある領域を D とする．このとき，C_2，C_3 の外側を一周する D 内の閉曲線は点に縮めることはできない．図 4.18(a) のような領域 D を **2 重連結領域**という．一般に，単連結領域でない領域を**多重連結領域**といい，グリーンの定理は多重連結領域に対しても成り立つ．各閉曲線の向きは，D を左側に見て回る向きとする．ここでは，2 重連結領域に対してグリーンの定理を証明しておこう．

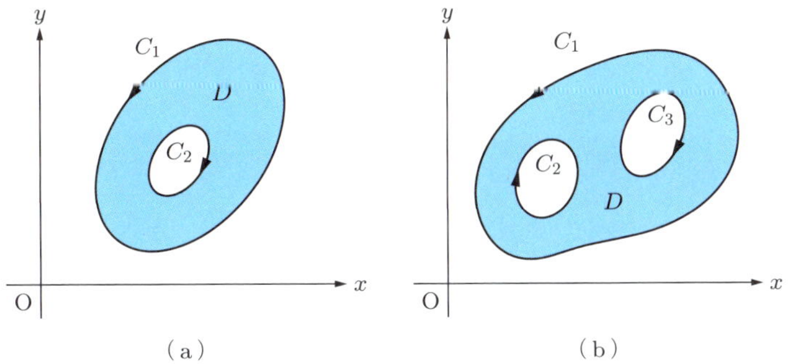

図 4.18　多重連結領域

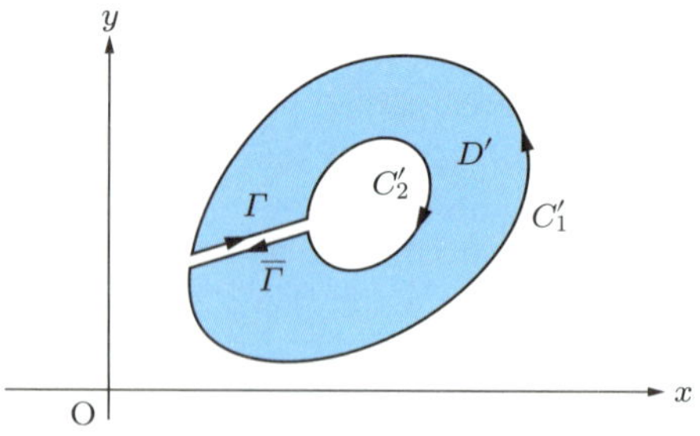

図 4.19　2 重連結領域に対するグリーンの定理の証明

証明　図 4.19 のように，2 つの閉曲線 C_1 と C_2 の一部を切り取り，残された部分をそれぞれ C_1'，C_2' とする．そこで，C_1' と C_2' の端を 2 本の互いに交わらない曲線で結び，C_1' から C_2' へ向かうほうを Γ，その逆のほうを $\overline{\Gamma}$ とする．曲線 C_1'，Γ，C_2'，$\overline{\Gamma}$ を合わせたもの（これを $C_1'+\Gamma+C_2'+\overline{\Gamma}$ と表す）は単一閉曲線であるから，それで囲まれる領域を D' とすると，上で証明したように

$$\iint_{D'}\left(\frac{\partial g}{\partial x}-\frac{\partial f}{\partial y}\right)dxdy=\int_{C_1'+\Gamma+C_2'+\overline{\Gamma}}(fdx+gdy)$$

が成り立つ．ここで，右辺の線積分は次のように分解できる．

$$\int_{C_1'+\Gamma+C_2'+\overline{\Gamma}}=\int_{C_1'+C_2'}+\int_{\Gamma}+\int_{\overline{\Gamma}}$$

そこで，Γ と $\overline{\Gamma}$ を限りなく近づければ，両者に関する線積分が打ち消し合い，$C_1'+C_2'$ に関する線積分だけが残る．この極限では，C_1'，C_2'，D' はそれぞれ C_1，C_2，D に一致するから，$C=C_1+C_2$ とすれば，式 (4.30) が成り立つ．

一般の多重連結領域に対する証明もまったく同様である．（証明終）

例 4.8　xy 平面上のスカラー場 $\varphi=\varphi(x,y)$，$\psi=\psi(x,y)$ について，

$$\iint_D\{\varphi\nabla^2\psi+(\nabla\varphi)\cdot(\nabla\psi)\}dxdy=\oint_C\varphi\frac{\partial\psi}{\partial n}ds \tag{4.33a}$$

$$\iint_D\{\varphi\nabla^2\psi-\psi\nabla^2\varphi\}dxdy=\oint_C\left(\varphi\frac{\partial\psi}{\partial n}-\psi\frac{\partial\varphi}{\partial n}\right)ds \tag{4.33b}$$

が成り立つことを証明しなさい．ここで，C は反時計まわりの閉曲線であり，D は C で囲まれた領域である．また，$\partial\varphi/\partial n$，$\partial\psi/\partial n$ は閉曲線 C の外向き法線方向に対する方向微分係数を表す．式 (4.33) は式 (4.28) の平面版である．

解 曲線の長さ s を媒介変数とする閉曲線 C の方程式を $\boldsymbol{r}=\boldsymbol{r}(s)$，すなわち，$x=x(s)$，$y=y(s)$ とする．このとき，C の接線単位ベクトルは

$$\boldsymbol{t}=\frac{d\boldsymbol{r}}{ds}=\frac{dx}{ds}\boldsymbol{i}+\frac{dy}{ds}\boldsymbol{j}$$

と表される（式 (2.17) 参照）．閉曲線 C に垂直で外向きの単位ベクトルを $\boldsymbol{n}$ とすると，$\boldsymbol{n}$ は $\boldsymbol{t}$ と直交し，$\boldsymbol{n}\times\boldsymbol{t}=\boldsymbol{k}$ （$\boldsymbol{k}$ は z 軸方向の単位ベクトル）を満たす（図 4.20）．したがって，$\boldsymbol{n}$ は

$$\boldsymbol{n}=\frac{dy}{ds}\boldsymbol{i}-\frac{dx}{ds}\boldsymbol{j}$$

で与えられる．ゆえに式 (3.5) を使って

$$\frac{\partial\psi}{\partial n}=(\nabla\psi)\cdot\boldsymbol{n}=\frac{\partial\psi}{\partial x}\frac{dy}{ds}-\frac{\partial\psi}{\partial y}\frac{dx}{ds} \tag{4.34}$$

となる．ここで，式 (4.32) を使うと

$$\iint_D\left\{\varphi\frac{\partial^2\psi}{\partial x^2}+\frac{\partial\varphi}{\partial x}\frac{\partial\psi}{\partial x}\right\}dxdy=\iint_D\frac{\partial}{\partial x}\left(\varphi\frac{\partial\psi}{\partial x}\right)dxdy=\oint_C\varphi\frac{\partial\psi}{\partial x}dy$$

となり，同様に，式 (4.31) より

$$\iint_D\left\{\varphi\frac{\partial^2\psi}{\partial y^2}+\frac{\partial\varphi}{\partial y}\frac{\partial\psi}{\partial y}\right\}dxdy=\iint_D\frac{\partial}{\partial y}\left(\varphi\frac{\partial\psi}{\partial y}\right)dxdy=-\oint_C\varphi\frac{\partial\psi}{\partial y}dx$$

となる．上の 2 式の和をとり，式 (4.34) を使えば

$$\begin{aligned}\iint_D\left\{\varphi\nabla^2\psi+(\nabla\varphi)\cdot(\nabla\psi)\right\}dxdy&=\oint_C\varphi\left(\frac{\partial\psi}{\partial x}dy-\frac{\partial\psi}{\partial y}dx\right)\\&=\oint_C\varphi\left(\frac{\partial\psi}{\partial x}\frac{dy}{ds}-\frac{\partial\psi}{\partial y}\frac{dx}{ds}\right)ds=\oint_C\varphi\frac{\partial\psi}{\partial n}ds\end{aligned}$$

となり，式 (4.33a) が得られる．また，この式で φ と ψ を交換して，上の式との差をとれば，式 (4.33b) がただちに得られる．

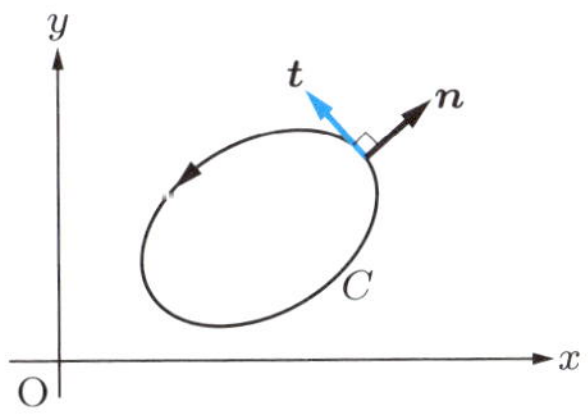

図 4.20　式 (4.33) の証明

問 4.8　式 (4.32) を証明しなさい．

問 4.9　xy 平面上のスカラー場 $u = u(x, y)$，$v = v(x, y)$ は条件

$$\frac{\partial u}{\partial x} = \frac{\partial v}{\partial y}, \quad \frac{\partial u}{\partial y} = -\frac{\partial v}{\partial x}$$

を満たすとする．このとき，任意の単一閉曲線 C について

$$\oint_C (udx - vdy) = 0, \quad \oint_C (vdx + udy) = 0$$

が成り立つことを証明しなさい（これは，複素関数論における**コーシーの積分定理**の証明にほかならない）．

4.5 ▶ ストークスの定理

次に，面積分を線積分に，または線積分を面積分に変える重要な定理を学ぶ．

ストークスの定理

ベクトル場 $\boldsymbol{A} = \boldsymbol{A}(x, y, z)$ 内の閉曲線を C，それを縁とする曲面を S とすると，

$$\int_S (\mathrm{rot}\,\boldsymbol{A}) \cdot \boldsymbol{n} dS = \oint_C \boldsymbol{A} \cdot \boldsymbol{t} ds \tag{4.35}$$

が成り立つ．左辺は曲面 S に関する $\mathrm{rot}\,\boldsymbol{A}$ の**法線面積分**であり，右辺は閉曲線 C に関する $\boldsymbol{A}$ の**接線線積分**である．また，閉曲線 C と曲面の向き（$\boldsymbol{n}$ の向き）の関係は図 4.21 のように選ぶ．

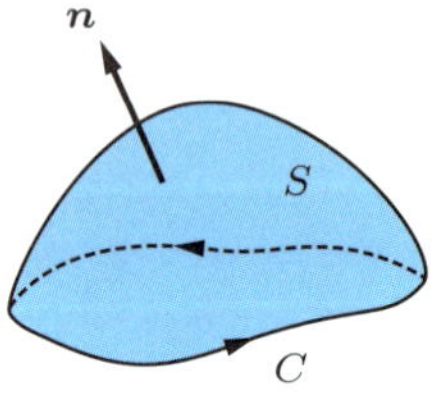

図 4.21　ストークスの定理における曲面と閉曲線の関係

曲面 S の法単位ベクトル $\boldsymbol{n}$ の方向余弦（成分）を $(\cos\alpha, \cos\beta, \cos\gamma)$ とし，$\boldsymbol{A}$ の成分を (A_x, A_y, A_z) とすれば，式 (4.35) は次のように表される．

$$\int_S \left\{ \left(\frac{\partial A_z}{\partial y} - \frac{\partial A_y}{\partial z} \right) \cos\alpha + \left(\frac{\partial A_x}{\partial z} - \frac{\partial A_z}{\partial x} \right) \cos\beta + \left(\frac{\partial A_y}{\partial x} - \frac{\partial A_x}{\partial y} \right) \cos\gamma \right\} dS$$

$$= \oint_C (A_x dx + A_y dy + A_z dz) \tag{4.36}$$

閉曲線 C，曲面 S およびベクトル $\boldsymbol{A}$ がすべて xy 平面上にあるとき，$\boldsymbol{n}$ を z 軸の正の向きにとれば，$\cos\alpha = \cos\beta = 0$，$\cos\gamma = 1$，$A_z = 0$ である．したがって，このときには，式 (4.36) は

$$\int_S \left(\frac{\partial A_y}{\partial x} - \frac{\partial A_x}{\partial y} \right) dS = \oint_C (A_x dx + A_y dy)$$

となる．これは，2 つのスカラー場 $A_x = A_x(x, y)$，$A_y = A_y(x, y)$ に対する平面における**グリーンの定理** (4.30) にほかならない．このように，ストークスの定理は，平面におけるグリーンの定理を 3 次元空間に拡張したものであると考えてよい．

また，式 (4.36) の等式は $\boldsymbol{A}$ の同一成分ごとに成立する．すなわち，

$$\left.\begin{aligned}
\int_S \left(\frac{\partial A_x}{\partial z}\cos\beta - \frac{\partial A_x}{\partial y}\cos\gamma \right) dS &= \oint_C A_x dx \\
\int_S \left(\frac{\partial A_y}{\partial x}\cos\gamma - \frac{\partial A_y}{\partial z}\cos\alpha \right) dS &= \oint_C A_y dy \\
\int_S \left(\frac{\partial A_z}{\partial y}\cos\alpha - \frac{\partial A_z}{\partial x}\cos\beta \right) dS &= \oint_C A_z dz
\end{aligned}\right\} \tag{4.37}$$

となる．

証明　式 (4.37) を証明すれば，ストークスの定理は証明されたことになる．ここでは，式 (4.37) の第 1 式を証明する．ほかの 2 式の証明もまったく同様である．

まず，z 軸に平行な直線と曲面 S は高々 1 点で交わる場合を考える．このとき，図 4.22 のように，閉曲線 C および曲面 S の xy 平面上への正射影をそれぞれ C'，D とする．いま，曲面 S の方程式を $z = g(x, y)$ として，$F(x, y, z) = z - g(x, y)$ とおくと，

$$\nabla F = -\frac{\partial g}{\partial x}\boldsymbol{i} - \frac{\partial g}{\partial y}\boldsymbol{j} + \boldsymbol{k}$$

となる．曲面 S は $F(x, y, z)$ の等位面（$F = 0$）であるから，∇F は S に垂直である．したがって，曲面 S の法単位ベクトルは

$$\boldsymbol{n} = \pm\frac{\nabla F}{|\nabla F|} = \pm\frac{1}{\sqrt{1 + (\partial g/\partial x)^2 + (\partial g/\partial y)^2}} \left(-\frac{\partial g}{\partial x}\boldsymbol{i} - \frac{\partial g}{\partial y}\boldsymbol{j} + \boldsymbol{k} \right)$$

で与えられる（式 (3.8) 参照）．ここで，複号は，$\boldsymbol{n}$ が F の増加する方向を向いてい

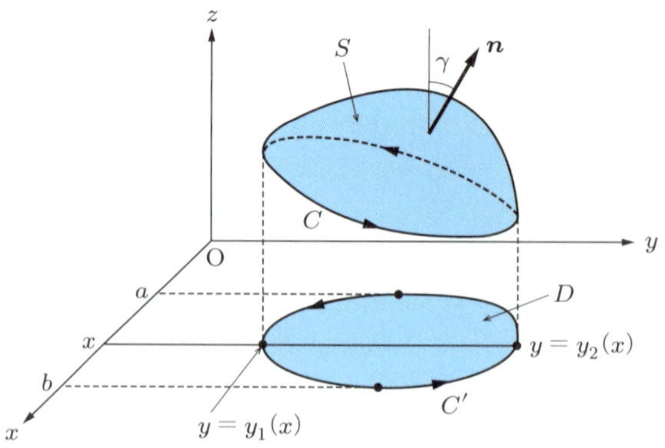

図 4.22　ストークスの定理の証明

るとは限らないためである．以下では，関数名を節約して，$g(x,y)$ を $z(x,y)$ と書くことにすると，$\boldsymbol{n}$ の z 成分である $\cos\gamma$ は

$$\cos\gamma = \frac{\pm 1}{\sqrt{1+(\partial z/\partial x)^2+(\partial z/\partial y)^2}}$$

と表される．これより，複号の正負は γ が鋭角が鈍角かに対応していることがわかる．そこで，$\boldsymbol{n}$ の y 成分が $\cos\beta$ であることを使うと，上の 2 式から

$$\frac{\partial z}{\partial y}\cos\gamma = \frac{\pm(\partial z/\partial y)}{\sqrt{1+(\partial z/\partial x)^2+(\partial z/\partial y)^2}} = -\cos\beta \tag{4.38}$$

が得られる．

次に，曲面 S 上の A_x について考える．S 上では，$z = z(x,y)$ により，$A_x = A_x(x,y,z)$ は x と y だけの関数である．そこで，そのような $A_x(x,y,z)$ を $G(x,y)$ と表すことにする．すなわち，$G(x,y) = A_x(x,y,z(x,y))$ とおくと，合成関数の微分法により

$$\frac{\partial G}{\partial y} = \frac{\partial A_x}{\partial y} + \frac{\partial A_x}{\partial z}\frac{\partial z}{\partial y}$$

となる．この式の両辺に $\cos\gamma$ をかけて式 (4.38) を使うと，次の式が得られる．

$$\frac{\partial G}{\partial y}\cos\gamma = \frac{\partial A_x}{\partial y}\cos\gamma + \frac{\partial A_x}{\partial z}\frac{\partial z}{\partial y}\cos\gamma = \frac{\partial A_x}{\partial y}\cos\gamma - \frac{\partial A_x}{\partial z}\cos\beta$$

この結果および式 (4.17) の性質を使うと，式 (4.37) の第 1 式は次のように証明される（図 4.22 参照）．

$$\int_S \left(\frac{\partial A_x}{\partial z}\cos\beta - \frac{\partial A_x}{\partial y}\cos\gamma\right) dS = -\int_S \frac{\partial G}{\partial y}\cos\gamma\, dS$$

$$= -(\pm)\iint_D \frac{\partial G}{\partial y}dxdy = -(\pm)\int_a^b [G(x,y)]_{y=y_1(x)}^{y=y_2(x)}dx$$

$$= -(\pm)\int_a^b \{G(x,y_2(x)) - G(x,y_1(x))\}dx$$

$$= \pm\left\{\int_a^b G(x,y_1(x))dx + \int_b^a G(x,y_2(x))dx\right\}$$

$$= \oint_{C'} G(x,y)dx = \oint_{C'} A_x(x,y,z(x,y))dx$$

$$= \oint_C A_x(x,y,z)dx \qquad (4.39)$$

（証明終）

ここで，上の証明について，いくつかの注意をまとめておこう．

（i） 曲面 S に関する面積分を，領域 D にわたる 2 重積分に直すときに現れる複号 $\pm$ は，γ が鋭角か鈍角かに対応している（式 (4.17) 参照）．

（ii） 定積分を閉曲線 C' に関する線積分で表すとき，γ が鋭角か鈍角かによって，再び複号 $\pm$ が付く．その理由は，γ が鋭角か鈍角かによって，C' が反時計まわりか時計まわりのいずれかになるためである．

（iii） 閉曲線 C' に関する線積分において，$G(x,y) = A_x(x,y,z(x,y))$ は閉曲線 C 上における A_x の値であるから，その線積分は C に関する線積分でもある（式 (4.39) の最後の等号）．

（iv） 上の証明では，xy 平面上の閉曲線 C' と y 軸に平行な直線は高々 2 点で交わるとして，C' は 2 つの方程式，$y = y_1(x)$，$y = y_2(x)$（ただし，$y_1(x) \leqq y_2(x)$）で表されるとした．y 軸に平行な直線と C' が 3 点以上で交わることがある場合には，領域 D をいくつかの部分 $D_1, D_2, \ldots$ に分割して考えればよい（図 4.17 参照）．そのとき，各部分を囲む閉曲線 $C'_1, C'_2, \ldots$ はいずれも，y 軸に平行な直線と高々 2 点で交わるようにする．このようにすれば，上で証明したように，

$$-(\pm)\iint_{D_i} \frac{\partial G}{\partial y}dxdy = \oint_{C'_i} G(x,y)dx \quad (i = 1, 2, \ldots)$$

が得られる．i について和をとれば，左辺は領域 D にわたる 2 重積分になる．また，領域 D の 2 つの部分が共有する曲線に沿った線積分は打ち消し合うから，右辺の和をとれば，閉曲線 C' に関する線積分だけが残る．

（v） 式 (4.39) は実質的に平面におけるグリーンの定理の証明を含んでいる．こ

の定理を使えば，式 (4.39) の計算は非常に簡単になる．すなわち，式 (4.31) から，ただちに

$$-\iint_D \frac{\partial G}{\partial y} dxdy = \oint_{C''} Gdx = \pm \oint_{C'} Gdx$$

が得られる．ここで，C'' は D を囲む反時計まわりの閉曲線であり，複号 $\pm$ は上の (i) および (ii) で述べたことに由来する．

(vi)　最初に断ったように，上の証明では，z 軸に平行な直線と曲面 S は高々 1 点で交わると仮定している．z 軸に平行な直線と曲面 S が 2 点以上で交わることがある場合には，次のように考えればよい．すなわち，曲面 S をいくつかの部分 $S_1, S_2, \ldots$ に分割して，それぞれは z 軸に平行な直線と高々 1 点で交わるようにする．このとき，各部分に対して

$$\int_{S_i} \left(\frac{\partial A_x}{\partial z} \cos\beta - \frac{\partial A_x}{\partial y} \cos\gamma \right) dS = \oint_{C_i} A_x dx$$

となる．両辺の和をとれば，左辺は S に関する面積分となり，(iv) で述べたこととまったく同じ理由で，右辺は C に関する線積分になる．

式 (4.37) のほかの 2 式もまったく同様に証明することができる．

例 4.9　$F(x,y,z) = x^2 + y^2 + z^2 - a^2 = 0,\ z \geqq 0$（式 (2.35) 参照）で与えられる半球面を S とし，その法線ベクトルは球面の外部（F の増加する方向）を向いているとする．このとき，$\boldsymbol{A} = -y\boldsymbol{i} + x\boldsymbol{j}$ として，次の面積分を求めなさい．

$$\int_S (\mathrm{rot}\,\boldsymbol{A}) \cdot \boldsymbol{n} dS$$

解　ここでは，曲面 S の縁で表される閉曲線を C として，ストークスの定理を使う．C は xy 平面上の反時計まわりの円であり，$x^2 + y^2 = a^2$ で与えられる．また，媒介変数を用いれば，C は

$$x = a\cos u, \quad y = a\sin u \quad (0 \leqq u \leqq 2\pi)$$

で与えられる（2.3 節，例 2.8 参照）．したがって，式 (4.9) より

$$\oint_C \boldsymbol{A} \cdot \boldsymbol{t} ds = \int_0^{2\pi} \left(A_x \frac{dx}{du} + A_y \frac{dy}{du} \right) du$$
$$= \int_0^{2\pi} \left\{ (-a\sin u)^2 + (a\cos u)^2 \right\} du = a^2 \int_0^{2\pi} du = 2\pi a^2$$

となる．ゆえに，ストークスの定理より次式となる．

$$\int_S (\mathrm{rot}\,\boldsymbol{A}) \cdot \boldsymbol{n} dS = \oint_C \boldsymbol{A} \cdot \boldsymbol{t} ds = 2\pi a^2$$

例 4.10 任意の閉曲面 S と任意のベクトル場 $\boldsymbol{A} = \boldsymbol{A}(x, y, z)$ に対して，

$$\oint_S (\mathrm{rot}\,\boldsymbol{A}) \cdot \boldsymbol{n} dS = 0$$

であることを証明しなさい．

解 ストークスの定理 (4.35) において，閉曲線 C を縮めて点にすれば，右辺の線積分は 0 となる．また，この極限では，曲面 S は閉曲面となる．ゆえに，この式が成り立つ．

問 4.10 例 4.9 の面積分を，ストークスの定理を使わないで計算しなさい．

問 4.11 任意の閉曲線 C と任意の定ベクトル $\boldsymbol{B}$ に対して，

$$\oint_C \boldsymbol{B} \cdot \boldsymbol{t} ds = 0$$

であることを証明しなさい．

ストークスの定理の別の証明*

ここでは，媒介変数による曲面の方程式を用いて，ストークスの定理を証明してみよう．これにより，線積分と面積分の関係の理解が深まるだろう．

曲面 S と閉曲線 C の関係は図 4.21 のようにとる．いま，曲面 S の方程式を $\boldsymbol{r} = \boldsymbol{r}(u, v)$ として，(u, v) が uv 平面上の領域 D_0 を動くとき，$\boldsymbol{r}$ は曲面 S を描くとする．また，D_0 を囲む閉曲線を C_0 として，(u, v) が C_0 上を動くとき $\boldsymbol{r}$ は C 上を動く（C は C_0 の像になっている）とする（図 4.23）．

このとき，式 (2.34) と式 (2.36) を使うと，ストークスの定理 (4.35) は次のように書き表される．

$$\iint_{D_0} (\mathrm{rot}\,\boldsymbol{A}) \cdot \left(\frac{\partial \boldsymbol{r}}{\partial u} \times \frac{\partial \boldsymbol{r}}{\partial v} \right) dudv = \oint_C \boldsymbol{A} \cdot \boldsymbol{t} ds = \oint_C \boldsymbol{A} \cdot d\boldsymbol{r} \qquad (4.40)$$

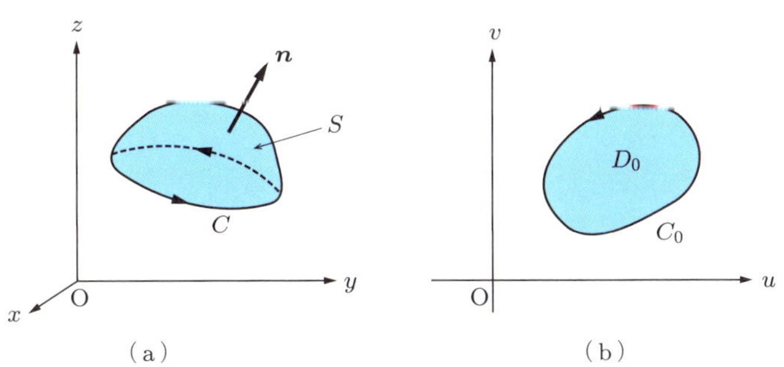

図 4.23 ストークスの定理の別の証明

式 (4.37) と同様に，上の式も $\boldsymbol{A}$ の同一成分ごとに成り立つ．ここで，

$$\mathrm{rot}\,\boldsymbol{A} = \left(\frac{\partial A_z}{\partial y} - \frac{\partial A_y}{\partial z}\right)\boldsymbol{i} + \left(\frac{\partial A_x}{\partial z} - \frac{\partial A_z}{\partial x}\right)\boldsymbol{j} + \left(\frac{\partial A_y}{\partial x} - \frac{\partial A_x}{\partial y}\right)\boldsymbol{k}$$

$$\frac{\partial \boldsymbol{r}}{\partial u} \times \frac{\partial \boldsymbol{r}}{\partial v} = \left(\frac{\partial y}{\partial u}\frac{\partial z}{\partial v} - \frac{\partial z}{\partial u}\frac{\partial y}{\partial v}\right)\boldsymbol{i} + \left(\frac{\partial z}{\partial u}\frac{\partial x}{\partial v} - \frac{\partial x}{\partial u}\frac{\partial z}{\partial v}\right)\boldsymbol{j} + \left(\frac{\partial x}{\partial u}\frac{\partial y}{\partial v} - \frac{\partial y}{\partial u}\frac{\partial x}{\partial v}\right)\boldsymbol{k}$$

と書き表される．これを使うと，式 (4.40) の左辺の被積分関数の中で，A_x を含む項だけを集めたもの（これを f_x とおく）は次のように計算される．

$$\begin{aligned}
f_x(u,v) &= \frac{\partial A_x}{\partial z}\left(\frac{\partial z}{\partial u}\frac{\partial x}{\partial v} - \frac{\partial x}{\partial u}\frac{\partial z}{\partial v}\right) - \frac{\partial A_x}{\partial y}\left(\frac{\partial x}{\partial u}\frac{\partial y}{\partial v} - \frac{\partial y}{\partial u}\frac{\partial x}{\partial v}\right) \\
&= \left(\frac{\partial A_x}{\partial x}\frac{\partial x}{\partial u} + \frac{\partial A_x}{\partial y}\frac{\partial y}{\partial u} + \frac{\partial A_x}{\partial z}\frac{\partial z}{\partial u}\right)\frac{\partial x}{\partial v} \\
&\quad - \left(\frac{\partial A_x}{\partial x}\frac{\partial x}{\partial v} + \frac{\partial A_x}{\partial y}\frac{\partial y}{\partial v} + \frac{\partial A_x}{\partial z}\frac{\partial z}{\partial v}\right)\frac{\partial x}{\partial u} \\
&= \frac{\partial A_x}{\partial u}\frac{\partial x}{\partial v} - \frac{\partial A_x}{\partial v}\frac{\partial x}{\partial u} \\
&= \frac{\partial}{\partial u}\left(A_x\frac{\partial x}{\partial v}\right) - \frac{\partial}{\partial v}\left(A_x\frac{\partial x}{\partial u}\right) \quad \left(\because \quad \frac{\partial^2 x}{\partial u \partial v} = \frac{\partial^2 x}{\partial v \partial u}\right)
\end{aligned}$$

したがって，uv 平面におけるグリーンの定理を使えば，

$$\begin{aligned}
\iint_{D_0} f_x(u,v)dudv &= \iint_{D_0}\left\{\frac{\partial}{\partial u}\left(A_x\frac{\partial x}{\partial v}\right) - \frac{\partial}{\partial v}\left(A_x\frac{\partial x}{\partial u}\right)\right\}dudv \\
&= \oint_{C_0}\left\{\left(A_x\frac{\partial x}{\partial u}\right)du + \left(A_x\frac{\partial x}{\partial v}\right)dv\right\} \\
&= \oint_C A_x dx \quad \left(\because \quad dx = \frac{\partial x}{\partial u}du + \frac{\partial x}{\partial v}dv\right)
\end{aligned}$$

となる．A_y，A_z だけを含む項についても同様に証明され，式 (4.40) が成り立つことがわかる．

4.6 ▶ 積分定理の応用*

ガウスの定理やストークスの定理を使うと，ベクトル場の発散や回転の意味が一層はっきりする．また，これらの積分定理は，力学，電磁気学，流体力学などにおける

基本的な法則や方程式を導くときに使われる.

発散の意味

ベクトル場 $\boldsymbol{A} = \boldsymbol{A}(x, y, z)$ における**ガウスの定理**は,

$$\int_V \operatorname{div} \boldsymbol{A}\, dV = \int_S \boldsymbol{A} \cdot \boldsymbol{n} dS \tag{4.41}$$

で与えられる. $\boldsymbol{A} \cdot \boldsymbol{n} dS$ は閉曲面上の微小面積 dS を通って外部へ流れ出すベクトル場 $\boldsymbol{A}$ の流量であるから, 式 (4.41) の右辺は閉曲面 S を通って外部へ流れ出す流量を表す. したがって, 式 (4.41) の左辺は閉曲面 S で囲まれる領域 V でのベクトル場の**湧き出し**量を表し, $\operatorname{div} \boldsymbol{A}$ は各点におけるベクトル場の**湧き出し密度** (単位体積あたりの湧き出し量) であると解釈される. このことは, 閉曲面 S で囲まれる領域が非常に小さい場合を考えると, 一層明瞭になる. 微小領域の体積を ΔV とすると, $\operatorname{div} \boldsymbol{A}$ はその領域でほぼ一定であると考えてよいから,

$$\int_{\Delta V} \operatorname{div} \boldsymbol{A}\, dV \fallingdotseq \operatorname{div} \boldsymbol{A} \int_{\Delta V} dV = \operatorname{div} \boldsymbol{A} \Delta V$$

となる. したがって, 式 (4.41) より

$$\operatorname{div} \boldsymbol{A} \fallingdotseq \frac{1}{\Delta V} \int_S \boldsymbol{A} \cdot \boldsymbol{n} dS \tag{4.42}$$

が得られる. $\Delta V \to 0$ の極限では, 式 (4.42) は厳密に成り立つと考えてよく, 式 (4.42) の極限 $\Delta V \to 0$ を**発散**の定義としてもよい. この定義を使えば, $\operatorname{div} \boldsymbol{A}$ がベクトル場 $\boldsymbol{A}$ の湧き出し密度であるという意味が直観的に理解される.

例 4.11 式 (4.42) の極限 $\Delta V \to 0$ で定義される $\operatorname{div} \boldsymbol{A}$ が, 式 (3.14) の定義と一致することを示しなさい.

解 簡単のために, 点 $\mathrm{P}(x, y, z)$ を中心とし, 各辺が座標軸に平行でその長さが Δx, Δy, Δz である直方体を考える (図 4.24). このとき, x 軸に垂直な面 S_x に関する面積分は次のように計算される.

$$\begin{aligned}\int_{S_x} \boldsymbol{A} \cdot \boldsymbol{n} dS &= \int_{-\Delta y/2}^{\Delta y/2} \int_{-\Delta z/2}^{\Delta z/2} \left\{ A_x\left(x + \frac{\Delta x}{2},\ y + y',\ z + z'\right) \right. \\ &\qquad \left. - A_x\left(x - \frac{\Delta x}{2},\ y + y',\ z + z'\right) \right\} dz' dy' \\ &\fallingdotseq \Delta x \int_{-\Delta y/2}^{\Delta y/2} \int_{-\Delta z/2}^{\Delta z/2} \frac{\partial A_x(x, y, z)}{\partial x} dz' dy'\end{aligned}$$

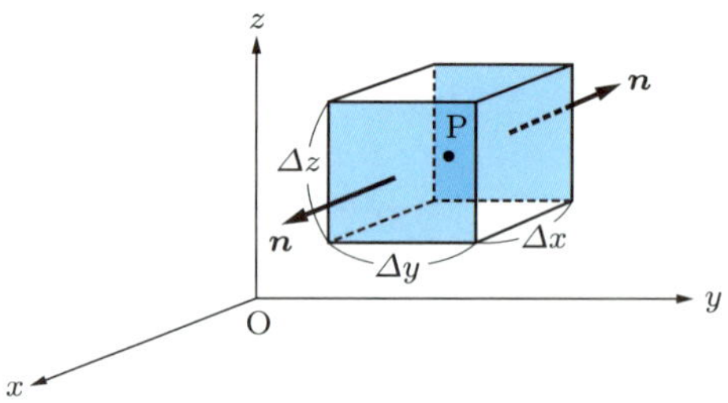

図 4.24　発散の意味

$$= \Delta x \Delta y \Delta z \frac{\partial A_x}{\partial x}$$

上の計算では，Δx，y'，z' について 1 次までの項だけを残した．y 軸，z 軸に垂直な面に関する面積分も同様にして計算される．これらの和をとると，

$$\int_S \boldsymbol{A} \cdot \boldsymbol{n} dS \fallingdotseq \Delta x \Delta y \Delta z \left(\frac{\partial A_x}{\partial x} + \frac{\partial A_y}{\partial y} + \frac{\partial A_z}{\partial z} \right)$$

となる．$\Delta V = \Delta x \Delta y \Delta z$ であるから，$\Delta x \to 0$，$\Delta y \to 0$，$\Delta z \to 0$ の極限を単に $\Delta V \to 0$ と表すことにすれば，

$$\lim_{\Delta V \to 0} \frac{1}{\Delta V} \int_S \boldsymbol{A} \cdot \boldsymbol{n} dS = \frac{\partial A_x}{\partial x} + \frac{\partial A_y}{\partial y} + \frac{\partial A_z}{\partial z}$$

となり，式 (3.14) の定義と一致する．

▶▶回転の意味

ベクトル場 $\boldsymbol{A} = \boldsymbol{A}(x, y, z)$ 内の閉曲線 C を縁とする曲面が非常に小さいとして，その面積を ΔS とすると，ストークスの定理 (4.35) より

$$(\mathrm{rot}\, \boldsymbol{A}) \cdot \boldsymbol{n} \Delta S \fallingdotseq \oint_C \boldsymbol{A} \cdot \boldsymbol{t}\, ds \tag{4.43}$$

となる．ここで，C と $\boldsymbol{n}$ の向きは図 4.21 のようにとる．式 (4.43) の右辺の線積分は，ベクトル場 $\boldsymbol{A}$ がどれだけ渦状（回転的）であるかを示す量であり，C に沿った**循環**または**渦量**という．したがって，$(\mathrm{rot}\, \boldsymbol{A})_n = (\mathrm{rot}\, \boldsymbol{A}) \cdot \boldsymbol{n}$ は $\boldsymbol{n}$ 方向まわりの単位面積あたりの**渦の強さ**を表す量であることがわかる．発散の場合と同様に，**回転**を

$$(\mathrm{rot}\, \boldsymbol{A}) \cdot \boldsymbol{n} = \lim_{\Delta S \to 0} \frac{1}{\Delta S} \oint_C \boldsymbol{A} \cdot \boldsymbol{t} ds \tag{4.44}$$

で定義することもできる．

流体の基礎方程式

流体内に閉曲面 S を考え，S で囲まれる領域を V とする（図 4.25）．時刻 t での点 (x, y, z) における流体の密度を $\rho(x, y, z, t)$，速度を $\boldsymbol{v}(x, y, z, t)$ とする．ある時間 t における領域 V 内の流体の質量は，

$$\int_V \rho\, dV = \iiint_V \rho\, dxdydz$$

となり，その時間的減少率は，

$$-\frac{d}{dt}\int_V \rho\, dV = -\int_V \frac{\partial\rho}{\partial t} dV \tag{4.45}$$

である．一方，単位時間に閉曲面上の微小面積 dS を通って流出する流体の質量は $\rho\boldsymbol{v}\cdot\boldsymbol{n}dS$ であるから，単位時間に閉曲面 S を通って外部に流出する流体の質量は，ガウスの定理 (4.21) を用いて

$$\int_S \rho\boldsymbol{v}\cdot\boldsymbol{n}dS = \int_V \operatorname{div}(\rho\boldsymbol{v})dV \tag{4.46}$$

と表される．質量の保存を仮定すると，式 (4.45) は式 (4.46) に等しいから，

$$\int_V \left\{\frac{\partial\rho}{\partial t} + \operatorname{div}(\rho\boldsymbol{v})\right\} dV = 0 \tag{4.47}$$

となる．これは任意の領域に対して成り立つから，流体内の各点で

$$\frac{\partial\rho}{\partial t} + \operatorname{div}(\rho\boldsymbol{v}) = 0 \tag{4.48}$$

が成り立つ．式 (4.48) を**連続の方程式**といい，流体に対する質量保存則にほかならない．

次に，流体内に任意に微小面をとり，その面を通して両側の流体が及ぼし合う力を考える．運動しても微小面の接線方向の力が働かない流体を**完全流体**，このような力

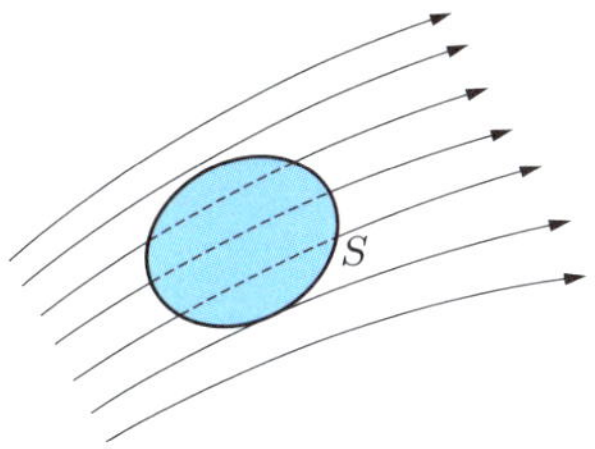

図 4.25　流体の流線と閉曲面

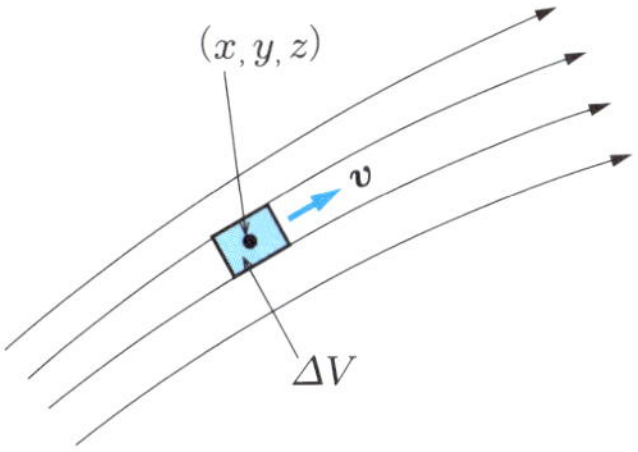

図 4.26　流管中の微小部分

が働く流体を**粘性流体**という．以下では，完全流体を考える．微小面では，両側の流体間に，面に垂直な力，すなわち圧力 p だけが働く．

速度場の**流線**で囲まれた部分を**流管**という（3.2 節参照）．いま，非常に細い流管を考え，その中を流体とともに動く微小部分を ΔV とする．このとき，ΔV に含まれる流体の中身は不変である（図 4.26）．流体の密度を $\rho(x,y,z,t)$，速度を $\boldsymbol{v}(x,y,z,t)$ とすれば，微小部分の質量は $\rho\Delta V$，加速度は $d\boldsymbol{v}/dt$ である．そこで，単位質量の流体に働く力を $\boldsymbol{f}(x,y,z,t)$，ΔV を囲む閉曲面を ΔS とすれば，微小部分に対する運動方程式は

$$\rho\Delta V\frac{d\boldsymbol{v}}{dt} = \rho\Delta V\boldsymbol{f} - \int_{\Delta S} p\boldsymbol{n}dS$$

となる．右辺の第 2 項は流体の圧力 $p(x,y,z,t)$ が微小部分に及ぼす力である．ここで，ガウスの定理を使うと（式 (4.24) 参照），

$$\int_{\Delta S} p\boldsymbol{n}dS = \int_{\Delta V} \nabla p\,dV \fallingdotseq \nabla p\Delta V$$

となる．したがって，$\Delta V \to 0$ の極限を考えれば

$$\frac{d\boldsymbol{v}}{dt} = \boldsymbol{f} - \frac{1}{\rho}\nabla p \tag{4.49}$$

が得られる．これが**完全流体の運動方程式**である．

流体の微小部分の運動を考えるときには，その座標も時間 t の関数である．したがって，

$$\begin{aligned}\frac{d\boldsymbol{v}}{dt} &= \frac{\partial\boldsymbol{v}}{\partial t} + \left(\frac{\partial\boldsymbol{v}}{\partial x}\frac{dx}{dt} + \frac{\partial\boldsymbol{v}}{\partial y}\frac{dy}{dt} + \frac{\partial\boldsymbol{v}}{\partial z}\frac{dz}{dt}\right)\\ &= \frac{\partial\boldsymbol{v}}{\partial t} + \left(v_x\frac{\partial\boldsymbol{v}}{\partial x} + v_y\frac{\partial\boldsymbol{v}}{\partial y} + v_z\frac{\partial\boldsymbol{v}}{\partial z}\right) = \frac{\partial\boldsymbol{v}}{\partial t} + (\boldsymbol{v}\cdot\nabla)\boldsymbol{v}\end{aligned} \tag{4.50}$$

となる．式 (4.50) を使うと，式 (4.49) は次のように書ける．

$$\frac{\partial\boldsymbol{v}}{\partial t} + (\boldsymbol{v}\cdot\nabla)\boldsymbol{v} = \boldsymbol{f} - \frac{1}{\rho}\nabla p \tag{4.51}$$

問 4.12　連続の方程式 (4.48) は，

$$\frac{d\rho}{dt} + \rho\,\mathrm{div}\,\boldsymbol{v} = 0$$

と書けることを証明しなさい．

ガウスの法則

閉曲面 S で囲まれる領域を V とし，点電荷 $q_1, q_2, \ldots, q_m$ は V 内に，点電荷 $q_{m+1}, q_{m+2}, \ldots, q_n$ は V の外側にあるとする．$q_i\,(i = 1, 2, \ldots, n)$ の位置ベクトルを $\boldsymbol{r}_i$ とする．このとき，電磁気学のクーロンの法則により，閉曲面 S 上の点 P（位置ベクトルを $\boldsymbol{r}$ とする）における電場は，

$$\boldsymbol{E} = \frac{1}{4\pi\varepsilon_0}\sum_{i=1}^{m}\frac{q_i}{|\boldsymbol{r}-\boldsymbol{r}_i|^3}(\boldsymbol{r}-\boldsymbol{r}_i) + \frac{1}{4\pi\varepsilon_0}\sum_{i=m+1}^{n}\frac{q_i}{|\boldsymbol{r}-\boldsymbol{r}_i|^3}(\boldsymbol{r}-\boldsymbol{r}_i)$$

で与えられる．ここで，ε_0 は真空の誘電率である．

ガウスの積分公式 (4.25) を使うと，

$$\begin{aligned}\int_S \boldsymbol{E}\cdot\boldsymbol{n}dS &= \frac{1}{4\pi\varepsilon_0}\sum_{i=1}^{m} q_i \int_S \frac{(\boldsymbol{r}-\boldsymbol{r}_i)\cdot\boldsymbol{n}}{|\boldsymbol{r}-\boldsymbol{r}_i|^3}dS + \frac{1}{4\pi\varepsilon_0}\sum_{i=m+1}^{n} q_i \int_S \frac{(\boldsymbol{r}-\boldsymbol{r}_i)\cdot\boldsymbol{n}}{|\boldsymbol{r}-\boldsymbol{r}_i|^3}dS \\ &= \frac{1}{4\pi\varepsilon_0}\sum_{i=1}^{m} q_i\cdot 4\pi = \frac{1}{\varepsilon_0}\sum_{i=1}^{m} q_i \qquad (4.52)\end{aligned}$$

となる．これが電磁気学における**ガウスの法則**である．V の外側にある電荷は，S 上に電場 $\boldsymbol{E}$ をつくるが，$\boldsymbol{E}$ の面積分には寄与しない．

電荷が連続的に分布しているとき，電荷密度を $\rho(x, y, z)$ とすれば，式 (4.52) は次のように一般化される（下記の問 4.13 参照）．

$$\int_S \boldsymbol{E}\cdot\boldsymbol{n}dS = \frac{1}{\varepsilon_0}\int_V \rho\, dV \qquad (4.53)$$

ここで，ガウスの定理 (4.21) を使うと

$$\int_S \boldsymbol{E}\cdot\boldsymbol{n}dS = \int_V \operatorname{div}\boldsymbol{E}\, dV$$

となり，式 (4.53) より

$$\int_V \operatorname{div}\boldsymbol{E}\, dV = \frac{1}{\varepsilon_0}\int_V \rho\, dV$$

となる．これは任意の領域 V に対して成り立つから，結局

$$\operatorname{div}\boldsymbol{E} = \frac{1}{\varepsilon_0}\rho \qquad (4.54)$$

となる．式 (4.54) は**マクスウェルの方程式**の 1 つである．

静電場に対しては，$\boldsymbol{E} = -\nabla\varphi$ と書くことができ，スカラーポテンシャル φ を**電位**

という．このとき，$\mathrm{div}\,\boldsymbol{E} = \nabla \cdot \boldsymbol{E} = -\nabla^2 \varphi$ であるから，式 (4.54) より

$$\nabla^2 \varphi = -\frac{1}{\varepsilon_0}\rho \tag{4.55}$$

となる．これを**ポアソンの方程式**という．

問 4.13　式 (4.53) を証明しなさい．

保存力場

質点に働く力を $\boldsymbol{F} = \boldsymbol{F}(x, y, z)$ とするとき，この質点が点 P から点 Q に移動する間に力のする仕事は，

$$W = \int_{\mathrm{PQ}} \boldsymbol{F} \cdot d\boldsymbol{r} = \int_{\mathrm{PQ}} \boldsymbol{F} \cdot \boldsymbol{t} ds \tag{4.56}$$

である（式 (1.30) 参照）．この仕事が質点のたどる経路に依存しないで，2 点の位置だけで決まるとき，この力の場 $\boldsymbol{F}$ を**保存力場**という．

$\boldsymbol{F}$ が保存力場であるとき，図 4.27 のように点 P から点 Q に至る 2 つの経路を C_1, C_2 とすれば，

$$\int_{C_1} \boldsymbol{F} \cdot d\boldsymbol{r} - \int_{C_2} \boldsymbol{F} \cdot d\boldsymbol{r} = \oint_{C_1 + \overline{C}_2} \boldsymbol{F} \cdot d\boldsymbol{r} = 0$$

である．ここで，$\overline{C}_2$ は C_2 を逆にたどる経路を表し，$C = C_1 + \overline{C}_2$ は 1 つの閉曲線を表す．P，Q は任意の点であるから，結局，$\boldsymbol{F}$ が保存力場であることと，すべての閉曲線 C に対して

$$\oint_C \boldsymbol{F} \cdot d\boldsymbol{r} = 0 \tag{4.57}$$

が成り立つことは同等である．

4.4 節で平面上の単連結領域について述べた．空間領域についても，その領域内の任意の閉曲線を，その領域内で連続的に縮めて点にすることができるとき，その領域

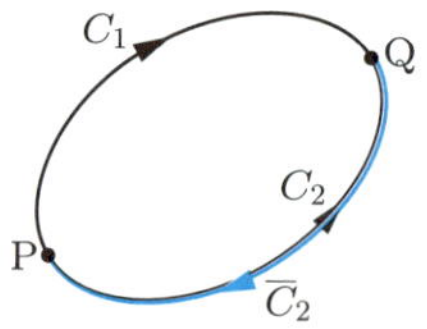

図 4.27　2 点 PQ 間の 2 つの経路

を**単連結領域**という．単連結領域において，式 (4.57) がすべての閉曲線 C に対して成り立つための必要十分条件は，$\boldsymbol{F}$ が恒等的に $\mathrm{rot}\,\boldsymbol{F} = \nabla \times \boldsymbol{F} = \boldsymbol{0}$ を満たすことである．実際，$\mathrm{rot}\,\boldsymbol{F} = \boldsymbol{0}$ ならば，ストークスの定理 (4.35) により

$$\oint_C \boldsymbol{F} \cdot d\boldsymbol{r} = \int_S (\mathrm{rot}\,\boldsymbol{F}) \cdot \boldsymbol{n} dS = 0$$

となる（十分条件）．ここで，曲面 S をこの領域内につくれることに注意しよう．この逆（必要条件）も簡単に証明できる（下記の例 4.12 参照）．

さらに，$\mathrm{rot}\,\boldsymbol{F} = \boldsymbol{0}$ が恒等的に成り立つための必要十分条件は，$\boldsymbol{F}$ があるスカラー関数 φ を用いて，$\boldsymbol{F} = -\nabla\varphi$ と表されること，すなわち，$\boldsymbol{F}$ の**スカラーポテンシャル**が存在することである．実際，$\boldsymbol{F} = -\nabla\varphi$ のとき，式 (3.24b) より

$$\mathrm{rot}\,\boldsymbol{F} = \nabla \times \boldsymbol{F} = -\nabla \times (\nabla\varphi) = \boldsymbol{0}$$

となる（必要条件）．十分条件の証明は以下のとおりである．

上で証明したように，単連結領域で $\mathrm{rot}\,\boldsymbol{F} = \boldsymbol{0}$ ならば，すべての閉曲線 C に対して式 (4.57) が成り立ち，式 (4.56) の線積分は途中の経路に依存しないで，始点 P と終点 Q を指定すれば定まる．したがって，始点 $\mathrm{P}(x_0, y_0, z_0)$ を固定して，終点 $\mathrm{Q}(x, y, z)$ が動くとすれば，関数

$$\varphi(x, y, z) = -\int_{\mathrm{PQ}} \boldsymbol{F} \cdot d\boldsymbol{r}'$$

が定義できる．そこで，Q を x 軸方向に Δx だけ微小変位させた点を $\mathrm{Q}'(x+\Delta x, y, z)$ とすれば，

$$\begin{aligned}\varphi(x + \Delta x, y, z) &= -\int_{\mathrm{PQ}'} \boldsymbol{F} \cdot d\boldsymbol{r}' = -\int_{\mathrm{PQ}} \boldsymbol{F} \cdot d\boldsymbol{r}' - \int_{\mathrm{QQ}'} \boldsymbol{F} \cdot d\boldsymbol{r}' \\ &= \varphi(x, y, z) - \int_{\mathrm{QQ}'} \boldsymbol{F} \cdot d\boldsymbol{r}'\end{aligned}$$

となる．Q から Q$'$ に向かう経路は任意であるから，その経路として 2 点を結ぶ直線を考える．この直線上では $d\boldsymbol{r}' = (dx')\boldsymbol{i}$ であるから，上の式は

$$\varphi(x + \Delta x, y, z) - \varphi(x, y, z) = -\int_x^{x+\Delta x} F_x dx' \fallingdotseq -F_x \Delta x$$

と計算される．$\Delta x \to 0$ の極限では，等号が成り立つから

$$F_x = -\lim_{\Delta x \to 0} \frac{\varphi(x + \Delta x, y, z) - \varphi(x, y, z)}{\Delta x} = -\frac{\partial \varphi}{\partial x}$$

となり，同様にして，$F_y = -\partial\varphi/\partial y$，$F_z = -\partial\varphi/\partial z$ も得られる．したがって，次式となる．

$$\boldsymbol{F} = F_x\boldsymbol{i} + F_y\boldsymbol{j} + F_z\boldsymbol{k} = -\left(\frac{\partial\varphi}{\partial x}\boldsymbol{i} + \frac{\partial\varphi}{\partial y}\boldsymbol{j} + \frac{\partial\varphi}{\partial z}\boldsymbol{k}\right) = -\nabla\varphi$$

以上の結果をまとめると，次のようになる．

$\boldsymbol{F}$ が保存力場 $\quad\Leftrightarrow\quad \oint_C \boldsymbol{F}\cdot d\boldsymbol{r} = 0$

単連結領域では $\quad \oint_C \boldsymbol{F}\cdot d\boldsymbol{r} = 0 \quad\Leftrightarrow\quad \mathrm{rot}\,\boldsymbol{F} = \boldsymbol{0}$

$$\Leftrightarrow\quad \boldsymbol{F} = -\nabla\varphi \tag{4.58}$$

例 4.12　単連結領域において，式 (4.57) がすべての閉曲線に対して成り立つとき，恒等的に $\mathrm{rot}\,\boldsymbol{F} = \boldsymbol{0}$ であることを証明しなさい．

解　この命題の対偶を証明する．すなわち，$\mathrm{rot}\,\boldsymbol{F} \neq \boldsymbol{0}$ の点があると仮定し，式 (4.57) はすべての閉曲線に対しては成り立たないことを示す．$\mathrm{rot}\,\boldsymbol{F}$ の面積分が行えるように，$\boldsymbol{F}$ の偏導関数は連続であると仮定されているから，この点の近傍でも $\mathrm{rot}\,\boldsymbol{F} \neq \boldsymbol{0}$ である．そこで，そのような領域に，法線ベクトル $\boldsymbol{n}$ がつねに $\mathrm{rot}\,\boldsymbol{F}$ と同じ向きをもつような曲面 S を考え，その縁をなす閉曲線を C とする．C と $\boldsymbol{n}$ の向きは図 4.21 に従う．C は領域内で連続的に点に縮めることができるから，S は領域内につくれる．このとき，$\mathrm{rot}\,\boldsymbol{F} = a(\boldsymbol{r})\boldsymbol{n}$ $(a(\boldsymbol{r}) > 0)$ と書けるから，ストークスの定理を使えば

$$\oint_C \boldsymbol{F}\cdot d\boldsymbol{r} = \oint_C \boldsymbol{F}\cdot\boldsymbol{t}ds = \int_S (\mathrm{rot}\,\boldsymbol{F})\cdot\boldsymbol{n}dS = \int_S a(\boldsymbol{r})\boldsymbol{n}\cdot\boldsymbol{n}dS = \int_S a(\boldsymbol{r})dS > 0$$

となる．よって証明された．

演習問題

4.1　曲線 C: $x = u$，$y = 2u$，$z = u^2$（$0 \leqq u \leqq 1$，向きは u の増加する方向），スカラー場 $\varphi = 2(x+y) - yz$，ベクトル場 $\boldsymbol{A} = (y^2+z^2)\boldsymbol{i} + (z^2+x^2)\boldsymbol{j} + (x^2+y^2)\boldsymbol{k}$ に対して，次の線積分を求めなさい．

(1) $\displaystyle\int_C \varphi ds$　　(2) $\displaystyle\int_C \boldsymbol{A}\cdot\boldsymbol{t}ds$　　(3) $\displaystyle\int_C (\mathrm{rot}\,\boldsymbol{A})\cdot\boldsymbol{t}ds$

4.2　xy 平面上の円 C: $x^2 + y^2 = a^2$（$a > 0$，向きは反時計まわり）に対して，次の線積分を求めなさい．

(1) $\displaystyle\int_C \varphi ds \quad (\varphi = (x+y)^2)$ (2) $\displaystyle\int_C \boldsymbol{A}\cdot\boldsymbol{t}ds \quad (\boldsymbol{A} = -y\boldsymbol{i} + x\boldsymbol{j} + (x^2+y^2)\boldsymbol{k})$

4.3 平面 S: $3x + 2y + z = 6$ ($x \geqq 0$, $y \geqq 0$, $z \geqq 0$) に対して，スカラー場 $\varphi = x + y + z$ の面積分を求めなさい．

4.4* 球面 S: $x^2 + y^2 + z^2 = a^2$ に対して，スカラー場 $\varphi = x^2y^2 + y^2z^2 + z^2x^2$ の面積分を求めなさい．

4.5* 球面 S: $x^2+y^2+z^2 = a^2$ で囲まれる領域を V として，ベクトル場 $\boldsymbol{A} = x^3\boldsymbol{i}+y^3\boldsymbol{j}+z^3\boldsymbol{k}$ に対してガウスの定理が成り立つことを確かめなさい．

4.6 半球面 S: $x^2 + y^2 + z^2 = a^2$（$z \geqq 0$，曲面の向きは z が増加する方向），ベクトル場 $\boldsymbol{A} = 2xz\boldsymbol{i} + 2yz\boldsymbol{j} + z^2\boldsymbol{k}$ に対して，次の面積分を求めなさい．

(1) $\displaystyle\int_S \boldsymbol{A}\cdot\boldsymbol{n}dS$ (2) $\displaystyle\int_S (\mathrm{rot}\,\boldsymbol{A})\cdot\boldsymbol{n}dS$

4.7 閉曲面 S で囲まれる領域の体積は，

$$V = \frac{1}{3}\int_S \boldsymbol{r}\cdot\boldsymbol{n}dS \quad (\boldsymbol{r} = x\boldsymbol{i} + y\boldsymbol{j} + z\boldsymbol{k})$$

で与えられることを証明しなさい．

4.8 S を任意の閉曲面，$\boldsymbol{A}$ を任意のベクトル場とするとき，ガウスの定理を用いて，次の等式を証明しなさい．

$$\int_S (\mathrm{rot}\,\boldsymbol{A})\cdot\boldsymbol{n}dS = 0$$

4.9 閉曲面 S で囲まれる領域を V とするとき，任意のスカラー場 φ に対して

$$\int_V \nabla^2\varphi\, dV = \int_S \frac{\partial\varphi}{\partial n}\, dS$$

であることを証明しなさい．ここで，$\partial\varphi/\partial n$ は S の外向き法線方向の方向微分係数である．

4.10 曲面 S: $x = r\cos\theta$, $y = r\sin\theta$, $z = 0$ ($0 \leqq r \leqq a$, $0 \leqq \theta \leqq 2\pi$, 曲面の向きは z 軸の正の方向）の縁をなす閉曲線を C とする．このとき，ベクトル場 $\boldsymbol{A} = (x^2 + 2y - 4)\boldsymbol{i} + 2xy\boldsymbol{j} + (2xz + z^2)\boldsymbol{k}$ に対して，ストークスの定理が成り立つことを確かめなさい．

4.11 曲面 S: $\boldsymbol{r} = (a\sin\theta\cos\varphi)\boldsymbol{i} + (a\sin\theta\sin\varphi)\boldsymbol{j} + (b\cos\theta)\boldsymbol{k}$ ($a > 0$, $b > 0$, $0 \leqq \theta \leqq \pi/2$, $0 \leqq \varphi \leqq 2\pi$)，ベクトル場 $\boldsymbol{A} = -y^3\boldsymbol{i} + x^3\boldsymbol{j} + (z+1)(x^2+y^2)\boldsymbol{k}$ に対して，次の面積分を求めなさい．

(1) $\displaystyle\int_S \boldsymbol{A}\cdot\boldsymbol{n}dS$　　(2) $\displaystyle\int_S (\mathrm{rot}\,\boldsymbol{A})\cdot\boldsymbol{n}dS$

4.12　xy 平面上の円環領域 D: $a^2 \leqq x^2+y^2 \leqq b^2$ $(0<a<b)$ を囲む曲線を C とする（図 4.28）．C は 2 つの閉曲線（円）C_1 と C_2 からなり，$C=C_1+C_2$ である．

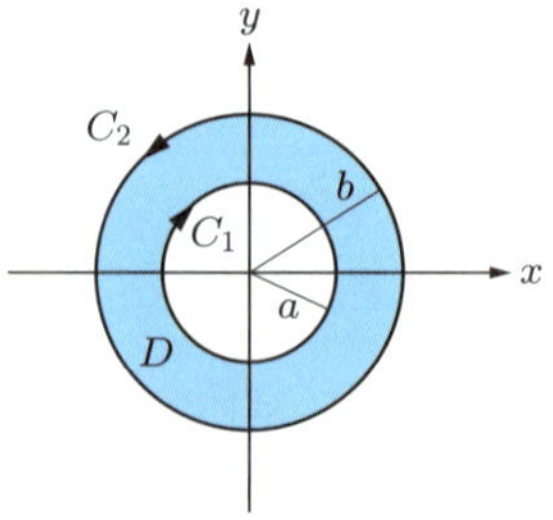

図 4.28　円環領域と曲線 $C=C_1+C_2$

(1) $\displaystyle\int_C \{(3x^2y-2y)dx-3xy^2dy\}$ について，平面におけるグリーンの定理を確かめなさい．

(2) 平面におけるグリーンの定理を用いて，$\displaystyle\int_C \{(2x-y^3)\,dx-2xy^2\,dy\}$ を計算しなさい．

4.13　2 つの連続なスカラー場 φ_1，φ_2 は，次の方程式を満たすとする．

$$\nabla^2\varphi_1 = f_1(x,y,z)\varphi_1,\quad \nabla^2\varphi_2 = f_2(x,y,z)\varphi_2$$

このとき，ある領域 V の外側で $\varphi_1=\varphi_2$ ならば，

$$\int_V (f_1-f_2)\varphi_1\varphi_2\,dV = 0$$

であることを証明しなさい．

4.14*　ベクトル場 $\boldsymbol{A}=\boldsymbol{A}(x,y,z)$ 内の点 $\mathrm{P}(x,y,z)$ を中心とする半径 a の球面を S，S で囲まれる領域を V（体積を ΔV）とする．このとき，

$$\mathrm{div}\,\boldsymbol{A} = \lim_{a\to 0}\frac{1}{\Delta V}\int_S \boldsymbol{A}\cdot\boldsymbol{n}dS$$

であることを確かめなさい．

4.15　半径 a の球内に電荷が一様な密度 ρ で分布しているとき，この電荷による電場 $\boldsymbol{E}$ と，$\boldsymbol{E}=-\nabla\varphi$ で定義される電位 φ を求めなさい．

補章
行列と行列式

この補章では，本書でしばしば登場する行列と行列式の基礎を簡単にまとめておく．とくに，2 次と 3 次の行列式を中心に解説するが，その内容の大部分は n 次の行列式に一般化できる．

S.1 ▶ 行　列

mn 個（m, n は正の整数）の数（スカラー）を縦 m 行，横 n 列の長方形の形に並べて書いたものを，m 行 n 列の**行列**，あるいは $m \times n$ 行列，(m, n) 型の行列などという．たとえば，3×3 行列 A は次のように表される．

$$A = \begin{pmatrix} a_{11} & a_{12} & a_{13} \\ a_{21} & a_{22} & a_{23} \\ a_{31} & a_{32} & a_{33} \end{pmatrix} \tag{s.1}$$

第 i 行，第 j 列に位置する数 a_{ij} を，行列の (i, j) **成分**という．とくに，横長の $1 \times n$ 行列を n 次の**行ベクトル**，縦長の $m \times 1$ 行列を m 次の**列ベクトル**という．$m \times n$ 行列は，m 個の行ベクトルを縦に並べたもの，あるいは n 個の列ベクトルを横に並べたものと考えることができる．

行数と列数が等しい行列を**正方行列**とよび，$n \times n$ 行列を n 次の正方行列という．この正方行列の対角線上の成分，すなわち (i, i) 成分 $(i = 1, 2, \ldots, n)$ を対角成分という．対角成分以外の成分がすべて 0 である n 次の正方行列を n 次の**対角行列**，対角成分がすべて 1 でありほかの成分がすべて 0 であるような n 次の正方行列を n 次の**単位行列**という．式 (s.1) は 3 次の正方行列であり，3 次の単位行列 E は次のように表される．

$$E = \begin{pmatrix} 1 & 0 & 0 \\ 0 & 1 & 0 \\ 0 & 0 & 1 \end{pmatrix}$$

また，成分がすべて 0 である行列を**零行列**とよび，O で表す．零行列が $m \times n$ 行列であるとき，$O_{m,n}$ と書くこともある．

2 つの $m \times n$ 行列 A，B の対応する (i, j) 成分がすべて等しいとき，A と B は等しいといい，$A = B$ で表す．ここで，A，B の (i, j) 成分をそれぞれ a_{ij}，b_{ij} とする．3×3 行列を例にとると，2 つの行列の和，行列のスカラー倍（任意の数 k による k 倍）は，それぞれ次のように定義される．

$$A + B = \begin{pmatrix} a_{11} & a_{12} & a_{13} \\ a_{21} & a_{22} & a_{23} \\ a_{31} & a_{32} & a_{33} \end{pmatrix} + \begin{pmatrix} b_{11} & b_{12} & b_{13} \\ b_{21} & b_{22} & b_{23} \\ b_{31} & b_{32} & b_{33} \end{pmatrix}$$

$$= \begin{pmatrix} a_{11} + b_{11} & a_{12} + b_{12} & a_{13} + b_{13} \\ a_{21} + b_{21} & a_{22} + b_{22} & a_{23} + b_{23} \\ a_{31} + b_{31} & a_{32} + b_{32} & a_{33} + b_{33} \end{pmatrix}$$

$$kA = k \begin{pmatrix} a_{11} & a_{12} & a_{13} \\ a_{21} & a_{22} & a_{23} \\ a_{31} & a_{32} & a_{33} \end{pmatrix} = \begin{pmatrix} ka_{11} & ka_{12} & ka_{13} \\ ka_{21} & ka_{22} & ka_{23} \\ ka_{31} & ka_{32} & ka_{33} \end{pmatrix}$$

行列の和では成分ごとに和をとり，行列の k 倍では各成分を k 倍する．$(-1)B$ を $-B$ で表すことにすると，行列の差 $A - B$ は次のようになる．

$$A - B = \begin{pmatrix} a_{11} & a_{12} & a_{13} \\ a_{21} & a_{22} & a_{23} \\ a_{31} & a_{32} & a_{33} \end{pmatrix} + \begin{pmatrix} -b_{11} & -b_{12} & -b_{13} \\ -b_{21} & -b_{22} & -b_{23} \\ -b_{31} & -b_{32} & -b_{33} \end{pmatrix}$$

$$= \begin{pmatrix} a_{11} - b_{11} & a_{12} - b_{12} & a_{13} - b_{13} \\ a_{21} - b_{21} & a_{22} - b_{22} & a_{23} - b_{23} \\ a_{31} - b_{31} & a_{32} - b_{32} & a_{33} - b_{33} \end{pmatrix}$$

2 つの行列の積は，$l \times m$ 行列と $m \times n$ 行列に対して定義され，その結果は $l \times n$ 行列となる．たとえば，3×3 行列 A と 3×2 行列 B の積 AB は，次のように定義される．

$$AB = \begin{pmatrix} a_{11} & a_{12} & a_{13} \\ a_{21} & a_{22} & a_{23} \\ a_{31} & a_{32} & a_{33} \end{pmatrix} \begin{pmatrix} b_{11} & b_{12} \\ b_{21} & b_{22} \\ b_{31} & b_{32} \end{pmatrix}$$

$$
= \begin{pmatrix} a_{11}b_{11} + a_{12}b_{21} + a_{13}b_{31} & a_{11}b_{12} + a_{12}b_{22} + a_{13}b_{32} \\ a_{21}b_{11} + a_{22}b_{21} + a_{23}b_{31} & a_{21}b_{12} + a_{22}b_{22} + a_{23}b_{32} \\ a_{31}b_{11} + a_{32}b_{21} + a_{33}b_{31} & a_{31}b_{12} + a_{32}b_{22} + a_{33}b_{32} \end{pmatrix}
$$

このように，A の第 i 行と B の第 j 列の各成分の積の和が，AB の (i, j) 成分となることに注意しておこう．同じ次数の正方行列 A，B の積については，AB と BA が定義されるが，両者は一般には等しくない．たとえば，

$$
AB = \begin{pmatrix} 1 & 2 \\ 3 & 4 \end{pmatrix}\begin{pmatrix} 3 & 1 \\ 4 & 3 \end{pmatrix} = \begin{pmatrix} 1\cdot 3 + 2\cdot 4 & 1\cdot 1 + 2\cdot 3 \\ 3\cdot 3 + 4\cdot 4 & 3\cdot 1 + 4\cdot 3 \end{pmatrix}
$$

$$
= \begin{pmatrix} 11 & 7 \\ 25 & 15 \end{pmatrix}
$$

$$
BA = \begin{pmatrix} 3 & 1 \\ 4 & 3 \end{pmatrix}\begin{pmatrix} 1 & 2 \\ 3 & 4 \end{pmatrix} = \begin{pmatrix} 3\cdot 1 + 1\cdot 3 & 3\cdot 2 + 1\cdot 4 \\ 4\cdot 1 + 3\cdot 3 & 4\cdot 2 + 3\cdot 4 \end{pmatrix}
$$

$$
= \begin{pmatrix} 6 & 10 \\ 13 & 20 \end{pmatrix}
$$

となり，$AB \neq BA$ である．このように，特別な場合を除いて両者は等しくない．特別な場合としては，A，B のいずれか一方が単位行列 E の場合などがある．$EA = AE = A$ が成り立つことに注意しよう．

S.2 ▶ 順 列

識別できる n 個の要素（数，文字など何でもよい）$a_1, a_2, a_3, \ldots, a_n$ を任意の順序で並べたものを，n 次の**順列**といい，括弧でくくって $(a_1 \quad a_2 \quad a_3 \quad \cdots \quad a_n)$ などと表す．ここでは，各要素をコンマ等で区切らない表記を用いることにする．また，順列では並び方（順序）だけが問題となることから，n 個の要素として自然数 $1, 2, \ldots, n$ をとるのが便利である．n 個の自然数を並べる仕方の数，すなわち，n 次の順列の数は $n!$ である．たとえば，3 個の自然数 $1, 2, 3$ の順列は $3! = 6$ 個あり，$(1 \quad 2 \quad 3)$，$(1 \quad 3 \quad 2)$，$(2 \quad 1 \quad 3)$，$(2 \quad 3 \quad 1)$，$(3 \quad 1 \quad 2)$，$(3 \quad 2 \quad 1)$ である．ここでは，$n!$ 個の順列の中の 1 つ

$$
\sigma_0 = (1 \quad 2 \quad 3 \quad \cdots \quad n)
$$

を**基本順列**とよぶことにする．

順列の 2 つの数を入れ替える操作を**互換**という．有限個の数からなる順列では，基本順列に有限回の互換を行うことにより，任意の順列が得られる．たとえば，$\sigma_0 = (1 \quad 2 \quad 3)$ で 2 と 3 を入れ替えると，順列 $\sigma = (1 \quad 3 \quad 2)$ になる．基本順列から任意の順列 σ を得るために必要な互換の回数を，P とする．P が偶数のとき σ は偶順列であるといい，その符号を正（+）と定める．また，P が奇数のとき σ は奇順列であるといい，その符号を負（−）と定める．σ_0 は互換を行う必要がなく $P = 0$ であり，σ_0 は偶順列である．σ の符号を $\mathrm{sgn}(\sigma)$ と表すことにすると，$\mathrm{sgn}(\sigma)$ は次のように書ける．

$$\mathrm{sgn}(\sigma) = (-1)^P = \begin{cases} +1 & (P\text{ が偶数のとき}) \\ -1 & (P\text{ が奇数のとき}) \end{cases} \tag{s.2}$$

3 数 1, 2, 3 の順列について，基本順列から各順列を得るための互換と各順列の偶奇性（偶順列と奇順列の分類）をまとめると，表 s.1 のようになる．偶順列に互換を行うと奇順列となり，奇順列に互換を行うと偶順列となる．すなわち，互換により順列の符号が変わる．

表 s.1 3 数 1, 2, 3 の順列を得るための互換と順列の偶奇性

順列	順列を得るための互換	互換の回数	偶奇性
(1 2 3)	基本順列	0	偶順列
(1 3 2)	(1 2 3) → (1 3 2)	1	奇順列
(2 1 3)	(1 2 3) → (2 1 3)	1	奇順列
(3 2 1)	(1 2 3) → (3 2 1)	1	奇順列
(2 3 1)	(1 2 3) → (2 1 3) → (2 3 1)	2	偶順列
(3 1 2)	(1 2 3) → (1 3 2) → (3 1 2)	2	偶順列

基本順列からある順列を得るための互換の選び方は，一意的でないことに注意しよう．たとえば，$(3 \quad 2 \quad 1)$ は，$(1 \quad 2 \quad 3)$ で 1 と 3 を入れ替えると得られるが，

$$(1 \quad 2 \quad 3) \to (1 \quad 3 \quad 2) \to (3 \quad 1 \quad 2) \to (3 \quad 2 \quad 1)$$

のように 3 回互換を行っても得られる．いずれにしても互換は奇数回である．

2 つの自然数 1, 2 の順列は 2 個しかなく，各順列を得るための互換と順列の偶奇性は表 s.2 のようになる．

表 s.2 2 数 1, 2 の順列を得るための互換と順列の偶奇性

順列	順列を得るための互換	互換の回数	偶奇性
(1 2)	基本順列	0	偶順列
(2 1)	(1 2) → (2 1)	1	奇順列

S.3 ▶ 行列式

式 (s.1) の行列 A を考える．a_{1j}, a_{2j}, a_{3j} $(j = 1, 2, 3)$ はそれぞれ第 1，第 2，第 3 行の成分であり，各成分の下付き文字の j は列の番号に対応する．この行列 A について，各行から 1 つずつ，各列からも 1 つずつという条件を満たすように 3 つの成分を選び出し，積をつくる．たとえば，$a_{11}a_{22}a_{33}$，$a_{13}a_{21}a_{32}$ などである．このような積は $a_{1p}a_{2q}a_{3r}$ の形となり，p，q，r の並びは自然数 1，2，3 の順列 $(p \quad q \quad r)$ である．このような順列は $3! = 6$ 個あり，それらを偶奇性とともに表 s.1 に示した．ここで，行列 A の**行列式**は

$$|A|, \quad \det A, \quad \begin{vmatrix} a_{11} & a_{12} & a_{13} \\ a_{21} & a_{22} & a_{23} \\ a_{31} & a_{32} & a_{33} \end{vmatrix}$$

などと表され，次のように定義される．

$$|A| = \begin{vmatrix} a_{11} & a_{12} & a_{13} \\ a_{21} & a_{22} & a_{23} \\ a_{31} & a_{32} & a_{33} \end{vmatrix} = \sum_{(p\,q\,r)} \mathrm{sgn}(p \quad q \quad r)\; a_{1p}\, a_{2q}\, a_{3r} \tag{s.3}$$

和はすべての順列 $\sigma = (p \quad q \quad r)$ にわたってとる．表 s.1 に従って $|A|$ を具体的に書き下すと，

$$\begin{aligned} |A| &= a_{11}a_{22}a_{33} + a_{12}a_{23}a_{31} + a_{13}a_{21}a_{32} \\ &\quad - a_{11}a_{23}a_{32} - a_{12}a_{21}a_{33} - a_{13}a_{22}a_{31} \end{aligned} \tag{s.4}$$

となる．右辺の前半の 3 項が偶順列に，後半の 3 項が奇順列に対応する．

次のような 2 次の正方行列を考えよう．

$$A = \begin{pmatrix} a_{11} & a_{12} \\ a_{21} & a_{22} \end{pmatrix} \tag{s.5}$$

2 次の行列式も式 (s.3) と同様に定義され，表 s.2 に示した順列の偶奇性に従うと，次のようになる．

$$|A| = \begin{vmatrix} a_{11} & a_{12} \\ a_{21} & a_{22} \end{vmatrix} = \sum_{(p\;q)} \mathrm{sgn}(p\;q)\; a_{1p}\, a_{2q} = a_{11}a_{22} - a_{12}a_{21} \tag{s.6}$$

式 (s.4)，(s.6) の右辺を書き下すためには，図 s.1 に示した**サラスの方法**が有用である．図 (a) は 2 次，(b) は 3 次の行列式の場合である．実線上にある成分については積をつくって正の符号を付け，また，破線上にある成分については積をつくって負の符号を付け，全体の和をとると，式 (s.4) あるいは式 (s.6) の右辺が得られる．なお，行列式の次数を下げる余因子展開という方法もあり，それについては S.5 節で述べる．

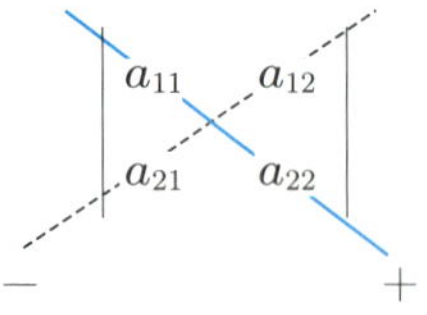

（a）2 次

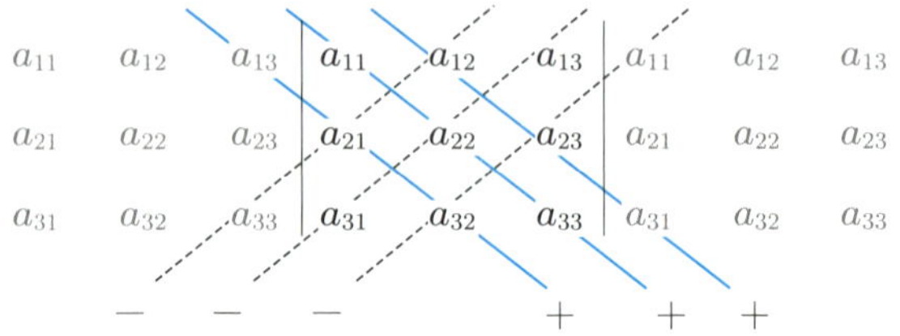

（b）3 次

図 s.1　サラスの方法

問 S.1　行列 $A = \begin{pmatrix} a & b \\ c & d \end{pmatrix}$ に対し，次のような x の多項式 $f(x)$ を定義する．

$$f(x) = \begin{vmatrix} a-x & b \\ c & d-x \end{vmatrix} = (a-x)(d-x) - bc = x^2 - (a+d)x + (ad-bc)$$

ここで a，b，c，d は定数である．x に行列 A を代入した

$$f(A) = A^2 - (a+d)A + (ad-bc)E$$

を求めなさい．ここで，$x^0 = 1$ にあたる項には単位行列 E を代入することに注意しよう．

S.4 ▶ 転置行列とその行列式

$m \times n$ 行列 A の (j,i) 成分を (i,j) 成分とする $n \times m$ 行列を A の**転置行列**といい，${}^tA$ で表す．式 (s.1) の 3×3 行列の場合，A の第 1，第 2，第 3 行がそれぞれ ${}^tA$ の第 1，第 2，第 3 列となり，${}^tA$ は次のようになる．

$${}^tA = \begin{pmatrix} a_{11} & a_{21} & a_{31} \\ a_{12} & a_{22} & a_{32} \\ a_{13} & a_{23} & a_{33} \end{pmatrix} \qquad \text{(s.7)}$$

したがって，A の各成分の 2 つの下付き文字を入れ替えると，${}^tA$ が得られる．式 (s.4) の右辺で 2 つの下付き文字を入れ替えても値は変わらないので，次式が成り立つことがわかる．

$$\left|{}^tA\right| = |A| \tag{s.8}$$

すなわち

$$\begin{vmatrix} a_{11} & a_{21} & a_{31} \\ a_{12} & a_{22} & a_{32} \\ a_{13} & a_{23} & a_{33} \end{vmatrix} = \begin{vmatrix} a_{11} & a_{12} & a_{13} \\ a_{21} & a_{22} & a_{23} \\ a_{31} & a_{32} & a_{33} \end{vmatrix} \tag{s.9}$$

となる．この関係式は，行と列が対等であることを示している．行に対して成り立つ性質は列に対しても成り立ち，また逆に，列に対して成り立つ性質は行に対しても成り立つ．式 (s.9) では，対応する ${}^tA$ の列と A の行がそれぞれ青く塗られている．

S.5 ▶ 余因子展開

3 次の行列式は，2 次の行列式の線形結合で表すことができる．式 (s.3) の 3 次の行列式における第 1 列の成分に注目して式 (s.4) の右辺を書き換え，2 次の行列式を用いると，次のようになる．

$$\begin{aligned} |A| &= a_{11}(a_{22}a_{33} - a_{23}a_{32}) - a_{21}(a_{12}a_{33} - a_{13}a_{32}) + a_{31}(a_{12}a_{23} - a_{13}a_{22}) \\ &= a_{11}\begin{vmatrix} a_{22} & a_{23} \\ a_{32} & a_{33} \end{vmatrix} - a_{21}\begin{vmatrix} a_{12} & a_{13} \\ a_{32} & a_{33} \end{vmatrix} + a_{31}\begin{vmatrix} a_{12} & a_{13} \\ a_{22} & a_{23} \end{vmatrix} \end{aligned} \tag{s.10}$$

また，式 (s.3) の 3 次の行列式における第 2 行の成分に注目すると，式 (s.4) の右辺を次のように書き換えることもできる．

$$\begin{aligned} |A| &= \ a_{21}(a_{12}a_{33} - a_{13}a_{32}) + a_{22}(a_{11}a_{33} - a_{13}a_{31}) - a_{23}(a_{11}a_{32} - a_{12}a_{31}) \\ &= -a_{21}\begin{vmatrix} a_{12} & a_{13} \\ a_{32} & a_{33} \end{vmatrix} + a_{22}\begin{vmatrix} a_{11} & a_{13} \\ a_{31} & a_{33} \end{vmatrix} - a_{23}\begin{vmatrix} a_{11} & a_{12} \\ a_{31} & a_{32} \end{vmatrix} \end{aligned} \tag{s.11}$$

たとえば，式 (s.10) の右辺の 1 番目，2 番目の 2 次の行列式はそれぞれ，式 (s.3) の 3 次の行列式における第 1 行と第 1 列，第 2 行と第 1 列を取り除いて得られる 2 次の行列式である．一般に n 次の正方行列の行列式から第 i 行と第 j 列を取り除いて得られる $(n-1)$ 次の行列式を，もとの正方行列の (i, j) **小行列式**とよび，これを Δ_{ij} で

表すことにする．すると，3 次の正方行列 (s.1) については

$$\Delta_{11} = \begin{vmatrix} a_{22} & a_{23} \\ a_{32} & a_{33} \end{vmatrix}, \quad \Delta_{21} = \begin{vmatrix} a_{12} & a_{13} \\ a_{32} & a_{33} \end{vmatrix}$$

などのようになる．さらに，式 (s.10)，(s.11) の右辺のように，項によっては負の符号が付くことを考慮し，もとの正方行列の (i, j) **余因子**（**余因数**）A_{ij} を次のように定義する．

$$A_{ij} = (-1)^{i+j}\Delta_{ij} \tag{s.12}$$

この余因子を用いると，式 (s.10)，(s.11) は次のように表される．

$$|A| = a_{11}A_{11} + a_{21}A_{21} + a_{31}A_{31}$$

$$|A| = a_{21}A_{21} + a_{22}A_{22} + a_{23}A_{23}$$

これらをそれぞれ第 1 列，第 2 行に関する**余因子展開**とよぶ．次のように，一般に第 i 行，あるいは第 j 列に関する余因子展開が可能である．

$$|A| = \sum_{k=1}^{3} a_{ik}A_{ik} \tag{s.13}$$

$$|A| = \sum_{k=1}^{3} a_{kj}A_{kj} \tag{s.14}$$

S.6 ▶ 行列式の性質

3 × 3 行列を例にとって，行列式の種々の性質を調べる．以下で k は任意の数である．

> (i) 行列式のある行（列）が 2 つの行（列）ベクトルの和になっているとき，その行列式はそれぞれを行（列）ベクトルとする 2 つの行列式の和に等しい．

例
$$\begin{vmatrix} a_{11} & a_{12} & a_{13} \\ a_{21}+b_{21} & a_{22}+b_{22} & a_{23}+b_{23} \\ a_{31} & a_{32} & a_{33} \end{vmatrix} = \begin{vmatrix} a_{11} & a_{12} & a_{13} \\ a_{21} & a_{22} & a_{23} \\ a_{31} & a_{32} & a_{33} \end{vmatrix} + \begin{vmatrix} a_{11} & a_{12} & a_{13} \\ b_{21} & b_{22} & b_{23} \\ a_{31} & a_{32} & a_{33} \end{vmatrix}$$

この性質は行列式の定義からほとんど明らかであるが，各行列式の第 2 行に関する余因子展開を用いれば，ただちに証明される．

(ii) 行列式のある行（列）を k 倍すれば，行列式の値も k 倍になる．

例
$$\begin{vmatrix} a_{11} & a_{12} & a_{13} \\ ka_{21} & ka_{22} & ka_{23} \\ a_{31} & a_{32} & a_{33} \end{vmatrix} = k \begin{vmatrix} a_{11} & a_{12} & a_{13} \\ a_{21} & a_{22} & a_{23} \\ a_{31} & a_{32} & a_{33} \end{vmatrix}$$

この性質も行列式の定義，あるいは余因子展開から明らかである．

(iii) 行列式のある行（列）の成分がすべて 0 ならば，その行列式の値も 0 である．

例
$$\begin{vmatrix} a_{11} & a_{12} & a_{13} \\ 0 & 0 & 0 \\ a_{31} & a_{32} & a_{33} \end{vmatrix} = 0$$

この性質も余因子展開から明らかである．

(iv) 行列式の 2 つの行（列）を入れ替えると，行列式の符号が変わる．

例
$$\begin{vmatrix} a_{11} & a_{12} & a_{13} \\ a_{21} & a_{22} & a_{23} \\ a_{31} & a_{32} & a_{33} \end{vmatrix} = - \begin{vmatrix} a_{21} & a_{22} & a_{23} \\ a_{11} & a_{12} & a_{13} \\ a_{31} & a_{32} & a_{33} \end{vmatrix}$$

この性質が成り立つことは，問 S.2 で確かめる．

(v) 行列式の 2 つの行（列）が等しいとき，行列式の値は 0 である．

等しい 2 つの行（列）を入れ替えても同じ行列式が得られ，上の(iv)から，その同じ行列式の符号が異なることになる．そのような行列式は 0 だけである．たとえば，青く塗った第 1 行と第 2 行が等しいときは，次式から行列式の値が 0 であることがわかる．

$$\begin{vmatrix} a_{11} & a_{12} & a_{13} \\ a_{11} & a_{12} & a_{13} \\ a_{31} & a_{32} & a_{33} \end{vmatrix} = - \begin{vmatrix} a_{11} & a_{12} & a_{13} \\ a_{11} & a_{12} & a_{13} \\ a_{31} & a_{32} & a_{33} \end{vmatrix}$$

(vi) 行列式の 2 つの行（列）が比例しているとき，その行列式の値は 0 である．

上の(ii)，(v)よりたとえば，次のようになる．

$$\begin{vmatrix} a_{11} & a_{12} & a_{13} \\ ka_{11} & ka_{12} & ka_{13} \\ a_{31} & a_{32} & a_{33} \end{vmatrix} = k \begin{vmatrix} a_{11} & a_{12} & a_{13} \\ a_{11} & a_{12} & a_{13} \\ a_{31} & a_{32} & a_{33} \end{vmatrix} = 0$$

> (vii) 行列式のある行（列）を k 倍してほかの行（列）に加えても，その行列式の値はもとの行列式の値と同じである．

上の(i)，(ii)よりたとえば，次のようになる．

$$\begin{vmatrix} a_{11} & a_{12} & a_{13} \\ a_{21}+ka_{11} & a_{22}+ka_{12} & a_{23}+ka_{13} \\ a_{31} & a_{32} & a_{33} \end{vmatrix}$$

$$= \begin{vmatrix} a_{11} & a_{12} & a_{13} \\ a_{21} & a_{22} & a_{23} \\ a_{31} & a_{32} & a_{33} \end{vmatrix} + k \begin{vmatrix} a_{11} & a_{12} & a_{13} \\ a_{11} & a_{12} & a_{13} \\ a_{31} & a_{32} & a_{33} \end{vmatrix} = \begin{vmatrix} a_{11} & a_{12} & a_{13} \\ a_{21} & a_{22} & a_{23} \\ a_{31} & a_{32} & a_{33} \end{vmatrix}$$

> (viii) 対角線の右上または左下の成分がすべて 0 の行列式の値は，同じ対角成分をもつ対角行列式の値に等しい．

例 $$\begin{vmatrix} a_{11} & 0 & 0 \\ a_{21} & a_{22} & 0 \\ a_{31} & a_{32} & a_{33} \end{vmatrix} = \begin{vmatrix} a_{11} & a_{12} & a_{13} \\ 0 & a_{22} & a_{23} \\ 0 & 0 & a_{33} \end{vmatrix} = \begin{vmatrix} a_{11} & 0 & 0 \\ 0 & a_{22} & 0 \\ 0 & 0 & a_{33} \end{vmatrix} = a_{11}a_{22}a_{33}$$

これらは，各行列式の第 1 行あるいは第 1 列に関する余因子展開を用いれば証明される．

問 S.2 2 次，3 次の行列式について，(iv)の性質が成り立つことを確かめなさい．

問 S.3 n 次（$n = 2, 3$）の正方行列 A と数 k に対し，$|kA| = k^n|A|$ が成り立つことを示しなさい．

行列式の計算では，その性質を利用して行列式を変形し，行あるいは列に共通因子をつくり出して行列式の外に出すこと，なるべく 0 の成分を増やすことなどが，手際よく計算するための要点である．

例 S.1　次の行列式 D を求めなさい．

$$D = \begin{vmatrix} a & b & c \\ c & a & b \\ b & c & a \end{vmatrix}$$

解　たとえば，第 1 行に関する余因子展開を行うと，次のようになる．

$$\begin{aligned} D &= a\begin{vmatrix} a & b \\ c & a \end{vmatrix} - b\begin{vmatrix} c & b \\ b & a \end{vmatrix} + c\begin{vmatrix} c & a \\ b & c \end{vmatrix} \\ &= a(a^2 - bc) - b(ca - b^2) + c(c^2 - ab) \\ &= a^3 + b^3 + c^3 - 3abc \qquad \text{(s.15)} \end{aligned}$$

別解　第 2，第 3 行を第 1 行に加えると，第 1 行に共通因子 $a+b+c$ が現れる．第 2，第 3 行を第 1 行に加えて，この共通因子を行列式の外に出すと，

$$\begin{aligned} D &= \begin{vmatrix} a & b & c \\ c & a & b \\ b & c & a \end{vmatrix} = \begin{vmatrix} a+b+c & a+b+c & a+b+c \\ c & a & b \\ b & c & a \end{vmatrix} \\ &= (a+b+c)\begin{vmatrix} 1 & 1 & 1 \\ c & a & b \\ b & c & a \end{vmatrix} \end{aligned}$$

となる．次に，第 1 行に 0 を導入することを考える．第 1 列を (-1) 倍して第 2，第 3 列に加え，第 1 行に関する余因子展開を行うと，

$$\begin{aligned} D &= (a+b+c)\begin{vmatrix} 1 & 0 & 0 \\ c & a-c & b-c \\ b & c-b & a-b \end{vmatrix} = (a+b+c)\begin{vmatrix} a-c & b-c \\ c-b & a-b \end{vmatrix} \\ &= (a+b+c)\{(a-c)(a-b) - (b-c)(c-b)\} \\ &= (a+b+c)(a^2 + b^2 + c^2 - ab - bc - ca) \qquad \text{(s.16)} \end{aligned}$$

が得られる．式 (s.16) は式 (s.15) の因数分解にほかならない．なお，ここで示した 2 つのほかにもさまざまな計算方法がある．

例 S.2　xyz 空間において，x，y，z 軸の正方向を向いた単位ベクトルをそれぞれ $\boldsymbol{i}$，$\boldsymbol{j}$，$\boldsymbol{k}$ とする．2 つのベクトル $\boldsymbol{a} = a_x\boldsymbol{i} + a_y\boldsymbol{j} + a_z\boldsymbol{k}$，$\boldsymbol{b} = b_x\boldsymbol{i} + b_y\boldsymbol{j} + b_z\boldsymbol{k}$ に対し，次の行列式を考える．

$$\begin{vmatrix} \boldsymbol{i} & \boldsymbol{j} & \boldsymbol{k} \\ a_x & a_y & a_z \\ b_x & b_y & b_z \end{vmatrix}$$

第 1 行の成分はベクトルになっているが，この行列式について，形式的に第 1 行に関する余因子展開を行うと，どのようなベクトルが得られるか調べなさい．

解

$$\begin{vmatrix} \boldsymbol{i} & \boldsymbol{j} & \boldsymbol{k} \\ a_x & a_y & a_z \\ b_x & b_y & b_z \end{vmatrix} = \begin{vmatrix} a_y & a_z \\ b_y & b_z \end{vmatrix} \boldsymbol{i} - \begin{vmatrix} a_x & a_z \\ b_x & b_z \end{vmatrix} \boldsymbol{j} + \begin{vmatrix} a_x & a_y \\ b_x & b_y \end{vmatrix} \boldsymbol{k}$$

$$= \begin{vmatrix} a_y & a_z \\ b_y & b_z \end{vmatrix} \boldsymbol{i} + \begin{vmatrix} a_z & a_x \\ b_z & b_x \end{vmatrix} \boldsymbol{j} + \begin{vmatrix} a_x & a_y \\ b_x & b_y \end{vmatrix} \boldsymbol{k}$$

$$= (a_y b_z - a_z b_y)\boldsymbol{i} + (a_z b_x - a_x b_z)\boldsymbol{j} + (a_x b_y - a_y b_x)\boldsymbol{k}$$

1.4 節で述べるように，これは 2 つのベクトル $\boldsymbol{a}$，$\boldsymbol{b}$ の外積 $\boldsymbol{a} \times \boldsymbol{b}$ を行列式で表したものである．第 1 行以外の行，あるいは列について余因子展開を行っても同じ結果になる．

問 S.4　次の行列式の値を求めなさい．

(1) $\begin{vmatrix} 1 & a & a^2 \\ 1 & b & b^2 \\ 1 & c & c^2 \end{vmatrix}$　　(2) $\begin{vmatrix} a & b & c \\ a^2 & b^2 & c^2 \\ b+c & c+a & a+b \end{vmatrix}$

S.7 ▶ 一般の n 次の行列式

ここまで 2 次，3 次の行列式を例にとって解説してきたが，その大部分の事項は n 次の行列式に一般化される．n 次の行列式は，次のように定義される．

$$|A| = \sum_{(p_1 p_2 \cdots p_n)} \operatorname{sgn}(p_1\ p_2\ \cdots\ p_n)\ a_{1\,p_1}\ a_{2\,p_2}\ \cdots\ a_{n\,p_n} \tag{s.17}$$

ここで和は，自然数 $1, 2, \ldots, n$ の順列 $(p_1\ p_2\ \cdots\ p_n)$ のすべてにわたってとる．4 次以上の行列式に対しては，サラスの方法は適用できないことに注意しよう．

行列の転置に関する性質 $|{}^t\!A| = |A|$，前節の行列式の性質 (i) ~(viii) は，そのまま n 次の行列式に対しても成り立つ．第 i 行，あるいは第 j 列に関する余因子展開は n 項の和となり，

$$|A| = \sum_{k=1}^{n} a_{ik} A_{ik} \tag{s.18}$$

$$|A| = \sum_{k=1}^{n} a_{kj} A_{kj} \tag{s.19}$$

と表される．

演習問題

S.1 次の 3 次の行列式を，行列式 $|\boldsymbol{x} \quad \boldsymbol{y} \quad \boldsymbol{z}|$ の定数倍の形で表しなさい．

$$|\alpha\boldsymbol{x}+\boldsymbol{y} \quad \beta\boldsymbol{y}+\boldsymbol{z} \quad \gamma\boldsymbol{z}+\boldsymbol{x}|$$

ここで，$\boldsymbol{x}$，$\boldsymbol{y}$，$\boldsymbol{z}$ は 3 次の列ベクトル，α，β，γ は定数である．

S.2 次の行列式の値を求めなさい．

(1) $\begin{vmatrix} \cos\theta & -\sin\theta & 0 \\ \sin\theta & \cos\theta & 0 \\ 0 & 0 & 1 \end{vmatrix}$　　(2) $\begin{vmatrix} b+c & a & a \\ b & c+a & b \\ c & c & a+b \end{vmatrix}$

(3) $\begin{vmatrix} 1 & 1 & 1 \\ a & b & c \\ bc & ca & ab \end{vmatrix}$　　(4) $\begin{vmatrix} (b+c)^2 & a^2 & a^2 \\ b^2 & (c+a)^2 & b^2 \\ c^2 & c^2 & (a+b)^2 \end{vmatrix}$

S.3 xyz 空間において，x，y，z 軸の正方向を向く単位ベクトルをそれぞれ $\boldsymbol{i}$，$\boldsymbol{j}$，$\boldsymbol{k}$ とする．位置座標 x，y，z を変数とするベクトル $\boldsymbol{a}=a_x\boldsymbol{i}+a_y\boldsymbol{j}+a_z\boldsymbol{k}$ に対し，次の行列式を考える．

$$\begin{vmatrix} \boldsymbol{i} & \boldsymbol{j} & \boldsymbol{k} \\ \dfrac{\partial}{\partial x} & \dfrac{\partial}{\partial y} & \dfrac{\partial}{\partial z} \\ a_x & a_y & a_z \end{vmatrix}$$

第 1 行の成分はベクトルになっているが，この行列式について，形式的に第 1 行に関する余因子展開を行うと，どのようなベクトルが得られるか調べなさい．偏微分の演算子 $\dfrac{\partial}{\partial x}$，$\dfrac{\partial}{\partial y}$，$\dfrac{\partial}{\partial z}$ は，a_x，a_y，あるいは a_z に作用するものとする．

【注意】 第 1 行以外の行，あるいは列について余因子展開を行っても同じ結果になる．3.2 節で述べるように，これはベクトル場の回転 $\mathrm{rot}\,\boldsymbol{a}$ を行列式で表したものである．

付録　直交曲線座標系

A.1 ▶ 直交曲線座標系の基礎

空間に**直交座標系** O–xyz を設定して，xyz 空間の領域 V で定義された 3 つの関数を

$$u = u(x, y, z), \quad v = v(x, y, z), \quad w = w(x, y, z) \tag{a.1}$$

とする．以下では，直交座標系 O–xyz を単に直交座標系とよぶことにする．

空間の点 (x, y, z) と 3 つの関数の値の組 (u, v, w) の対応は 1 対 1 であるとすると，式 (a.1) は逆に

$$x = x(u, v, w), \quad y = y(u, v, w), \quad z = z(u, v, w) \tag{a.2}$$

という形に一意的に解くことができ，(x, y, z) という座標のかわりに，(u, v, w) を座標として用いることができる．このとき，(u, v, w) を**曲線座標**という．

式 (a.2) において，v と w を固定して u だけ変化させれば，点 (x, y, z) は 1 つの曲線を描く．これを u 曲線という．v 曲線，w 曲線も同様に定義される．このように，空間に網を張ったものが**曲線座標系**である（図 a.1）．

u の増加する方向を向いた u 曲線の**接線単位ベクトル** $\boldsymbol{e}_u$，同様に定義される v 曲線，w 曲線の接線単位ベクトル $\boldsymbol{e}_v$，$\boldsymbol{e}_w$ が空間の各点で定義されるとする．このとき，$\boldsymbol{e}_u$，$\boldsymbol{e}_v$，$\boldsymbol{e}_w$ は，点の座標 (x, y, z) または (u, v, w) の関数であることに注意しておこう．

定義領域内のすべての点で $\boldsymbol{e}_u$，$\boldsymbol{e}_v$，$\boldsymbol{e}_w$ が互いに直交するとき，この曲線座標系を**直交曲線座標系**という．以下では，応用上重要な直交曲線座標系だけを扱うことにする．さらに，直交曲線座標系の基本ベクトル $\boldsymbol{e}_u$，$\boldsymbol{e}_v$，$\boldsymbol{e}_w$ は**右手系**をなすと仮定し

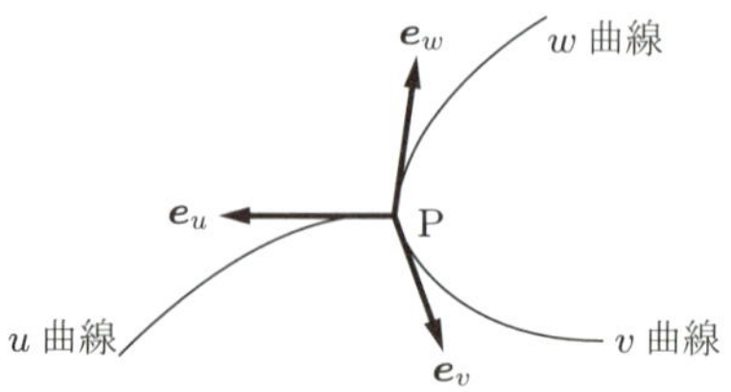

図 a.1

ておく．すなわち，次式となる．

$$\boldsymbol{e}_u \times \boldsymbol{e}_v = \boldsymbol{e}_w, \quad \boldsymbol{e}_v \times \boldsymbol{e}_w = \boldsymbol{e}_u, \quad \boldsymbol{e}_w \times \boldsymbol{e}_u = \boldsymbol{e}_v \tag{a.3}$$

$\boldsymbol{e}_u$，$\boldsymbol{e}_v$，$\boldsymbol{e}_w$ は**線形独立**であるから，任意のベクトル $\boldsymbol{A}$ はこれらの**線形結合**として一意的に表される．すなわち，

$$\boldsymbol{A} = A_u\boldsymbol{e}_u + A_v\boldsymbol{e}_v + A_w\boldsymbol{e}_w \tag{a.4}$$

となる．(A_u, A_v, A_w) を，直交曲線座標系 (u, v, w) におけるベクトル $\boldsymbol{A}$ の**成分**という．とくに，直交座標系では，ベクトル $\boldsymbol{A}$ の成分を (A_x, A_y, A_z) とすると，

$$\boldsymbol{A} = A_x\boldsymbol{i} + A_y\boldsymbol{j} + A_z\boldsymbol{k} \tag{a.5}$$

となる．

A.2 直交曲線座標系での勾配，発散，回転

極座標

直交座標系における点 P の座標を (x, y, z) とする．図 a.2 のように $\overline{\mathrm{OP}} = r$，$\overrightarrow{\mathrm{OP}}$ と z 軸のなす角を θ，$\overrightarrow{\mathrm{OP}}$ の xy 平面上への正射影 $\overrightarrow{\mathrm{OP}'}$ と x 軸のなす角を φ とすると，(r, θ, φ) によって点 P の位置が定まる．(r, θ, φ) を点 P の**極座標**という．(x, y, z) と (r, θ, φ) との間には次の関係がある．

$$\left.\begin{aligned} x &= r\sin\theta\cos\varphi \\ y &= r\sin\theta\sin\varphi \\ z &= r\cos\theta \end{aligned}\right\} \tag{a.6}$$

図 a.2 から明らかなように，基本ベクトル $\boldsymbol{e}_r$，$\boldsymbol{e}_\theta$，$\boldsymbol{e}_\varphi$ は直交して右手系をなす．

直交曲線座標系 (r, θ, φ) におけるベクトル $\boldsymbol{A}$ の成分（A_r, A_θ, A_φ）と直交座標系における $\boldsymbol{A}$ の成分（A_x, A_y, A_z）の間には，次式が成り立つ．

$$\left.\begin{aligned} A_r &= A_x\sin\theta\cos\varphi + A_y\sin\theta\sin\varphi + A_z\cos\theta \\ A_\theta &= A_x\cos\theta\cos\varphi + A_y\cos\theta\sin\varphi - A_z\sin\theta \\ A_\varphi &= -A_x\sin\varphi + A_y\cos\varphi \end{aligned}\right\} \tag{a.7}$$

スカラー場の勾配は

$$\nabla\psi = \frac{\partial\psi}{\partial r}\boldsymbol{e}_r + \frac{1}{r}\frac{\partial\psi}{\partial\theta}\boldsymbol{e}_\theta + \frac{1}{r\sin\theta}\frac{\partial\psi}{\partial\varphi}\boldsymbol{e}_\varphi \tag{a.8}$$

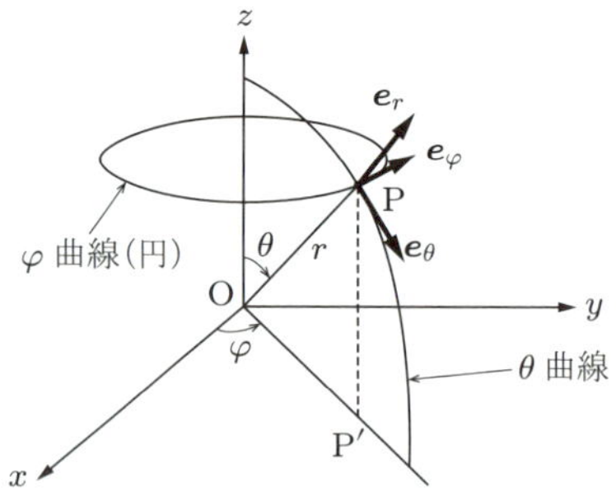

図 a.2　極座標

ベクトル場の発散は

$$\mathrm{div}\,\boldsymbol{A} = \frac{1}{r^2}\frac{\partial}{\partial r}(r^2 A_r) + \frac{1}{r\sin\theta}\frac{\partial}{\partial\theta}(\sin\theta A_\theta) + \frac{1}{r\sin\theta}\frac{\partial A_\varphi}{\partial\varphi} \tag{a.9}$$

となる．また，

$$\nabla^2\psi = \frac{1}{r^2}\frac{\partial}{\partial r}\left(r^2\frac{\partial\psi}{\partial r}\right) + \frac{1}{r^2\sin\theta}\frac{\partial}{\partial\theta}\left(\sin\theta\frac{\partial\psi}{\partial\theta}\right) + \frac{1}{r^2\sin^2\theta}\frac{\partial^2\psi}{\partial\varphi^2} \tag{a.10}$$

と表される．

ベクトル場の回転は，各成分ごとに表すと，次のようになる．

$$\left.\begin{aligned}
(\mathrm{rot}\,\boldsymbol{A})_r &= \frac{1}{r\sin\theta}\left\{\frac{\partial}{\partial\theta}(\sin\theta A_\varphi) - \frac{\partial A_\theta}{\partial\varphi}\right\} \\
(\mathrm{rot}\,\boldsymbol{A})_\theta &= \frac{1}{r}\left\{\frac{1}{\sin\theta}\frac{\partial A_r}{\partial\varphi} - \frac{\partial}{\partial r}(rA_\varphi)\right\} \\
(\mathrm{rot}\,\boldsymbol{A})_\varphi &= \frac{1}{r}\left\{\frac{\partial}{\partial r}(rA_\theta) - \frac{\partial A_r}{\partial\theta}\right\}
\end{aligned}\right\} \tag{a.11}$$

▶▶円柱座標

図 a.3 のように，点 $\mathrm{P}(x, y, z)$ の xy 平面上への正射影を P' として，$\overline{\mathrm{OP}'} = r$，$\overrightarrow{\mathrm{OP}'}$ と x 軸のなす角を θ とする．このとき，(r, θ, z) を点 P の**円柱座標**という．直交座標との関係は

$$\left.\begin{aligned}
x &= r\cos\theta \\
y &= r\sin\theta \\
z &= z
\end{aligned}\right\} \tag{a.12}$$

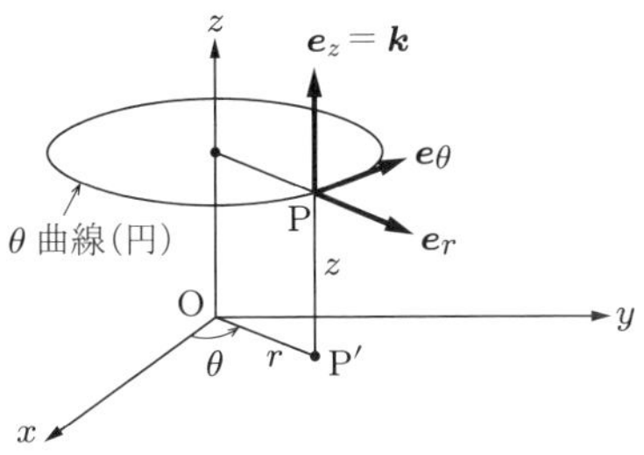

図 a.3　円柱座標

で与えられる．基本ベクトル $\boldsymbol{e}_r$，$\boldsymbol{e}_\theta$，$\boldsymbol{e}_z$ は右手系をなす．

直交曲線座標系 (r, θ, z) におけるベクトル $\boldsymbol{A}$ の成分（A_r, A_θ, A_z）と直交座標系における $\boldsymbol{A}$ の成分（A_x, A_y, A_z）の間には，次式が成り立つ．

$$\left.\begin{aligned} A_r &= A_x \cos\theta + A_y \sin\theta \\ A_\theta &= -A_x \sin\theta + A_y \cos\theta \\ A_z &= A_z \end{aligned}\right\} \tag{a.13}$$

スカラー場の勾配は

$$\nabla\psi = \frac{\partial\psi}{\partial r}\boldsymbol{e}_r + \frac{1}{r}\frac{\partial\psi}{\partial\theta}\boldsymbol{e}_\theta + \frac{\partial\psi}{\partial z}\boldsymbol{e}_z \tag{a.14}$$

ベクトル場の発散は

$$\operatorname{div}\boldsymbol{A} = \frac{1}{r}\frac{\partial}{\partial r}(rA_r) + \frac{1}{r}\frac{\partial A_\theta}{\partial\theta} + \frac{\partial A_z}{\partial z} \tag{a.15}$$

となる．また，

$$\nabla^2\psi = \frac{1}{r}\frac{\partial}{\partial r}\left(r\frac{\partial\psi}{\partial r}\right) + \frac{1}{r^2}\frac{\partial^2\psi}{\partial\theta^2} + \frac{\partial^2\psi}{\partial z^2} \tag{a.16}$$

と表される．

ベクトル場の回転は，各成分ごとに表すと，次のようになる．

$$\left.\begin{aligned} (\operatorname{rot}\boldsymbol{A})_r &= \frac{1}{r}\frac{\partial A_z}{\partial\theta} - \frac{\partial A_\theta}{\partial z} \\ (\operatorname{rot}\boldsymbol{A})_\theta &= \frac{\partial A_r}{\partial z} - \frac{\partial A_z}{\partial r} \\ (\operatorname{rot}\boldsymbol{A})_z &= \frac{1}{r}\frac{\partial}{\partial r}(rA_\theta) - \frac{1}{r}\frac{\partial A_r}{\partial\theta} \end{aligned}\right\} \tag{a.17}$$

問と演習問題の解答

第1章

問 1.1 図 1.3 で $\boldsymbol{B}+\boldsymbol{A} = \overrightarrow{\mathrm{OQ}}+\overrightarrow{\mathrm{QR}} = \overrightarrow{\mathrm{OR}}$，$\boldsymbol{A}+\boldsymbol{B} = \overrightarrow{\mathrm{OP}}+\overrightarrow{\mathrm{PR}} = \overrightarrow{\mathrm{OR}}$ であるから，$\boldsymbol{B}+\boldsymbol{A} = \boldsymbol{A}+\boldsymbol{B}$ が成り立つ．

また，図 1.4 で $(\boldsymbol{A}+\boldsymbol{B})+\boldsymbol{C} = \left(\overrightarrow{\mathrm{OP}}+\overrightarrow{\mathrm{PQ}}\right)+\overrightarrow{\mathrm{QR}} = \overrightarrow{\mathrm{OQ}}+\overrightarrow{\mathrm{QR}} = \overrightarrow{\mathrm{OR}}$，$\boldsymbol{A}+(\boldsymbol{B}+\boldsymbol{C}) = \overrightarrow{\mathrm{OP}}+\left(\overrightarrow{\mathrm{PQ}}+\overrightarrow{\mathrm{QR}}\right) = \overrightarrow{\mathrm{OP}}+\overrightarrow{\mathrm{PR}} = \overrightarrow{\mathrm{OR}}$ であるから，$(\boldsymbol{A}+\boldsymbol{B})+\boldsymbol{C} = \boldsymbol{A}+(\boldsymbol{B}+\boldsymbol{C})$ が成り立つ．

問 1.2 図 1.6 で a，$\boldsymbol{A}$，$\boldsymbol{B}$，$\boldsymbol{A}+\boldsymbol{B}$ をそれぞれ $|a|$，$-\boldsymbol{A}$，$-\boldsymbol{B}$，$-\boldsymbol{A}-\boldsymbol{B}$ で置き換えた図を考えれば，$a>0$ の場合の証明により，$|a|(-\boldsymbol{A}-\boldsymbol{B}) = |a|(-\boldsymbol{A})+|a|(-\boldsymbol{B})$ が成り立ち，$a(\boldsymbol{A}+\boldsymbol{B}) = a\boldsymbol{A}+a\boldsymbol{B}$ が証明される．

問 1.3 図 1.3(b) のように，$a\boldsymbol{A}$ の終点を $b\boldsymbol{A}$ の始点としてベクトル和を作図すれば，$a\boldsymbol{A}+b\boldsymbol{A}$ が $\boldsymbol{A}$ を $a+b$ 倍したものに等しいことがわかる．また，ベクトルのスカラー倍の定義を考えれば，$\boldsymbol{A}$ に順次 a，b を，あるいは b，a をかけたものは，$\boldsymbol{A}$ に ab をかけたものに等しいことがわかる．すなわち，$a(b\boldsymbol{A}) = b(a\boldsymbol{A}) = (ab)\boldsymbol{A}$ が成り立つ．

問 1.4 $\boldsymbol{C}=\boldsymbol{0}$ とすれば，$a=b=0$，$c\neq 0$ に対して，$a\boldsymbol{A}+b\boldsymbol{B}+c\boldsymbol{C}=\boldsymbol{0}$ となる．したがって，$\boldsymbol{A}$，$\boldsymbol{B}$，$\boldsymbol{C}$ は線形従属（共面）である．

問 1.5 $|\boldsymbol{A}|=3$，$l=1/3$，$m=-2/3$，$n=2/3$．式 (1.11) が成り立つ．

問 1.6 $\boldsymbol{A}$ の方向余弦は $(l,m,n)=(2/3,1/3,-2/3)$，$\boldsymbol{B}$ の方向余弦は $(\lambda,\mu,\nu)=(1/\sqrt{14},-2/\sqrt{14},3/\sqrt{14})$．ゆえに，$A_b = 2\lambda+\mu-2\nu = -6/\sqrt{14}$，$B_a = l-2m+3n = -2$ となる．

問 1.7 平面上に直交する 2 つの方向 s，t を考え，その方向に向きをもつ単位ベクトルを $\boldsymbol{s}$，$\boldsymbol{t}$ とすると，$T_s = A_s+B_s+C_s+\cdots$，$T_t = A_t+B_t+C_t+\cdots$．ゆえに，次式となる．

$$\begin{aligned}\boldsymbol{T}' &= T_s\boldsymbol{s}+T_t\boldsymbol{t} = (A_s+B_s+C_s+\cdots)\boldsymbol{s}+(A_t+B_t+C_t+\cdots)\boldsymbol{t}\\ &= (A_s\boldsymbol{s}+A_t\boldsymbol{t})+(B_s\boldsymbol{s}+B_t\boldsymbol{t})+(C_s\boldsymbol{s}+C_t\boldsymbol{t})+\cdots = \boldsymbol{A}'+\boldsymbol{B}'+\boldsymbol{C}'+\cdots\end{aligned}$$

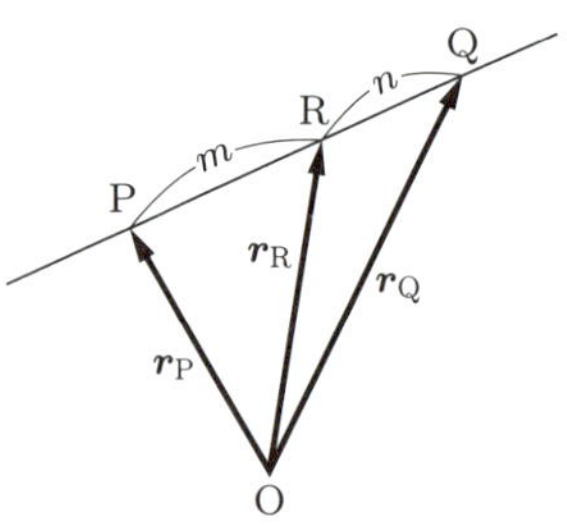

図 k1.1

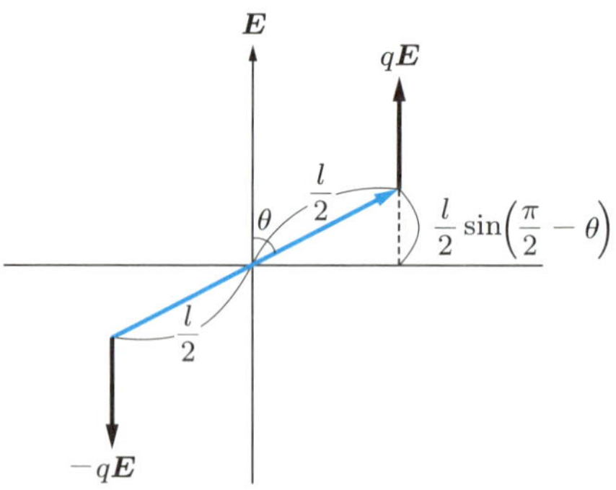

図 k1.2

問 1.8　R が内分点の場合を考える (図 k1.1)．$\overline{\mathrm{PR}} : \overline{\mathrm{RQ}} = m : n$ であるから，$\overrightarrow{\mathrm{PR}} = \dfrac{m}{m+n}\overrightarrow{\mathrm{PQ}}$．したがって，$\overrightarrow{\mathrm{PQ}} = \boldsymbol{r}_{\mathrm{Q}} - \boldsymbol{r}_{\mathrm{P}}$ を使えば，$\boldsymbol{r}_{\mathrm{R}} = \boldsymbol{r}_{\mathrm{P}} + \overrightarrow{\mathrm{PR}} = \boldsymbol{r}_{\mathrm{P}} + \dfrac{m}{m+n}(\boldsymbol{r}_{\mathrm{Q}} - \boldsymbol{r}_{\mathrm{P}}) = \dfrac{1}{m+n}(n\boldsymbol{r}_{\mathrm{P}} + m\boldsymbol{r}_{\mathrm{Q}})$ となる．

問 1.9　$\boldsymbol{C} = \boldsymbol{A} - \boldsymbol{B}$ より，$|\boldsymbol{C}|^2 = \boldsymbol{C}\cdot\boldsymbol{C} = (\boldsymbol{A}-\boldsymbol{B})\cdot(\boldsymbol{A}-\boldsymbol{B}) = \boldsymbol{A}\cdot\boldsymbol{A} + \boldsymbol{B}\cdot\boldsymbol{B} - 2\boldsymbol{A}\cdot\boldsymbol{B} = |\boldsymbol{A}|^2 + |\boldsymbol{B}|^2 - 2|\boldsymbol{A}||\boldsymbol{B}|\cos\theta$ となる．

問 1.10　$\boldsymbol{A}\cdot\boldsymbol{B} = 2\times(-1) + (-2)\times 2 + 3\times 2 = 0$．よって直交する．

問 1.11　$\boldsymbol{e} = c\boldsymbol{i} + d\boldsymbol{j}$ とすれば，$\boldsymbol{A}\cdot\boldsymbol{e} = ac + bd = 0$．また，$\boldsymbol{e}$ は単位ベクトルであるから，$c^2 + d^2 = 1$．ゆえに，$c = \pm b/\sqrt{a^2+b^2}$，$d = \mp a/\sqrt{a^2+b^2}$（複号同順）となる．

問 1.12　$\boldsymbol{A}\times\boldsymbol{B}$ は z 軸方向を向くベクトルであり，$\boldsymbol{A}\times\boldsymbol{B} = \begin{vmatrix} A_x & A_y \\ B_x & B_y \end{vmatrix}\boldsymbol{k}$．$|\boldsymbol{A}\times\boldsymbol{B}| = |\boldsymbol{A}|\,|\boldsymbol{B}|\sin\theta\ (0 \leqq \theta \leqq \pi)$ を用いると，次式が得られる．

$$\sin\theta = \frac{|\boldsymbol{A}\times\boldsymbol{B}|}{|\boldsymbol{A}|\,|\boldsymbol{B}|} = \frac{|A_xB_y - A_yB_x|}{\sqrt{({A_x}^2 + {A_y}^2)({B_x}^2 + {B_y}^2)}}$$

問 1.13　$S = |\boldsymbol{A}\times\boldsymbol{B}| = \sqrt{(A_yB_z - A_zB_y)^2 + (A_zB_x - A_xB_z)^2 + (A_xB_y - A_yB_x)^2}$

問 1.14　$[\boldsymbol{ABC}] = \boldsymbol{A}\cdot(\boldsymbol{B}\times\boldsymbol{C}) = \boldsymbol{B}\cdot(\boldsymbol{C}\times\boldsymbol{A}) = \boldsymbol{C}\cdot(\boldsymbol{A}\times\boldsymbol{B})$ であるから，たとえば，$\boldsymbol{B}$ と $\boldsymbol{C}$ が平行ならば $\boldsymbol{B}\times\boldsymbol{C} = \boldsymbol{0}$ となり，$[\boldsymbol{ABC}] = 0$．ほかの場合も同様である．

問 1.15　$(\boldsymbol{A}\times\boldsymbol{B})\times\boldsymbol{C} = -\boldsymbol{C}\times(\boldsymbol{A}\times\boldsymbol{B}) = -(\boldsymbol{B}\cdot\boldsymbol{C})\boldsymbol{A} + (\boldsymbol{A}\cdot\boldsymbol{C})\boldsymbol{B}$（式 (1.29) 参照）．

問 1.16　双極子モーメント $\boldsymbol{p}$ と電場 $\boldsymbol{E}$ のなす角を $\theta\ (< \pi/2)$ とすると，双極子を $\boldsymbol{E}$ と直角の向きまで回転させるのに必要な仕事は（図 k1.2），

$$W = 2\cdot q|\boldsymbol{E}|\frac{l}{2}\sin\left(\frac{\pi}{2} - \theta\right) = ql|\boldsymbol{E}|\cos\theta = \boldsymbol{p}\cdot\boldsymbol{E}$$

ゆえに，$U = -W = -\boldsymbol{p}\cdot\boldsymbol{E}$ となる．$\theta > \pi/2$ のときも同様に証明できる．

問 1.17　$r_\perp = \sqrt{x^2+y^2}$，$F_s = \boldsymbol{F}\cdot\boldsymbol{s} = \boldsymbol{F}_\perp\cdot\boldsymbol{s} = (F_x\boldsymbol{i} + F_y\boldsymbol{j})\cdot(-y\boldsymbol{i} + x\boldsymbol{j})/\sqrt{x^2+y^2} = (xF_y - yF_x)/\sqrt{x^2+y^2}$ を使えば，式 (1.34) より，$N_z = r_\perp F_s = xF_y - yF_x$ となる．

演習問題 1.1　(1) $5\boldsymbol{i} + \boldsymbol{j} + \boldsymbol{k}$　(2) $-\boldsymbol{i} - 3\boldsymbol{j} + 3\boldsymbol{k}$　(3) 2　(4) $-3\boldsymbol{i} + 8\boldsymbol{j} + 7\boldsymbol{k}$　(5) -5
(6) $6\boldsymbol{i} - 16\boldsymbol{j} - 14\boldsymbol{k}$　(7) $\boldsymbol{e} = \pm\dfrac{\boldsymbol{A}\times\boldsymbol{B}}{|\boldsymbol{A}\times\boldsymbol{B}|} = \pm\dfrac{1}{\sqrt{122}}(-3\boldsymbol{i} + 8\boldsymbol{j} + 7\boldsymbol{k})$

演習問題 1.2　(1) 辺 BC，AC の中点をそれぞれ L，M とし，AL と BM の交点を G とする（図 k1.3）．そこで，$\overline{\mathrm{AG}} : \overline{\mathrm{GL}} = s : 1-s$，$\overline{\mathrm{BG}} : \overline{\mathrm{GM}} = t : 1-t$ とすれば，$\overrightarrow{\mathrm{AG}}$ は 2 通りの方法で表せる．

$$\overrightarrow{\mathrm{AG}} = (1-t)\overrightarrow{\mathrm{AB}} + t\frac{1}{2}\overrightarrow{\mathrm{AC}}$$
$$\overrightarrow{\mathrm{AG}} = s\overrightarrow{\mathrm{AL}} = s\left(\frac{1}{2}\overrightarrow{\mathrm{AB}} + \frac{1}{2}\overrightarrow{\mathrm{AC}}\right)$$

これより，

$$(1-t)\overrightarrow{\mathrm{AB}} + \frac{1}{2}t\overrightarrow{\mathrm{AC}} = \frac{1}{2}s(\overrightarrow{\mathrm{AB}} + \overrightarrow{\mathrm{AC}})$$
$$\therefore\quad \left(1 - t - \frac{1}{2}s\right)\overrightarrow{\mathrm{AB}} + \frac{1}{2}(t-s)\overrightarrow{\mathrm{AC}} = 0$$

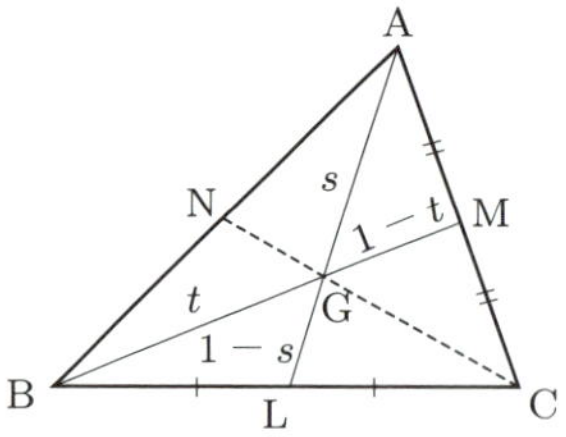

図 k1.3

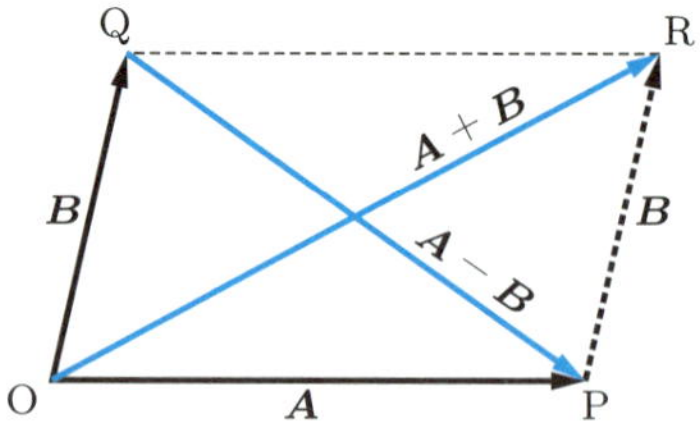

図 k1.4

$\overrightarrow{\mathrm{AB}}$, $\overrightarrow{\mathrm{AC}}$ は共線（線形従属）ではないから，$1-t-(1/2)s=0$，$t-s=0$ であり，$s=t=2/3$ が得られる．このように，G は AL，BM を 2 : 1 に内分する点である．そこで，AB の中点を N として，AL と CN の交点を G′ とすれば，まったく同様に，G′ は AL，CN を 2 : 1 に内分する点であることが証明できる．すなわち，G′ と G は一致する．

(2) 点 L の位置ベクトル $\boldsymbol{l}$ は，$\boldsymbol{l}=(\boldsymbol{b}+\boldsymbol{c})/2$ と表される．そこで，G が AL を 2 : 1 に内分する点であることを使うと，次式となる．

$$\boldsymbol{r}_{\mathrm{G}}=\frac{\boldsymbol{a}+2\boldsymbol{l}}{2+1}=\frac{1}{3}(\boldsymbol{a}+\boldsymbol{b}+\boldsymbol{c})$$

(3) 点 P，Q，R の位置ベクトルをそれぞれ $\boldsymbol{r}_{\mathrm{P}}$，$\boldsymbol{r}_{\mathrm{Q}}$，$\boldsymbol{r}_{\mathrm{R}}$ とすれば，

$$\boldsymbol{r}_{\mathrm{P}}=\frac{n\boldsymbol{b}+m\boldsymbol{c}}{m+n},\quad \boldsymbol{r}_{\mathrm{Q}}=\frac{n\boldsymbol{c}+m\boldsymbol{a}}{m+n},\quad \boldsymbol{r}_{\mathrm{R}}=\frac{n\boldsymbol{a}+m\boldsymbol{b}}{m+n}$$

$$\therefore\quad \frac{1}{3}(\boldsymbol{r}_{\mathrm{P}}+\boldsymbol{r}_{\mathrm{Q}}+\boldsymbol{r}_{\mathrm{R}})=\frac{1}{3}(\boldsymbol{a}+\boldsymbol{b}+\boldsymbol{c})=\boldsymbol{r}_{\mathrm{G}}$$

演習問題 1.3 (1) 図 k1.4 のように，$\overrightarrow{\mathrm{OP}}=\boldsymbol{A}$，$\overrightarrow{\mathrm{OQ}}=\boldsymbol{B}$ を 2 辺とする平行四辺形 OPRQ をつくると，$\overrightarrow{\mathrm{OR}}=\boldsymbol{A}+\boldsymbol{B}$，$\overrightarrow{\mathrm{QP}}=\boldsymbol{A}-\boldsymbol{B}$ となる．三角形 OPR において，1 辺の長さはほかの 2 辺の長さの和よりも小さいから，$\overline{\mathrm{OR}}\leqq\overline{\mathrm{OP}}+\overline{\mathrm{PR}}$．すなわち，$|\boldsymbol{A}+\boldsymbol{B}|\leqq|\boldsymbol{A}|+|\boldsymbol{B}|$．等号は $\boldsymbol{A}$ と $\boldsymbol{B}$ の向きが一致するとき成立する．

(2) 同様に，三角形 OPQ において，1 辺の長さはほかの 2 辺の長さの差よりも大きいことを使えば，$\overline{\mathrm{QP}}\geqq|\overline{\mathrm{OP}}-\overline{\mathrm{OQ}}|$．ゆえに，$|\boldsymbol{A}-\boldsymbol{B}|\geqq||\boldsymbol{A}|-|\boldsymbol{B}||$．等号は $\boldsymbol{A}$ と $\boldsymbol{B}$ が逆向きのとき成立する．

演習問題 1.4 $|\boldsymbol{A}|=3$，$|\boldsymbol{s}|=\sqrt{3}$ であるから，$\boldsymbol{A}$ の方向余弦は $(2/3,-1/3,2/3)$，$\boldsymbol{s}$ の方向余弦は $(1/\sqrt{3},1/\sqrt{3},1/\sqrt{3})$．ゆえに，式 (1.13) より

$$A_s=2\times\frac{1}{\sqrt{3}}+(-1)\times\frac{1}{\sqrt{3}}+2\times\frac{1}{\sqrt{3}}=\sqrt{3}$$

演習問題 1.5 $\boldsymbol{A}$ と $\boldsymbol{A}+\boldsymbol{B}+\boldsymbol{C}=\boldsymbol{0}$ の外積をつくると，

$$\boldsymbol{A}\times(\boldsymbol{A}+\boldsymbol{B}+\boldsymbol{C})=\boldsymbol{A}\times\boldsymbol{A}+\boldsymbol{A}\times\boldsymbol{B}+\boldsymbol{A}\times\boldsymbol{C}=\boldsymbol{A}\times\boldsymbol{B}-\boldsymbol{C}\times\boldsymbol{A}=\boldsymbol{0}$$

ゆえに，$\boldsymbol{A}\times\boldsymbol{B}=\boldsymbol{C}\times\boldsymbol{A}$．同様に，$\boldsymbol{B}$ と $\boldsymbol{A}+\boldsymbol{B}+\boldsymbol{C}$ の外積をつくることにより，$\boldsymbol{A}\times\boldsymbol{B}=\boldsymbol{B}\times\boldsymbol{C}$ が示される．

演習問題 1.6 （必要条件） 3 点 A，B，C が同一直線上にあるとすれば，C は線分 $\overline{\mathrm{AB}}$ の分割点であると考えることができる（図 k1.5）．そこで，$\overline{\mathrm{AC}}:\overline{\mathrm{BC}}=t:1-t$ とすれば，$\boldsymbol{c}=(1-t)\boldsymbol{a}+t\boldsymbol{b}$．ゆえに，$l=1-t$，$m=t$，$n=-1$ とおけば，

$$l\boldsymbol{a}+m\boldsymbol{b}+n\boldsymbol{c}=\boldsymbol{0},\quad l+m+n=0$$

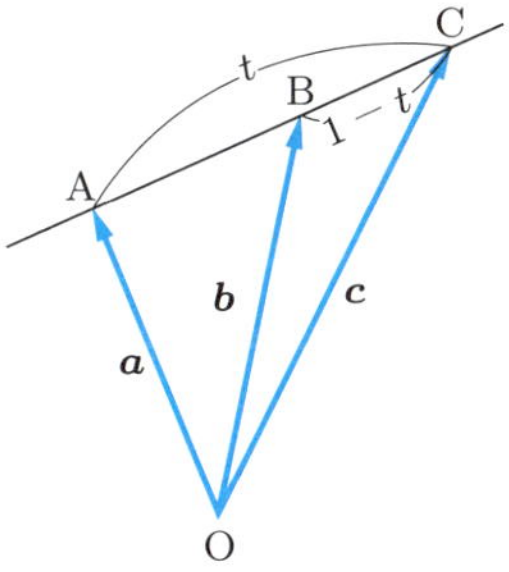

図 k1.5

（十分条件） 逆に，すべてが 0 でない実数 l，m，n に対して，上の 2 式が成り立つとする．いま，$n \neq 0$ とすると，

$$\frac{l}{n}\boldsymbol{a} + \frac{m}{n}\boldsymbol{b} + \boldsymbol{c} = \boldsymbol{0}, \quad \frac{l}{n} + \frac{m}{n} + 1 = 0$$

$$\therefore \quad \boldsymbol{c} = -\frac{l}{n}\boldsymbol{a} - \frac{m}{n}\boldsymbol{b} = -\frac{l}{n}\boldsymbol{a} + \left(1 + \frac{l}{n}\right)\boldsymbol{b}$$

したがって，$t = 1 + l/n$ とおけば，$\boldsymbol{c} = (1-t)\boldsymbol{a} + t\boldsymbol{b}$ と表され，C は直線 AB 上にあることが示される．

演習問題 1.7 図 1.25 で，$\boldsymbol{a} = \overrightarrow{\mathrm{BC}}$，$\boldsymbol{b} = \overrightarrow{\mathrm{CA}}$，$\boldsymbol{c} = \overrightarrow{\mathrm{AB}}$ とおけば，三角形の面積は，

$$\triangle \mathrm{ABC} = \frac{|\boldsymbol{a} \times \boldsymbol{b}|}{2} = \frac{|\boldsymbol{b} \times \boldsymbol{c}|}{2} = \frac{|\boldsymbol{c} \times \boldsymbol{a}|}{2} \quad (\because \quad 問 1.13)$$

すなわち，$ab\sin\gamma = bc\sin\alpha = ca\sin\beta$

$$\therefore \quad \frac{\sin\alpha}{a} = \frac{\sin\beta}{b} = \frac{\sin\gamma}{c}$$

演習問題 1.8 ベクトル 3 重積の公式 (1.29) より，

$$\boldsymbol{e} \times (\boldsymbol{A} \times \boldsymbol{e}) = (\boldsymbol{e} \cdot \boldsymbol{e})\boldsymbol{A} - (\boldsymbol{A} \cdot \boldsymbol{e})\boldsymbol{e} = \boldsymbol{A} - (\boldsymbol{A} \cdot \boldsymbol{e})\boldsymbol{e}$$

$$\therefore \quad \boldsymbol{A} = (\boldsymbol{A} \cdot \boldsymbol{e})\boldsymbol{e} + \boldsymbol{e} \times (\boldsymbol{A} \times \boldsymbol{e})$$

$\boldsymbol{e} \times (\boldsymbol{A} \times \boldsymbol{e})$ は $\boldsymbol{e}$ に垂直なベクトルである．

演習問題 1.9 (1) $(\boldsymbol{B} - \boldsymbol{X}) \perp \boldsymbol{A}$ であるから，$\boldsymbol{X} = \lambda\boldsymbol{A}$ とおくと，$(\boldsymbol{B} - \boldsymbol{X}) \cdot \boldsymbol{A} = (\boldsymbol{B} - \lambda\boldsymbol{A}) \cdot \boldsymbol{A} = \boldsymbol{B} \cdot \boldsymbol{A} - \lambda\boldsymbol{A} \cdot \boldsymbol{A} = 0$. 線形独立より $\boldsymbol{A} \neq \boldsymbol{0}$ であるから $\lambda = (\boldsymbol{A} \cdot \boldsymbol{B})/(\boldsymbol{A} \cdot \boldsymbol{A})$. ゆえに，$\boldsymbol{X} = [(\boldsymbol{A} \cdot \boldsymbol{B})/(\boldsymbol{A} \cdot \boldsymbol{A})]\boldsymbol{A}$.

(2) $(\boldsymbol{C} - \boldsymbol{X}) \perp \boldsymbol{A}$，$(\boldsymbol{C} - \boldsymbol{X}) \perp \boldsymbol{B}$ であるから，$\boldsymbol{X} = \lambda\boldsymbol{A} + \mu\boldsymbol{B}$ とおくと，$(\boldsymbol{C} - \boldsymbol{X}) \cdot \boldsymbol{A} = (\boldsymbol{C} - \lambda\boldsymbol{A} - \mu\boldsymbol{B}) \cdot \boldsymbol{A} = 0$, $(\boldsymbol{C} - \boldsymbol{X}) \cdot \boldsymbol{B} = (\boldsymbol{C} - \lambda\boldsymbol{A} - \mu\boldsymbol{B}) \cdot \boldsymbol{B} = 0$. ゆえに，$\lambda(\boldsymbol{A} \cdot \boldsymbol{A}) + \mu(\boldsymbol{A} \cdot \boldsymbol{B}) = \boldsymbol{A} \cdot \boldsymbol{C}$, $\lambda(\boldsymbol{A} \cdot \boldsymbol{B}) + \mu(\boldsymbol{B} \cdot \boldsymbol{B}) = \boldsymbol{B} \cdot \boldsymbol{C}$. 連立して λ，μ について解くと，

$$\lambda = \frac{(\boldsymbol{A} \cdot \boldsymbol{C})(\boldsymbol{B} \cdot \boldsymbol{B}) - (\boldsymbol{A} \cdot \boldsymbol{B})(\boldsymbol{B} \cdot \boldsymbol{C})}{(\boldsymbol{A} \cdot \boldsymbol{A})(\boldsymbol{B} \cdot \boldsymbol{B}) - (\boldsymbol{A} \cdot \boldsymbol{B})^2}, \quad \mu = \frac{(\boldsymbol{A} \cdot \boldsymbol{A})(\boldsymbol{B} \cdot \boldsymbol{C}) - (\boldsymbol{A} \cdot \boldsymbol{B})(\boldsymbol{A} \cdot \boldsymbol{C})}{(\boldsymbol{A} \cdot \boldsymbol{A})(\boldsymbol{B} \cdot \boldsymbol{B}) - (\boldsymbol{A} \cdot \boldsymbol{B})^2}.$$

ここで，$(\boldsymbol{A} \cdot \boldsymbol{C})(\boldsymbol{B} \cdot \boldsymbol{B}) - (\boldsymbol{A} \cdot \boldsymbol{B})(\boldsymbol{B} \cdot \boldsymbol{C}) = \boldsymbol{B} \cdot \{(\boldsymbol{C} \cdot \boldsymbol{A})\boldsymbol{B} - (\boldsymbol{A} \cdot \boldsymbol{B})\boldsymbol{C}\} = \boldsymbol{B} \cdot \{\boldsymbol{A} \times (\boldsymbol{B} \times \boldsymbol{C})\} = (\boldsymbol{B} \times \boldsymbol{C}) \cdot (\boldsymbol{B} \times \boldsymbol{A}) = (\boldsymbol{A} \times \boldsymbol{B}) \cdot (\boldsymbol{C} \times \boldsymbol{B})$，$(\boldsymbol{A} \cdot \boldsymbol{A})(\boldsymbol{B} \cdot \boldsymbol{B}) - (\boldsymbol{A} \cdot \boldsymbol{B})^2 = |\boldsymbol{A} \times \boldsymbol{B}|^2$ を用いると，

$\lambda = \dfrac{(\boldsymbol{A}\times\boldsymbol{B})\cdot(\boldsymbol{C}\times\boldsymbol{B})}{|\boldsymbol{A}\times\boldsymbol{B}|^2}$．同様にして，$\mu = \dfrac{(\boldsymbol{A}\times\boldsymbol{B})\cdot(\boldsymbol{A}\times\boldsymbol{C})}{|\boldsymbol{A}\times\boldsymbol{B}|^2}$ と書き換えることができる．すると，$\boldsymbol{X} = \dfrac{(\boldsymbol{A}\times\boldsymbol{B})\cdot(\boldsymbol{C}\times\boldsymbol{B})}{|\boldsymbol{A}\times\boldsymbol{B}|^2}\boldsymbol{A} + \dfrac{(\boldsymbol{A}\times\boldsymbol{B})\cdot(\boldsymbol{A}\times\boldsymbol{C})}{|\boldsymbol{A}\times\boldsymbol{B}|^2}\boldsymbol{B}$ となる．

演習問題 1.10 点 P の位置ベクトルは $\boldsymbol{r} = 2\boldsymbol{i}+\boldsymbol{j}+3\boldsymbol{k}$ であるから，原点 O のまわりの力のモーメントは次式となる．

$$\boldsymbol{N} = \boldsymbol{r}\times\boldsymbol{F} = (2\boldsymbol{i}+\boldsymbol{j}+3\boldsymbol{k})\times(\boldsymbol{i}+2\boldsymbol{j}-2\boldsymbol{k}) = -8\boldsymbol{i}+7\boldsymbol{j}+3\boldsymbol{k}$$

(1) z 軸まわりの力のモーメントは，$\boldsymbol{N}$ の z 成分 $N_z = 3$ である．

(2) s 方向の単位ベクトルは，$\boldsymbol{e} = (\boldsymbol{i}+\boldsymbol{j}+\boldsymbol{k})/\sqrt{3}$ であるから，s 方向のまわりの力のモーメントは次式となる．

$$N_s = \boldsymbol{N}\cdot\boldsymbol{e} = -8\times\frac{1}{\sqrt{3}} + 7\times\frac{1}{\sqrt{3}} + 3\times\frac{1}{\sqrt{3}} = \frac{2}{\sqrt{3}}$$

演習問題 1.11 $\boldsymbol{a}_1\cdot\boldsymbol{b}_1 = 1$ であり，また $\boldsymbol{a}_2\times\boldsymbol{a}_3$ が $\boldsymbol{a}_2$，$\boldsymbol{a}_3$ のどちらとも直交することから $\boldsymbol{a}_2\cdot\boldsymbol{b}_1 = \boldsymbol{a}_3\cdot\boldsymbol{b}_1 = 0$ である．同様に考えると，一般に $\boldsymbol{a}_i\cdot\boldsymbol{b}_j = \delta_{ij}$ が成り立つことがわかる．ここで，δ_{ij} はクロネッカーのデルタを表し，$i=j$ のとき 1，$i\neq j$ のとき 0 である．$\boldsymbol{r} = c_1\boldsymbol{a}_1 + c_2\boldsymbol{a}_2 + c_3\boldsymbol{a}_3$（$c_1$，$c_2$，$c_3$ は定数）とおいて，$\boldsymbol{b}_1$ と両辺の内積をつくり $\boldsymbol{a}_i\cdot\boldsymbol{b}_j = \delta_{ij}$ を用いると，$\boldsymbol{b}_1\cdot\boldsymbol{r} = c_1$ が得られる．同様にして，$\boldsymbol{b}_2\cdot\boldsymbol{r} = c_2$，$\boldsymbol{b}_3\cdot\boldsymbol{r} = c_3$ も得られる．よって，$\boldsymbol{r} = (\boldsymbol{b}_1\cdot\boldsymbol{r})\boldsymbol{a}_1 + (\boldsymbol{b}_2\cdot\boldsymbol{r})\boldsymbol{a}_2 + (\boldsymbol{b}_3\cdot\boldsymbol{r})\boldsymbol{a}_3$ が示された．

第 2 章

問 2.1 $f\boldsymbol{A} = fA_x\boldsymbol{i} + fA_y\boldsymbol{j} + fA_z\boldsymbol{k}$ より，

$$\begin{aligned}\frac{d(f\boldsymbol{A})}{du} &= \frac{d(fA_x)}{du}\boldsymbol{i} + \frac{d(fA_y)}{du}\boldsymbol{j} + \frac{d(fA_z)}{du}\boldsymbol{k}\\ &= \left(\frac{df}{du}A_x + f\frac{dA_x}{du}\right)\boldsymbol{i} + \left(\frac{df}{du}A_y + f\frac{dA_y}{du}\right)\boldsymbol{j} + \left(\frac{df}{du}A_z + f\frac{dA_z}{du}\right)\boldsymbol{k}\\ &= \frac{df}{du}(A_x\boldsymbol{i} + A_y\boldsymbol{j} + A_z\boldsymbol{k}) + f\left(\frac{dA_x}{du}\boldsymbol{i} + \frac{dA_y}{du}\boldsymbol{j} + \frac{dA_z}{du}\boldsymbol{k}\right) = \frac{df}{du}\boldsymbol{A} + f\frac{d\boldsymbol{A}}{du}\end{aligned}$$

問 2.2 $\boldsymbol{A}(u) = f(u)\boldsymbol{e}$ のとき，$\boldsymbol{A}' = f'\boldsymbol{e}$．ゆえに，$\boldsymbol{A}\times\boldsymbol{A}' = f\boldsymbol{e}\times f'\boldsymbol{e} = ff'(\boldsymbol{e}\times\boldsymbol{e}) = \boldsymbol{0}$ となる．

問 2.3 (1) $\dfrac{d\boldsymbol{A}}{du} = 4u\boldsymbol{i} + 3\boldsymbol{j}$，　$\dfrac{d\boldsymbol{B}}{du} = 2\boldsymbol{j} + 8u\boldsymbol{k}$

(2) $\dfrac{d}{du}(\boldsymbol{A}\cdot\boldsymbol{B}) = 24u$　　(3) $\dfrac{d}{du}(\boldsymbol{A}\times\boldsymbol{B}) = (36u^2-2)\boldsymbol{i} - 32u^3\boldsymbol{j} + (12u^2-3)\boldsymbol{k}$

問 2.4 $\boldsymbol{C}$ を定ベクトルとする．

(1) $\displaystyle\int \boldsymbol{A}du = \left(\int du\right)\boldsymbol{i} + \left(\int du\right)\boldsymbol{j} + \left(\int du\right)\boldsymbol{k} = u\boldsymbol{i} + u\boldsymbol{j} + u\boldsymbol{k} + \boldsymbol{C}$

(2) $\displaystyle\int \boldsymbol{r}du = \left(a\int\cos u\,du\right)\boldsymbol{i} + \left(b\int\sin u\,du\right)\boldsymbol{j} = (a\sin u)\boldsymbol{i} - (b\cos u)\boldsymbol{j} + \boldsymbol{C}$

問 2.5 $\displaystyle\int \boldsymbol{A}\cdot\frac{d\boldsymbol{A}}{du}du = \frac{1}{2}\int\frac{d}{du}(\boldsymbol{A}\cdot\boldsymbol{A})du = \frac{1}{2}(\boldsymbol{A}\cdot\boldsymbol{A}) + c = \frac{1}{2}|\boldsymbol{A}|^2 + c$　（c は定数）

問 2.6 問 2.4 (2) より，$\displaystyle\int_0^{\pi}\boldsymbol{r}du = a[\sin u]_0^{\pi}\boldsymbol{i} - b[\cos u]_0^{\pi}\boldsymbol{j} = 2b\boldsymbol{j}$

問 2.7 曲線の長さ $s=\int_0^{2\pi}\sqrt{\left(\frac{dx}{du}\right)^2+\left(\frac{dy}{du}\right)^2+\left(\frac{dz}{du}\right)^2}du=\int_0^{2\pi}\sqrt{a^2\sin^2 u+a^2\cos^2 u+b^2}du$ $=\int_0^{2\pi}\sqrt{a^2+b^2}du=2\pi\sqrt{a^2+b^2}$．また，$x^2+y^2=a^2(\cos^2 u+\sin^2 u)=a^2$ であるから，曲線は半径 a の円筒の側面を一周するらせんを表す（図 k2.1）．

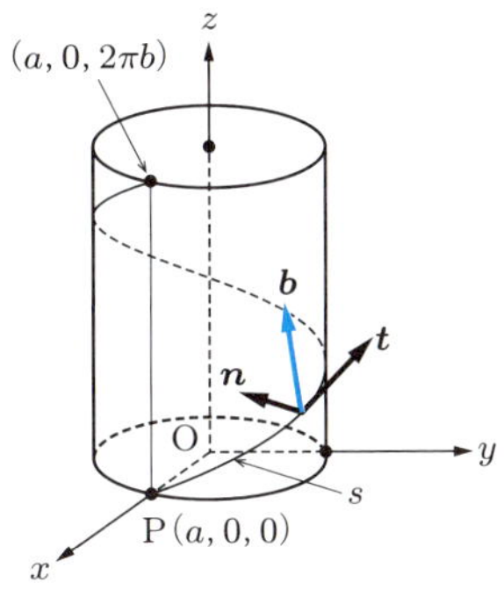

図 k2.1

問 2.8 $\frac{d\boldsymbol{r}}{du}=-(a\sin u)\boldsymbol{i}+(a\cos u)\boldsymbol{j}+b\boldsymbol{k}$，$\left|\frac{d\boldsymbol{r}}{du}\right|=\sqrt{a^2+b^2}$．よって，$\boldsymbol{t}=\frac{d\boldsymbol{r}}{du}\Big/\left|\frac{d\boldsymbol{r}}{du}\right|$ $=\frac{1}{\sqrt{a^2+b^2}}\{-(a\sin u)\boldsymbol{i}+(a\cos u)\boldsymbol{j}+b\boldsymbol{k}\}$．また，$\frac{d\boldsymbol{t}}{ds}=\frac{d\boldsymbol{t}}{du}\frac{du}{ds}=\frac{d\boldsymbol{t}}{du}\Big/\left|\frac{d\boldsymbol{r}}{du}\right|=\frac{1}{a^2+b^2}$ $\{-(a\cos u)\boldsymbol{i}-(a\sin u)\boldsymbol{j}\}$．よって，$\rho=\frac{1}{\kappa}=\left|\frac{d\boldsymbol{t}}{ds}\right|^{-1}=\frac{a^2+b^2}{a}$

問 2.9 平面曲線では，接線単位ベクトル $\boldsymbol{t}$ と主法線ベクトル $\boldsymbol{n}$ はいずれもその平面上にあるから，従法線ベクトル $\boldsymbol{b}=\boldsymbol{t}\times\boldsymbol{n}$ はその平面に垂直であり，変化しない．したがって，$d\boldsymbol{b}/ds=\boldsymbol{0}$，すなわち，$\tau=0$ となる．

問 2.10 問 2.8 より，

$$\boldsymbol{n}=\frac{d\boldsymbol{t}}{ds}\Big/\left|\frac{d\boldsymbol{t}}{ds}\right|=\frac{1}{a}\{-(a\cos u)\boldsymbol{i}-(a\sin u)\boldsymbol{j}\}=-(\cos u)\boldsymbol{i}-(\sin u)\boldsymbol{j}$$

$$\boldsymbol{b}=\boldsymbol{t}\times\boldsymbol{n}=\frac{1}{\sqrt{a^2+b^2}}\{-(a\sin u)\boldsymbol{i}+(a\cos u)\boldsymbol{j}+b\boldsymbol{k}\}\times\{-(\cos u)\boldsymbol{i}-(\sin u)\boldsymbol{j}\}$$

$$=\frac{1}{\sqrt{a^2+b^2}}\{(b\sin u)\boldsymbol{i}-(b\cos u)\boldsymbol{j}+a\boldsymbol{k}\}$$

$$\frac{d\boldsymbol{b}}{ds}=\frac{d\boldsymbol{b}}{du}\frac{du}{ds}=\frac{1}{\sqrt{a^2+b^2}}\frac{1}{\sqrt{a^2+b^2}}\{(b\cos u)\boldsymbol{i}+(b\sin u)\boldsymbol{j}\}$$

$$=\frac{b}{a^2+b^2}\{(\cos u)\boldsymbol{i}+(\sin u)\boldsymbol{j}\}=-\frac{b}{a^2+b^2}\boldsymbol{n}$$

$$\therefore\quad \tau=\frac{b}{a^2+b^2}$$

$\boldsymbol{t}$，$\boldsymbol{n}$，$\boldsymbol{b}$ の関係は図 k2.1 のようになる．

問 2.11 $\boldsymbol{l}=\boldsymbol{r}\times(m\boldsymbol{v})$ より，$d\boldsymbol{l}/dt=d\boldsymbol{r}/dt\times(m\boldsymbol{v})+\boldsymbol{r}\times(md\boldsymbol{v}/dt)$

ここで，$d\boldsymbol{r}/dt\times(m\boldsymbol{v})=\boldsymbol{v}\times(m\boldsymbol{v})=\boldsymbol{0}$，$md\boldsymbol{v}/dt=\boldsymbol{F}$．ゆえに，$d\boldsymbol{l}/dt=\boldsymbol{r}\times\boldsymbol{F}=\boldsymbol{N}$ となる．

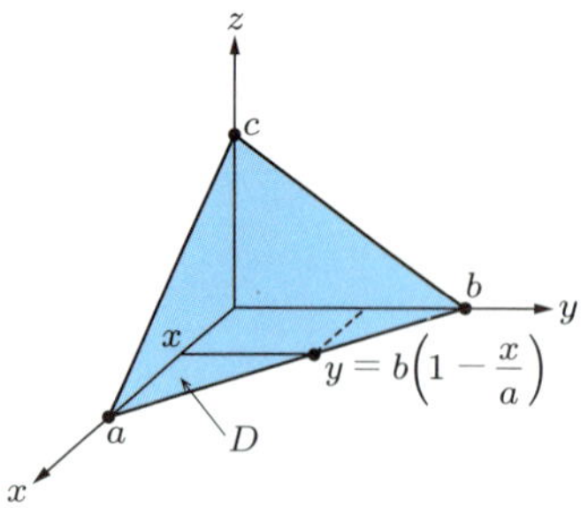

図 k2.2

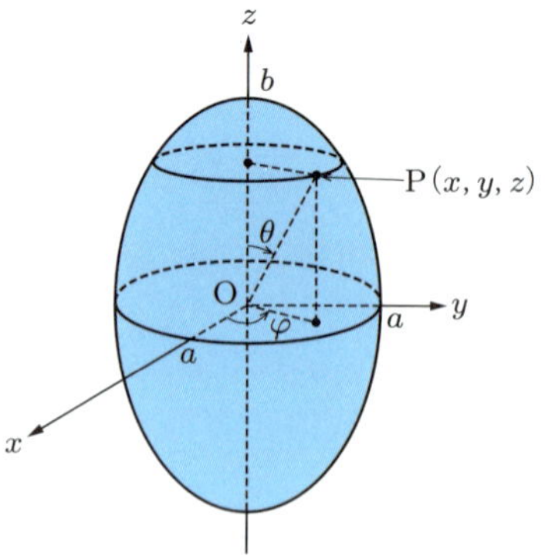

図 k2.3 回転楕円体の表面積

問 2.12 x, y, z 軸とそれぞれ $x = a$, $y = b$, $z = c$ で交わる平面のうち，$x \geqq 0$, $y \geqq 0$, $z \geqq 0$ にある部分を表す（図 k2.2）.

問 2.13 $z = c(1 - x/a - y/b)$ より，$\partial z/\partial x = -c/a$, $\partial z/\partial y = -c/b$. ゆえに，

$$dS = \sqrt{1 + \left(\frac{\partial z}{\partial x}\right)^2 + \left(\frac{\partial z}{\partial y}\right)^2}\, dxdy = \frac{1}{ab}\sqrt{a^2b^2 + b^2c^2 + c^2a^2}\, dxdy$$

$$S = \int_D dS = \frac{1}{ab}\sqrt{a^2b^2 + b^2c^2 + c^2a^2}\iint_D dxdy$$

ここで（図 k2.2），

$$\iint_D dxdy = \int_0^a \left\{\int_0^{b(1-x/a)} dy\right\} dx = \int_0^a b\left(1 - \frac{x}{a}\right) dx = \frac{1}{2}ab$$

$$\therefore \quad S = \frac{1}{2}\sqrt{a^2b^2 + b^2c^2 + c^2a^2}$$

問 2.14 $x = a\sin\theta\cos\varphi$, $y = a\sin\theta\sin\varphi$, $z = b\cos\theta$ より，$x^2 + y^2 = a^2\sin^2\theta \times (\cos^2\varphi + \sin^2\varphi) = a^2\sin^2\theta$, $z^2 = b^2\cos^2\theta$. ゆえに，

$$\frac{x^2}{a^2} + \frac{y^2}{a^2} + \frac{z^2}{b^2} = \sin^2\theta + \cos^2\theta = 1$$

となり，これは回転楕円体の表面を表す（図 k2.3）. また，

$$\frac{\partial \boldsymbol{r}}{\partial \theta} \times \frac{\partial \boldsymbol{r}}{\partial \varphi} = \left(\frac{\partial y}{\partial \theta}\frac{\partial z}{\partial \varphi} - \frac{\partial z}{\partial \theta}\frac{\partial y}{\partial \varphi}\right)\boldsymbol{i} + \left(\frac{\partial z}{\partial \theta}\frac{\partial x}{\partial \varphi} - \frac{\partial x}{\partial \theta}\frac{\partial z}{\partial \varphi}\right)\boldsymbol{j} + \left(\frac{\partial x}{\partial \theta}\frac{\partial y}{\partial \varphi} - \frac{\partial y}{\partial \theta}\frac{\partial x}{\partial \varphi}\right)\boldsymbol{k}$$

$$= (ab\sin^2\theta\cos\varphi)\boldsymbol{i} + (ab\sin^2\theta\sin\varphi)\boldsymbol{j} + (a^2\sin\theta\cos\theta)\boldsymbol{k}$$

$$\therefore \quad \left|\frac{\partial \boldsymbol{r}}{\partial \theta} \times \frac{\partial \boldsymbol{r}}{\partial \varphi}\right| = \sqrt{a^2b^2\sin^4\theta(\cos^2\varphi + \sin^2\varphi) + a^4\sin^2\theta\cos^2\theta}$$

$$= a\sin\theta\sqrt{b^2\sin^2\theta + a^2\cos^2\theta} \quad (\because \quad \sin\theta \geqq 0)$$

$$\therefore \quad S = \iint_{D_0} \left|\frac{\partial \boldsymbol{r}}{\partial \theta} \times \frac{\partial \boldsymbol{r}}{\partial \varphi}\right| d\theta d\varphi = a\int_0^{\pi} \sin\theta\sqrt{b^2\sin^2\theta + a^2\cos^2\theta}\, d\theta \int_0^{2\pi} d\varphi$$

$$= 2\pi a \int_0^{\pi} \sin\theta \sqrt{b^2 \sin^2\theta + a^2 \cos^2\theta}\, d\theta$$

ここで，$t = \cos\theta$ とおくと，$dt = -\sin\theta\, d\theta$．ゆえに，$c = b/a$ とおくと，

$$S = -2\pi a^2 \int_1^{-1} \sqrt{c^2(1-t^2)+t^2}dt = 4\pi a^2 \int_0^1 \sqrt{(1-c^2)t^2+c^2}dt$$

となる．$c = 1$ ならば，$S = 4\pi a^2$ となり，半径 a の球の表面積が得られる．$c < 1$ の場合には，$d^2 = c^2/(1-c^2)$ とおいて次式となる．

$$\begin{aligned}
S &= 4\pi a^2 \sqrt{1-c^2} \int_0^1 \sqrt{t^2+d^2}dt \\
&= 4\pi a^2 \sqrt{1-c^2}\frac{1}{2}\left[t\sqrt{t^2+d^2} + d^2 \log\left(t+\sqrt{t^2+d^2}\right)\right]_0^1 \\
&= 4\pi a^2 \sqrt{1-c^2}\frac{1}{2}\left(\sqrt{1+d^2} + d^2 \log\frac{1+\sqrt{1+d^2}}{d}\right) \\
&= 4\pi a^2 \left(\frac{1}{2} + \frac{c^2}{2\sqrt{1-c^2}} \log\frac{1+\sqrt{1-c^2}}{c}\right) \quad (c < 1)
\end{aligned}$$

また，$c > 1$ のときには，$d^2 = c^2/(c^2-1)$ とおいて次式となる．

$$\begin{aligned}
S &= 4\pi a^2 \sqrt{c^2-1} \int_0^1 \sqrt{d^2-t^2}dt = 4\pi a^2 \sqrt{c^2-1}\frac{1}{2}\left[t\sqrt{d^2-t^2} + d^2 \sin^{-1}\left(\frac{t}{d}\right)\right]_0^1 \\
&= 4\pi a^2 \sqrt{c^2-1}\frac{1}{2}\left\{\sqrt{d^2-1} + d^2 \sin^{-1}\left(\frac{1}{d}\right)\right\} \\
&= 4\pi a^2 \left\{\frac{1}{2} + \frac{c^2}{2\sqrt{c^2-1}} \sin^{-1}\left(\frac{\sqrt{c^2-1}}{c}\right)\right\} \quad (c > 1)
\end{aligned}$$

上の積分はやや程度が高い．

演習問題 2.1　(1) $(2u+1)\boldsymbol{i} + \boldsymbol{j}$　(2) $\boldsymbol{j} - 4u\boldsymbol{k}$　(3) 0

(4) $(-6u^2+12u-2)\boldsymbol{i} + (8u^3+6u^2+4u)\boldsymbol{j} + (3u^2+2u-2)\boldsymbol{k}$

演習問題 2.2　$\boldsymbol{C}$ は定ベクトル，c，c' は定数とする．

(1) $\displaystyle\int \boldsymbol{A}du = (u^3+u^2)\boldsymbol{i} - 3u\boldsymbol{j} + (u^2+u)\boldsymbol{k} + \boldsymbol{C}$，$\displaystyle\int_0^1 \boldsymbol{A}du = [u^3+u^2]_0^1\boldsymbol{i} + [-3u]_0^1\boldsymbol{j} + [u^2+u]_0^1\boldsymbol{k} = 2\boldsymbol{i} - 3\boldsymbol{j} + 2\boldsymbol{k}$

(2) $\displaystyle\int \boldsymbol{A}\cdot\frac{d\boldsymbol{A}}{du}du = \frac{1}{2}(\boldsymbol{A}\cdot\boldsymbol{A}) + c = \frac{1}{2}\{(3u^2+2u)^2+9+(2u+1)^2\} + c = \frac{9}{2}u^4+6u^3+4u^2+2u+c'$，$\displaystyle\int_0^1 \boldsymbol{A}\cdot\frac{d\boldsymbol{A}}{du}du = \left[\frac{9}{2}u^4+6u^3+4u^2+2u\right]_0^1 = \frac{33}{2}$

(3) $\displaystyle\boldsymbol{A}\times\frac{d\boldsymbol{A}}{du} = -6\boldsymbol{i} + (6u^2+6u+2)\boldsymbol{j} + (18u+6)\boldsymbol{k}$ より，$\displaystyle\int \boldsymbol{A}\times\frac{d\boldsymbol{A}}{du}du = -6u\boldsymbol{i} + (2u^3+3u^2+2u)\boldsymbol{j} + (9u^2+6u)\boldsymbol{k} + \boldsymbol{C}$，$\displaystyle\int_0^1 \boldsymbol{A}\times\frac{d\boldsymbol{A}}{du}du = [-6u]_0^1\boldsymbol{i} + [2u^3+3u^2+2u]_0^1\boldsymbol{j} + [9u^2+6u]_0^1\boldsymbol{k} = -6\boldsymbol{i} + 7\boldsymbol{j} + 15\boldsymbol{k}$

演習問題 2.3 $\dfrac{d}{du}[\boldsymbol{ABC}] = \dfrac{d}{du}\{\boldsymbol{A}\cdot(\boldsymbol{B}\times\boldsymbol{C})\} = \dfrac{d\boldsymbol{A}}{du}\cdot(\boldsymbol{B}\times\boldsymbol{C}) + \boldsymbol{A}\cdot\dfrac{d}{du}(\boldsymbol{B}\times\boldsymbol{C}) = \dfrac{d\boldsymbol{A}}{du}\cdot(\boldsymbol{B}\times\boldsymbol{C}) + \boldsymbol{A}\cdot\left(\dfrac{d\boldsymbol{B}}{du}\times\boldsymbol{C}+\boldsymbol{B}\times\dfrac{d\boldsymbol{C}}{du}\right) = \left[\dfrac{d\boldsymbol{A}}{du}\boldsymbol{BC}\right]+\left[\boldsymbol{A}\dfrac{d\boldsymbol{B}}{du}\boldsymbol{C}\right]+\left[\boldsymbol{AB}\dfrac{d\boldsymbol{C}}{du}\right]$

演習問題 2.4 $\boldsymbol{r}\times(d\boldsymbol{r}/dt)=\boldsymbol{0}$ のとき，$\boldsymbol{r}$ と $\boldsymbol{r}'=d\boldsymbol{r}/dt$ は共線であるから，$\boldsymbol{r}'=f(t)\boldsymbol{r}$ と表される．そこで，$\hat{\boldsymbol{r}}=\boldsymbol{r}/r$ $(r=|\boldsymbol{r}|)$ とすると，

$$\frac{d\hat{\boldsymbol{r}}}{dt}=\frac{\boldsymbol{r}'r-\boldsymbol{r}r'}{r^2}=\frac{\boldsymbol{r}'r^2-\boldsymbol{r}rr'}{r^3}$$

ここで，$2rr'=(r^2)'=(\boldsymbol{r}\cdot\boldsymbol{r})'=2\boldsymbol{r}\cdot\boldsymbol{r}'$ より，$rr'=\boldsymbol{r}\cdot\boldsymbol{r}'$．よって，

$$\frac{d\hat{\boldsymbol{r}}}{dt}=\frac{\boldsymbol{r}'r^2-\boldsymbol{r}(\boldsymbol{r}\cdot\boldsymbol{r}')}{r^3}=\frac{fr^2\boldsymbol{r}-fr^2\boldsymbol{r}}{r^3}=\boldsymbol{0}$$

これより，$\hat{\boldsymbol{r}}$ は定ベクトルであり，$\boldsymbol{r}$ の向きは変わらないことがわかる．すなわち，点は直線運動をする．また，$d\hat{\boldsymbol{r}}/dt=\boldsymbol{0}$ を使うと，

$$\frac{d\boldsymbol{r}}{dt}=\frac{d}{dt}(r\hat{\boldsymbol{r}})=\frac{dr}{dt}\hat{\boldsymbol{r}}+r\frac{d\hat{\boldsymbol{r}}}{dt}=\frac{dr}{dt}\hat{\boldsymbol{r}}=\frac{1}{r}\frac{dr}{dt}\boldsymbol{r}$$

演習問題 2.5 質点の運動方程式は，$md^2\boldsymbol{r}/dt^2=-k\boldsymbol{r}$．$\omega^2=k/m$ とおけば，$d^2\boldsymbol{r}/dt^2=-\omega^2\boldsymbol{r}$．$x$ 成分については，$d^2x/dt^2=-\omega^2x$．$x=\cos\omega t$，$x=\sin\omega t$ はこの微分方程式を満たし，互いに線形独立である．よって，一般解は，$x=a_x\cos\omega t+b_x\sin\omega t$（$a_x$，$b_x$ は定数）となる．y，z 成分についても，同様の一般解が得られる．ゆえに，

$$\begin{aligned}\boldsymbol{r}&=x\boldsymbol{i}+y\boldsymbol{j}+z\boldsymbol{k}=(a_x\boldsymbol{i}+a_y\boldsymbol{j}+a_z\boldsymbol{k})\cos\omega t+(b_x\boldsymbol{i}+b_y\boldsymbol{j}+b_z\boldsymbol{k})\sin\omega t\\&=\boldsymbol{a}\cos\omega t+\boldsymbol{b}\sin\omega t\end{aligned}$$

$\boldsymbol{a}$，$\boldsymbol{b}$ は定ベクトルである．質点は $\boldsymbol{a}$ と $\boldsymbol{b}$ がつくる平面上を運動する．その運動は 2 つの振動 $\boldsymbol{a}\cos\omega t$ と $\boldsymbol{b}\sin\omega t$ のベクトル和であり，楕円軌道を描く．とくに，$|\boldsymbol{a}|=|\boldsymbol{b}|\ (>0)$，$\boldsymbol{a}\cdot\boldsymbol{b}=0$（直交）のときは円軌道，$\boldsymbol{a}$ と $\boldsymbol{b}$ が共線ベクトルのときは直線上の単振動となる．一方，質点の速さ v は，次のように計算される．$2d\boldsymbol{r}/dt$ と運動方程式との内積をつくると，

$$2\frac{d\boldsymbol{r}}{dt}\cdot\frac{d^2\boldsymbol{r}}{dt^2}=-\omega^2 2\boldsymbol{r}\cdot\frac{d\boldsymbol{r}}{dt},\quad \text{すなわち}\quad \frac{d}{dt}\left(\frac{d\boldsymbol{r}}{dt}\cdot\frac{d\boldsymbol{r}}{dt}\right)=-\omega^2\frac{d}{dt}(\boldsymbol{r}\cdot\boldsymbol{r})$$

$$\therefore\quad v^2=\frac{d\boldsymbol{r}}{dt}\cdot\frac{d\boldsymbol{r}}{dt}=c-\omega^2(\boldsymbol{r}\cdot\boldsymbol{r})=c-\omega^2r^2\quad(c\text{ は定数})$$

演習問題 2.6 $l=\displaystyle\int_0^1\sqrt{\left(\frac{dx}{du}\right)^2+\left(\frac{dy}{du}\right)^2+\left(\frac{dz}{du}\right)^2}\,du=5\int_0^1\sqrt{1+u^2}\,u\,du$

ここで，$t=u^2$ とおくと，$dt=2udu$．よって，

$$l=\frac{5}{2}\int_0^1\sqrt{1+t}\,dt=\frac{5}{2}\left[\frac{2}{3}(1+t)^{3/2}\right]_0^1=\frac{5}{3}(2\sqrt{2}-1)$$

$\dfrac{d\boldsymbol{r}}{du}=3u\boldsymbol{i}+4u\boldsymbol{j}+5u^2\boldsymbol{k}$，$\left|\dfrac{d\boldsymbol{r}}{du}\right|=5u\sqrt{1+u^2}$ より，

$$\boldsymbol{t}=\frac{d\boldsymbol{r}}{du}\bigg/\left|\frac{d\boldsymbol{r}}{du}\right|=\frac{1}{5u\sqrt{1+u^2}}(3u\boldsymbol{i}+4u\boldsymbol{j}+5u^2\boldsymbol{k})=\frac{1}{5\sqrt{1+u}}(3\boldsymbol{i}+4\boldsymbol{j}+5u\boldsymbol{k})$$

また，$\dfrac{d\boldsymbol{t}}{ds}=\dfrac{d\boldsymbol{t}}{du}\dfrac{du}{ds}=\dfrac{d\boldsymbol{t}}{du}\bigg/\left|\dfrac{d\boldsymbol{r}}{du}\right|=\dfrac{1}{5u\sqrt{1+u^2}}\dfrac{1}{5(1+u^2)^{3/2}}(-3u\boldsymbol{i}-4u\boldsymbol{j}+5\boldsymbol{k})$

$= \dfrac{1}{25u(1+u^2)^2}(-3u\boldsymbol{i} - 4u\boldsymbol{j} + 5\boldsymbol{k})$ より，次式となる．

$$\kappa = \left|\frac{d\boldsymbol{t}}{ds}\right| = \frac{1}{5u(1+u^2)^{3/2}}$$

$$\boldsymbol{n} = \frac{d\boldsymbol{t}}{ds}\Big/\left|\frac{d\boldsymbol{t}}{ds}\right| = \frac{1}{5\sqrt{1+u^2}}(-3u\boldsymbol{i} - 4u\boldsymbol{j} + 5\boldsymbol{k})$$

演習問題 2.7　(1) $\boldsymbol{r}' = \dfrac{d\boldsymbol{r}}{du} = \dfrac{d\boldsymbol{r}}{ds}\dfrac{ds}{du}$，　$\boldsymbol{r}'' = \dfrac{d^2\boldsymbol{r}}{du^2} = \dfrac{d^2\boldsymbol{r}}{ds^2}\left(\dfrac{ds}{du}\right)^2 + \dfrac{d\boldsymbol{r}}{ds}\dfrac{d^2s}{du^2}$

$$\therefore\quad \boldsymbol{r}''\cdot\boldsymbol{r}'' = \left|\frac{d^2\boldsymbol{r}}{ds^2}\right|^2\left(\frac{ds}{du}\right)^4 + 2\left(\frac{d^2\boldsymbol{r}}{ds^2}\cdot\frac{d\boldsymbol{r}}{ds}\right)\left(\frac{ds}{du}\right)^2\frac{d^2s}{du^2} + \left|\frac{d\boldsymbol{r}}{ds}\right|^2\left(\frac{d^2s}{du^2}\right)^2$$

ここで，$\left|\dfrac{d\boldsymbol{r}}{ds}\right|^2 = |\boldsymbol{t}|^2 = 1$，$2\left(\dfrac{d^2\boldsymbol{r}}{ds^2}\cdot\dfrac{d\boldsymbol{r}}{ds}\right) = \dfrac{d}{ds}\left(\left|\dfrac{d\boldsymbol{r}}{ds}\right|^2\right) = \dfrac{d}{ds}\left(|\boldsymbol{t}|^2\right) = 0$

$$\therefore\quad \boldsymbol{r}''\cdot\boldsymbol{r}'' = \left|\frac{d^2\boldsymbol{r}}{ds^2}\right|^2\left(\frac{ds}{du}\right)^4 + \left(\frac{d^2s}{du^2}\right)^2$$

また，$\left(\dfrac{ds}{du}\right)^2 = |\boldsymbol{r}'|^2 = \boldsymbol{r}'\cdot\boldsymbol{r}'$ であり，両辺を微分すると，$2\dfrac{ds}{du}\dfrac{d^2s}{du^2} = 2\boldsymbol{r}'\cdot\boldsymbol{r}''$．これより，$\dfrac{d^2s}{du^2} = (\boldsymbol{r}'\cdot\boldsymbol{r}'')\Big/\dfrac{ds}{du} = \dfrac{\boldsymbol{r}'\cdot\boldsymbol{r}''}{|\boldsymbol{r}'|}$

$$\therefore\quad \boldsymbol{r}''\cdot\boldsymbol{r}'' = \left|\frac{d^2\boldsymbol{r}}{ds^2}\right|^2(\boldsymbol{r}'\cdot\boldsymbol{r}')^2 + \frac{(\boldsymbol{r}'\cdot\boldsymbol{r}'')^2}{\boldsymbol{r}'\cdot\boldsymbol{r}'}$$

$$\therefore\quad \kappa^2 = \left|\frac{d^2\boldsymbol{r}}{ds^2}\right|^2 = \frac{(\boldsymbol{r}'\cdot\boldsymbol{r}')(\boldsymbol{r}''\cdot\boldsymbol{r}'') - (\boldsymbol{r}'\cdot\boldsymbol{r}'')^2}{(\boldsymbol{r}'\cdot\boldsymbol{r}')^3}$$

(2) $\boldsymbol{r}' = -(a\sin u)\boldsymbol{i} + (b\cos u)\boldsymbol{j}$，$\boldsymbol{r}'' = -(a\cos u)\boldsymbol{i} - (b\sin u)\boldsymbol{j}$ より，

$$\boldsymbol{r}'\cdot\boldsymbol{r}' = a^2\sin^2 u + b^2\cos^2 u,\quad \boldsymbol{r}''\cdot\boldsymbol{r}'' = a^2\cos^2 u + b^2\sin^2 u,$$
$$(\boldsymbol{r}'\cdot\boldsymbol{r}'')^2 = (a^2 - b^2)^2\cos^2 u\,\sin^2 u$$

(1) の κ^2 の分子は，

$$\begin{aligned}(\boldsymbol{r}'\cdot\boldsymbol{r}')(\boldsymbol{r}''\cdot\boldsymbol{r}'') - (\boldsymbol{r}'\cdot\boldsymbol{r}'')^2 &= (a^2\sin^2 u + b^2\cos^2 u)(a^2\cos^2 u + b^2\sin^2 u)\\ &\quad - (a^2 - b^2)^2\cos^2 u\,\sin^2 u\\ &= a^2b^2\end{aligned}$$

$$\therefore\quad \kappa^2 = \frac{(\boldsymbol{r}'\cdot\boldsymbol{r}')(\boldsymbol{r}''\cdot\boldsymbol{r}'') - (\boldsymbol{r}'\cdot\boldsymbol{r}'')^2}{(\boldsymbol{r}'\cdot\boldsymbol{r}')^3} = \frac{a^2b^2}{(a^2\sin^2 u + b^2\cos^2 u)^3}$$

$$\therefore\quad \kappa = \frac{ab}{(a^2\sin^2 u + b^2\cos^2 u)^{3/2}}$$

$a = b$ のときには，$\kappa = 1/a$，$\rho = a$ となり，半径 a の円に対する結果が得られる（2.3 節，例 2.10）．

演習問題 2.8　質点に働く外力を $\boldsymbol{F}$，束縛力を $\boldsymbol{R}$ とすると，質点の運動方程式は，$md^2\boldsymbol{r}/dt^2 = \boldsymbol{F} + \boldsymbol{R}$．曲線の接線単位ベクトルを $\boldsymbol{t}$，主法線ベクトルを $\boldsymbol{n}$，従法線ベクトルを $\boldsymbol{b}$ として，それらの方向に対する $\boldsymbol{F}$ の成分を F_t，F_n，F_b とすれば，$\boldsymbol{F} = F_t\boldsymbol{t} + F_n\boldsymbol{n} + F_b\boldsymbol{b}$．同様に，$\boldsymbol{R} = R_t\boldsymbol{t} + R_n\boldsymbol{n} + R_b\boldsymbol{b}$ と

表されるが，質点が曲線に滑らかに束縛されているときには，$R_t = 0$ である．したがって，式 (2.26) を使うと（$v = ds/dt$），運動方程式は

$$m\left\{\frac{d^2s}{dt^2}\boldsymbol{t} + \kappa\left(\frac{ds}{dt}\right)^2\boldsymbol{n}\right\} = F_t\boldsymbol{t} + (F_n + R_n)\boldsymbol{n} + (F_b + R_b)\boldsymbol{b}$$

と書ける．すなわち，

$$m\frac{d^2s}{dt^2} = F_t, \quad m\kappa\left(\frac{ds}{dt}\right)^2 = F_n + R_n, \quad F_b + R_b = 0$$

となる．このように，質点に働く外力と束縛力の従法線成分はつねに釣り合っていることがわかる．上の第 1 式が解ければ，その結果を第 2 式に代入して，R_n を求めることができる．

外力が働いていないとき ($\boldsymbol{F} = \boldsymbol{0}$) には，$R_b = 0$，$v = ds/dt =$ 一定 となり，$R_n = m\kappa v^2$ が得られる．

演習問題 2.9 曲面の方程式 $z = z(x, y)$ は，媒介変数 u，v を用いた曲面の方程式 $x = x(u, v) = u$，$y = y(u, v) = v$，$z = z(u, v)$，すなわち，$\boldsymbol{r} = x\boldsymbol{i} + y\boldsymbol{j} + z\boldsymbol{k} = u\boldsymbol{i} + v\boldsymbol{j} + z(u, v)\boldsymbol{k}$ と同等である．よって，以下のようになる．

$$\frac{\partial \boldsymbol{r}}{\partial u} = \frac{\partial \boldsymbol{r}}{\partial x} = \boldsymbol{i} + \frac{\partial z}{\partial x}\boldsymbol{k}, \quad \frac{\partial \boldsymbol{r}}{\partial v} = \frac{\partial \boldsymbol{r}}{\partial y} = \boldsymbol{j} + \frac{\partial z}{\partial y}\boldsymbol{k}, \quad \frac{\partial \boldsymbol{r}}{\partial u} \times \frac{\partial \boldsymbol{r}}{\partial v} = -\frac{\partial z}{\partial x}\boldsymbol{i} - \frac{\partial z}{\partial y}\boldsymbol{j} + \boldsymbol{k}$$

$$\therefore \quad \boldsymbol{n} = \pm\left(\frac{\partial \boldsymbol{r}}{\partial u} \times \frac{\partial \boldsymbol{r}}{\partial v}\right) \Big/ \left|\frac{\partial \boldsymbol{r}}{\partial u} \times \frac{\partial \boldsymbol{r}}{\partial v}\right| = \frac{\pm 1}{\sqrt{1 + (\partial z/\partial x)^2 + (\partial z/\partial y)^2}}\left(-\frac{\partial z}{\partial x}\boldsymbol{i} - \frac{\partial z}{\partial y}\boldsymbol{j} + \boldsymbol{k}\right)$$

演習問題 2.10 球面は，媒介変数 θ，φ を用いて，

$$\boldsymbol{r} = (a\sin\theta\cos\varphi)\boldsymbol{i} + (a\sin\theta\sin\varphi)\boldsymbol{j} + (a\cos\theta)\boldsymbol{k} \quad (0 \leqq \theta \leqq \pi, \quad 0 \leqq \varphi \leqq 2\pi)$$

と表すことができる．したがって，

$$dS = \left|\frac{\partial \boldsymbol{r}}{\partial \theta} \times \frac{\partial \boldsymbol{r}}{\partial \varphi}\right| d\theta d\varphi = a^2 \sin\theta\, d\theta d\varphi$$

$z_1 = a\cos\theta_1$，$z_2 = a\cos\theta_2$ とすると，$z_1 < z_2$ より $\theta_1 > \theta_2$．よって，

$$S = \int dS = a^2 \int_{\theta_2}^{\theta_1} \sin\theta d\theta \int_0^{2\pi} d\varphi = 2\pi a^2 \int_{\theta_2}^{\theta_1} \sin\theta d\theta$$

$t = \cos\theta$ とおくと，$dt = -\sin\theta d\theta$．そこで，$t_1 = \cos\theta_1 = z_1/a$，$t_2 = \cos\theta_2 = z_2/a$ とすると，次式となる．

$$S = -2\pi a^2 \int_{t_2}^{t_1} dt = 2\pi a^2(t_2 - t_1) = 2\pi a(z_2 - z_1)$$

演習問題 2.11 図 k2.4 のような円錐の表面（底面は含まない）を表す．また，

$$1 + \left(\frac{\partial z}{\partial x}\right)^2 + \left(\frac{\partial z}{\partial y}\right)^2 = 1 + \left(\frac{x}{\sqrt{x^2 + y^2}}\right)^2 + \left(\frac{y}{\sqrt{x^2 + y^2}}\right)^2 = 2$$

$$\therefore \quad S = \iint_D \sqrt{1 + \left(\frac{\partial z}{\partial x}\right)^2 + \left(\frac{\partial z}{\partial y}\right)^2}\, dxdy = \sqrt{2}\iint_D dxdy = \sqrt{2}\pi a^2 \quad (D\colon x^2 + y^2 \leqq a^2)$$

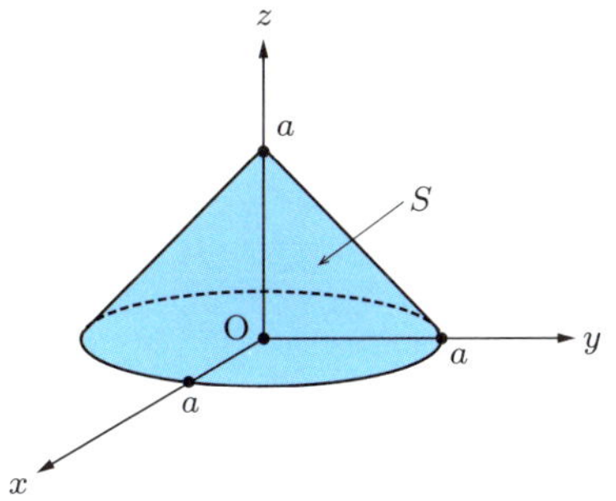

図 k2.4

第3章

問 3.1 (1) $r=\sqrt{x^2+y^2+z^2}$, $\partial r/\partial x = x/\sqrt{x^2+y^2+z^2}=x/r$, $\partial r/\partial y = y/r$, $\partial r/\partial z = z/r$ より，次式となる．

$$\nabla r = \frac{\partial r}{\partial x}\boldsymbol{i}+\frac{\partial r}{\partial y}\boldsymbol{j}+\frac{\partial r}{\partial z}\boldsymbol{k}=\frac{1}{r}(x\boldsymbol{i}+y\boldsymbol{j}+z\boldsymbol{k})=\frac{1}{r}\boldsymbol{r}$$

(2) $\nabla\left(\frac{1}{r}\right)=\frac{d}{dr}\left(\frac{1}{r}\right)\nabla r=-\frac{1}{r^2}\frac{1}{r}\boldsymbol{r}=-\frac{1}{r^3}\boldsymbol{r}$

問 3.2 $\nabla f=\frac{\partial f}{\partial x}\boldsymbol{i}+\frac{\partial f}{\partial y}\boldsymbol{j}+\frac{\partial f}{\partial z}\boldsymbol{k}=\left(\frac{\partial f}{\partial u}\frac{\partial u}{\partial x}+\frac{\partial f}{\partial v}\frac{\partial v}{\partial x}\right)\boldsymbol{i}+\left(\frac{\partial f}{\partial u}\frac{\partial u}{\partial y}+\frac{\partial f}{\partial v}\frac{\partial v}{\partial y}\right)\boldsymbol{j}+\left(\frac{\partial f}{\partial u}\frac{\partial u}{\partial z}\right.$
$\left.+\frac{\partial f}{\partial v}\frac{\partial v}{\partial z}\right)\boldsymbol{k}=\frac{\partial f}{\partial u}\left(\frac{\partial u}{\partial x}\boldsymbol{i}+\frac{\partial u}{\partial y}\boldsymbol{j}+\frac{\partial u}{\partial z}\boldsymbol{k}\right)+\frac{\partial f}{\partial v}\left(\frac{\partial v}{\partial x}\boldsymbol{i}+\frac{\partial v}{\partial y}\boldsymbol{j}+\frac{\partial v}{\partial z}\boldsymbol{k}\right)=\frac{\partial f}{\partial u}\nabla u+\frac{\partial f}{\partial v}\nabla v$

問 3.3 $\varphi=x^2+y^2-z$ とおけば，曲面の方程式は $\varphi=0$ で表され，z が減少すれば φ は増加する．よって，$\nabla\varphi=2x\boldsymbol{i}+2y\boldsymbol{j}-\boldsymbol{k}$ より

$$\boldsymbol{n}=\frac{\nabla\varphi}{|\nabla\varphi|}=\frac{2x\boldsymbol{i}+2y\boldsymbol{j}-\boldsymbol{k}}{\sqrt{4(x^2+y^2)+1}}$$

となる．媒介変数を用いて求めた 2.5 節，例 2.14 の結果と一致する．

問 3.4 $|\boldsymbol{A}|^2=\left(x/\sqrt{x^2+y^2}-y\right)^2+\left(y/\sqrt{x^2+y^2}+x\right)^2=x^2+y^2+1$ より，

$$\frac{\boldsymbol{A}}{|\boldsymbol{A}|}=\frac{1}{\sqrt{x^2+y^2+1}}\left\{\left(\frac{x}{\sqrt{x^2+y^2}}-y\right)\boldsymbol{i}+\left(\frac{y}{\sqrt{x^2+y^2}}+x\right)\boldsymbol{j}\right\}$$

となる．そこで，ヒントにあげた曲線 $\boldsymbol{r}=\boldsymbol{r}(u)=(u\cos u)\boldsymbol{i}+(u\sin u)\boldsymbol{j}$ $(u\geqq 0)$ を考えると，$d\boldsymbol{r}/du=(\cos u-u\sin u)\boldsymbol{i}+(\sin u+u\cos u)\boldsymbol{j}$，$|d\boldsymbol{r}/du|=\sqrt{u^2+1}$．よって，

$$\frac{d\boldsymbol{r}}{ds}=\frac{d\boldsymbol{r}}{du}\Big/\left|\frac{d\boldsymbol{r}}{du}\right|=\frac{1}{\sqrt{u^2+1}}\{(\cos u-u\sin u)\boldsymbol{i}+(\sin u+u\cos u)\boldsymbol{j}\}$$

となる．ここで，$x=u\cos u$，$y=u\sin u$，$x^2+y^2=u^2$ であることを使うと，$d\boldsymbol{r}/ds$ は $\boldsymbol{A}/|\boldsymbol{A}|$ と一致することが示される．ゆえに，この曲線 $\boldsymbol{r}=\boldsymbol{r}(u)$ はベクトル場 $\boldsymbol{A}$ の流線の 1 つである（図 k3.1）．u が $u=0$ から大きくなると，$\boldsymbol{r}(u)$ は原点から遠ざかりながら，原点のまわりを回転する．

問 3.5 (1) $2/r$ (2) $1/\sqrt{x^2+y^2}$

問 3.6 (1) $\boldsymbol{0}$ (2) $-a\boldsymbol{k}$

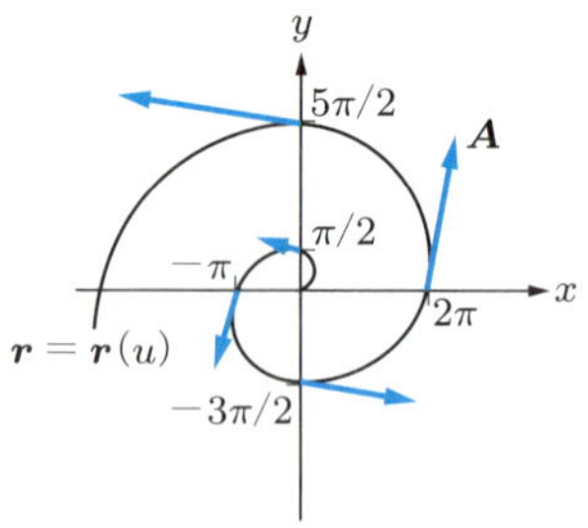

図 k3.1

問 3.7 (iii) $(\mathrm{rot}(\varphi \boldsymbol{A}))_x = \dfrac{\partial}{\partial y}(\varphi A_z) - \dfrac{\partial}{\partial z}(\varphi A_y) = \left(\dfrac{\partial \varphi}{\partial y}A_z - \dfrac{\partial \varphi}{\partial z}A_y\right) + \varphi\left(\dfrac{\partial A_z}{\partial y} - \dfrac{\partial A_y}{\partial z}\right)$

$= ((\nabla\varphi) \times \boldsymbol{A})_x + \varphi(\nabla \times \boldsymbol{A})_x$. y, z 成分についても同様である.

(iv) $(\mathrm{grad}(\boldsymbol{A} \cdot \boldsymbol{B}))_x = \dfrac{\partial}{\partial x}(A_x B_x + A_y B_y + A_z B_z)$

$$= \frac{\partial A_x}{\partial x}B_x + A_x\frac{\partial B_x}{\partial x} + \frac{\partial A_y}{\partial x}B_y + A_y\frac{\partial B_y}{\partial x} + \frac{\partial A_z}{\partial x}B_z + A_z\frac{\partial B_z}{\partial x}$$

$$= \left(B_x\frac{\partial}{\partial x} + B_y\frac{\partial}{\partial y} + B_z\frac{\partial}{\partial z}\right)A_x + \left(A_x\frac{\partial}{\partial x} + A_y\frac{\partial}{\partial y} + A_z\frac{\partial}{\partial z}\right)B_x$$

$$+ A_y\left(\frac{\partial B_y}{\partial x} - \frac{\partial B_x}{\partial y}\right) - A_z\left(\frac{\partial B_x}{\partial z} - \frac{\partial B_z}{\partial x}\right) + B_y\left(\frac{\partial A_y}{\partial x} - \frac{\partial A_x}{\partial y}\right) - B_z\left(\frac{\partial A_x}{\partial z} - \frac{\partial A_z}{\partial x}\right)$$

$$= (\boldsymbol{B} \cdot \nabla)A_x + (\boldsymbol{A} \cdot \nabla)B_x + A_y(\mathrm{rot}\,\boldsymbol{B})_z - A_z(\mathrm{rot}\,\boldsymbol{B})_y + B_y(\mathrm{rot}\,\boldsymbol{A})_z - B_z(\mathrm{rot}\,\boldsymbol{A})_y$$

$$= (\boldsymbol{B} \cdot \nabla)A_x + (\boldsymbol{A} \cdot \nabla)B_x + (\boldsymbol{A} \times \mathrm{rot}\,\boldsymbol{B})_x + (\boldsymbol{B} \times \mathrm{rot}\,\boldsymbol{A})_x$$

$$= (\boldsymbol{B} \cdot \nabla)A_x + (\boldsymbol{A} \cdot \nabla)B_x + (\boldsymbol{A} \times (\nabla \times \boldsymbol{B}))_x + (\boldsymbol{B} \times (\nabla \times \boldsymbol{A}))_x$$

y, z 成分についても同様である.

(v) $\mathrm{div}(\boldsymbol{A} \times \boldsymbol{B}) = \dfrac{\partial}{\partial x}(A_y B_z - A_z B_y) + \dfrac{\partial}{\partial y}(A_z B_x - A_x B_z) + \dfrac{\partial}{\partial z}(A_x B_y - A_y B_x)$

$$= B_x\left(\frac{\partial A_z}{\partial y} - \frac{\partial A_y}{\partial z}\right) + B_y\left(\frac{\partial A_x}{\partial z} - \frac{\partial A_z}{\partial x}\right) + B_z\left(\frac{\partial A_y}{\partial x} - \frac{\partial A_x}{\partial y}\right)$$

$$- A_x\left(\frac{\partial B_z}{\partial y} - \frac{\partial B_y}{\partial z}\right) - A_y\left(\frac{\partial B_x}{\partial z} - \frac{\partial A_z}{\partial x}\right) - A_z\left(\frac{\partial B_y}{\partial x} - \frac{\partial B_x}{\partial y}\right)$$

$$= B_x(\mathrm{rot}\,\boldsymbol{A})_x + B_y(\mathrm{rot}\,\boldsymbol{A})_y + B_z(\mathrm{rot}\,\boldsymbol{A})_z - A_x(\mathrm{rot}\,\boldsymbol{B})_x - A_y(\mathrm{rot}\,\boldsymbol{B})_y - A_z(\mathrm{rot}\,\boldsymbol{B})_z$$

$$= \boldsymbol{B} \cdot (\mathrm{rot}\,\boldsymbol{A}) - \boldsymbol{A} \cdot (\mathrm{rot}\,\boldsymbol{B}) = \boldsymbol{B} \cdot (\nabla \times \boldsymbol{A}) - \boldsymbol{A} \cdot (\nabla \times \boldsymbol{B})$$

(vi) $(\mathrm{rot}(\boldsymbol{A} \times \boldsymbol{B}))_x = \dfrac{\partial}{\partial y}(\boldsymbol{A} \times \boldsymbol{B})_z - \dfrac{\partial}{\partial z}(\boldsymbol{A} \times \boldsymbol{B})_y$

$$= \frac{\partial}{\partial y}(A_x B_y - A_y B_x) - \frac{\partial}{\partial z}(A_z B_x - A_x B_z)$$

$$= A_x\left(\frac{\partial B_y}{\partial y} + \frac{\partial B_z}{\partial z}\right) - B_x\left(\frac{\partial A_y}{\partial y} + \frac{\partial A_z}{\partial z}\right) + \left(B_y\frac{\partial A_x}{\partial y} + B_z\frac{\partial A_x}{\partial z}\right) - \left(A_y\frac{\partial B_x}{\partial y} + A_z\frac{\partial B_x}{\partial z}\right)$$

$$= A_x\left(\frac{\partial B_x}{\partial x} + \frac{\partial B_y}{\partial y} + \frac{\partial B_z}{\partial z}\right) - B_x\left(\frac{\partial A_x}{\partial x} + \frac{\partial A_y}{\partial y} + \frac{\partial A_z}{\partial z}\right)$$

$$+ \left(B_x\frac{\partial}{\partial x} + B_y\frac{\partial}{\partial y} + B_z\frac{\partial}{\partial z}\right)A_x - \left(A_x\frac{\partial}{\partial x} + A_y\frac{\partial}{\partial y} + A_z\frac{\partial}{\partial z}\right)B_x$$

$= A_x \operatorname{div} \boldsymbol{B} - B_x \operatorname{div} \boldsymbol{A} + (\boldsymbol{B}\cdot\nabla)A_x - (\boldsymbol{A}\cdot\nabla)B_x$

$= (\boldsymbol{B}\cdot\nabla)A_x - (\boldsymbol{A}\cdot\nabla)B_x + (\nabla\cdot\boldsymbol{B})A_x - (\nabla\cdot\boldsymbol{A})B_x$

y，z 成分についても同様である．

演習問題 3.1　(1) $2x\boldsymbol{i} + 2y\boldsymbol{j} + 2z\boldsymbol{k}$　(2) 6　(3) 曲面の方程式は $F(x,y,z) = \varphi - a^2 = 0$ で，$\nabla F = \nabla\varphi = 2x\boldsymbol{i} + 2y\boldsymbol{j} + 2z\boldsymbol{k}$，$|\nabla F| = 2\sqrt{x^2+y^2+z^2} = 2a$．よって，$\boldsymbol{n} = \dfrac{\nabla F}{|\nabla F|} = \dfrac{1}{a}(x\boldsymbol{i} + y\boldsymbol{j} + z\boldsymbol{k})$ となる．

演習問題 3.2　$\nabla f = \dfrac{\partial f}{\partial u}\nabla u + \dfrac{\partial f}{\partial v}\nabla v$．同様に，$\nabla g = \dfrac{\partial g}{\partial u}\nabla u + \dfrac{\partial g}{\partial v}\nabla v + \dfrac{\partial g}{\partial w}\nabla w$ と書ける．

(1) $\dfrac{\partial f}{\partial u}$ と $\dfrac{\partial f}{\partial v}$ は同時に 0 となることはないから，たとえば $\dfrac{\partial f}{\partial u} \neq 0$ とする．$f = c$ ならば，$\nabla f = \boldsymbol{0}$．すなわち，$\dfrac{\partial f}{\partial u}\nabla u + \dfrac{\partial f}{\partial v}\nabla v = \boldsymbol{0}$．両辺と ∇v の外積をつくれば，$\dfrac{\partial f}{\partial u}(\nabla u \times \nabla v) = \boldsymbol{0}$ ($\because\ \nabla v \times \nabla v = \boldsymbol{0}$)．よって，$\nabla u \times \nabla v = \boldsymbol{0}$ となる．

(2) 同様に，$\dfrac{\partial g}{\partial u}$，$\dfrac{\partial g}{\partial v}$，$\dfrac{\partial g}{\partial w}$ は同時に 0 となることはないから，たとえば $\dfrac{\partial g}{\partial u} \neq 0$ とする．$g = c$ のとき，$\dfrac{\partial g}{\partial u}\nabla u + \dfrac{\partial g}{\partial v}\nabla v + \dfrac{\partial g}{\partial w}\nabla w = \boldsymbol{0}$．両辺と $\nabla v \times \nabla w$ の内積をつくれば，

$$\frac{\partial g}{\partial u}\nabla u\cdot(\nabla v \times \nabla w) + \frac{\partial g}{\partial v}\nabla v\cdot(\nabla v \times \nabla w) + \frac{\partial g}{\partial w}\nabla w\cdot(\nabla v \times \nabla w) = 0$$

となる．ここで，$\nabla v\cdot(\nabla v \times \nabla w) = 0$，$\nabla w\cdot(\nabla v \times \nabla w) = 0$ を使うと，$\nabla u\cdot(\nabla v \times \nabla w) = 0$，すなわち，$[\nabla u\ \nabla v\ \nabla w] = 0$ となる．

演習問題 3.3　(1) $\nabla\cdot\boldsymbol{r} = \dfrac{\partial x}{\partial x} + \dfrac{\partial y}{\partial y} + \dfrac{\partial z}{\partial z} = 1 + 1 + 1 = 3$

(2) $\nabla\times\boldsymbol{r} = \left(\dfrac{\partial z}{\partial y} - \dfrac{\partial y}{\partial z}\right)\boldsymbol{i} + \left(\dfrac{\partial x}{\partial z} - \dfrac{\partial z}{\partial x}\right)\boldsymbol{j} + \left(\dfrac{\partial y}{\partial x} - \dfrac{\partial x}{\partial y}\right)\boldsymbol{k} = \boldsymbol{0}$

(3) $r = \sqrt{x^2+y^2+z^2}$，$\dfrac{\partial}{\partial x}\left(\dfrac{1}{r}\right) = -\dfrac{1}{r^2}\dfrac{\partial r}{\partial x} = -\dfrac{1}{r^2}\dfrac{x}{r} = -\dfrac{x}{r^3}$，$\dfrac{\partial^2}{\partial x^2}\left(\dfrac{1}{r}\right) = -\dfrac{1}{r^3} + \dfrac{3x}{r^4}\dfrac{\partial r}{\partial x} = -\dfrac{1}{r^3} + \dfrac{3x^2}{r^5}$．同様に，$\dfrac{\partial^2}{\partial y^2}\left(\dfrac{1}{r}\right) = -\dfrac{1}{r^3} + \dfrac{3y^2}{r^5}$，$\dfrac{\partial^2}{\partial z^2}\left(\dfrac{1}{r}\right) = -\dfrac{1}{r^3} + \dfrac{3z^2}{r^5}$．　$\therefore$　$\nabla^2\left(\dfrac{1}{r}\right) = \dfrac{\partial^2}{\partial x^2}\left(\dfrac{1}{r}\right) + \dfrac{\partial^2}{\partial y^2}\left(\dfrac{1}{r}\right) + \dfrac{\partial^2}{\partial z^2}\left(\dfrac{1}{r}\right) = -\dfrac{3}{r^3} + \dfrac{3(x^2+y^2+z^2)}{r^5} = -\dfrac{3}{r^3} + \dfrac{3}{r^3} = 0$

(4) $\dfrac{\partial f}{\partial x} = \dfrac{df}{dr}\dfrac{\partial r}{\partial x} = \dfrac{x}{r}\dfrac{df}{dr}$，$\dfrac{\partial^2 f}{\partial x^2} = \dfrac{1}{r}\dfrac{df}{dr} - \dfrac{x}{r^2}\dfrac{\partial r}{\partial x}\dfrac{df}{dr} + \dfrac{x}{r}\dfrac{d^2 f}{dr^2}\dfrac{\partial r}{\partial x} = \dfrac{1}{r}\dfrac{df}{dr} - \dfrac{x^2}{r^3}\dfrac{df}{dr} + \dfrac{x^2}{r^2}\dfrac{d^2 f}{dr^2}$．$\dfrac{\partial^2 f}{\partial y^2}$，$\dfrac{\partial^2 f}{\partial z^2}$ も同様に計算でき，$\nabla^2 f = \dfrac{\partial^2 f}{\partial x^2} + \dfrac{\partial^2 f}{\partial y^2} + \dfrac{\partial^2 f}{\partial z^2} = \dfrac{3}{r}\dfrac{df}{dr} - \dfrac{x^2+y^2+z^2}{r^3}\dfrac{df}{dr} + \dfrac{x^2+y^2+z^2}{r^2}\dfrac{d^2 f}{dr^2} = \dfrac{2}{r}\dfrac{df}{dr} + \dfrac{d^2 f}{dr^2}$ となる．

(5) $\nabla^2 f = 0$ のとき，$\dfrac{d^2 f}{dr^2} + \dfrac{2}{r}\dfrac{df}{dr} = 0$．$\dfrac{df}{dr} = p$ とおくと，$\dfrac{dp}{dr} + \dfrac{2}{r}p = 0$．この微分方程式は変数分離形であり，その一般解は，A を任意定数として，$p = -A/r^2$ と求められる．したがって，

$\dfrac{df}{dr} = -A/r^2$．これを積分して，$f = A/r + B$ となる．B も任意定数である．

演習問題 3.4 (1) $\nabla(\varphi+\psi) = \dfrac{\partial}{\partial x}(\varphi+\psi)\boldsymbol{i} + \dfrac{\partial}{\partial y}(\varphi+\psi)\boldsymbol{j} + \dfrac{\partial}{\partial z}(\varphi+\psi)\boldsymbol{k} = \left(\dfrac{\partial\varphi}{\partial x}\boldsymbol{i} + \dfrac{\partial\varphi}{\partial y}\boldsymbol{j} + \dfrac{\partial\varphi}{\partial z}\boldsymbol{k}\right) + \left(\dfrac{\partial\psi}{\partial x}\boldsymbol{i} + \dfrac{\partial\psi}{\partial y}\boldsymbol{j} + \dfrac{\partial\psi}{\partial z}\boldsymbol{k}\right) = \nabla\varphi + \nabla\psi$

(2) $\nabla\cdot(\boldsymbol{A}+\boldsymbol{B}) = \dfrac{\partial}{\partial x}(A_x + B_x) + \dfrac{\partial}{\partial y}(A_y + B_y) + \dfrac{\partial}{\partial z}(A_z + B_z) = \left(\dfrac{\partial A_x}{\partial x} + \dfrac{\partial A_y}{\partial y} + \dfrac{\partial A_z}{\partial z}\right) + \left(\dfrac{\partial B_x}{\partial x} + \dfrac{\partial B_y}{\partial y} + \dfrac{\partial B_z}{\partial z}\right) = \nabla\cdot\boldsymbol{A} + \nabla\cdot\boldsymbol{B}$

(3) $\nabla\times(\boldsymbol{A}+\boldsymbol{B})$ の x 成分は，$[\nabla\times(\boldsymbol{A}+\boldsymbol{B})]_x = \dfrac{\partial}{\partial y}(A_z + B_z) - \dfrac{\partial}{\partial z}(A_y + B_y) = \left(\dfrac{\partial A_z}{\partial y} - \dfrac{\partial A_y}{\partial z}\right) + \left(\dfrac{\partial B_z}{\partial y} - \dfrac{\partial B_y}{\partial z}\right) = (\nabla\times\boldsymbol{A})_x + (\nabla\times\boldsymbol{B})_x$ となる．y，z 成分についても同様である．

演習問題 3.5 (1) $2(x+y+z)\boldsymbol{i} + 2(x+y+z)\boldsymbol{j} + 2(x+y+z)\boldsymbol{k}$ (2) $yz^2 + zx^2 + xy^2$

(3) $2xyz(x+y+z)^2$ (4) $(x+y+z)^2(2xyz + yz^2 + zx^2 + xy^2)$ (5) 6

演習問題 3.6 (1) $(\nabla A_x)\cdot\boldsymbol{i} + (\nabla A_y)\cdot\boldsymbol{j} + (\nabla A_z)\cdot\boldsymbol{k} = \left(\dfrac{\partial A_x}{\partial x}\boldsymbol{i} + \dfrac{\partial A_x}{\partial y}\boldsymbol{j} + \dfrac{\partial A_x}{\partial z}\boldsymbol{k}\right)\cdot\boldsymbol{i} + \left(\dfrac{\partial A_y}{\partial x}\boldsymbol{i} + \dfrac{\partial A_y}{\partial y}\boldsymbol{j} + \dfrac{\partial A_y}{\partial z}\boldsymbol{k}\right)\cdot\boldsymbol{j} + \left(\dfrac{\partial A_z}{\partial x}\boldsymbol{i} + \dfrac{\partial A_z}{\partial y}\boldsymbol{j} + \dfrac{\partial A_z}{\partial z}\boldsymbol{k}\right)\cdot\boldsymbol{k} = \dfrac{\partial A_x}{\partial x} + \dfrac{\partial A_y}{\partial y} + \dfrac{\partial A_z}{\partial z} = \nabla\cdot\boldsymbol{A}$

(2) $\boldsymbol{i}\times\boldsymbol{i} = \boldsymbol{j}\times\boldsymbol{j} = \boldsymbol{k}\times\boldsymbol{k} = \boldsymbol{0}$ を考慮すると，

$(\nabla A_x)\times\boldsymbol{i} + (\nabla A_y)\times\boldsymbol{j} + (\nabla A_z)\times\boldsymbol{k} = \left(\dfrac{\partial A_x}{\partial y}\boldsymbol{j} + \dfrac{\partial A_x}{\partial z}\boldsymbol{k}\right)\times\boldsymbol{i} + \left(\dfrac{\partial A_y}{\partial x}\boldsymbol{i} + \dfrac{\partial A_y}{\partial z}\boldsymbol{k}\right)\times\boldsymbol{j} + \left(\dfrac{\partial A_z}{\partial x}\boldsymbol{i} + \dfrac{\partial A_z}{\partial y}\boldsymbol{j}\right)\times\boldsymbol{k} = -\dfrac{\partial A_x}{\partial y}\boldsymbol{k} + \dfrac{\partial A_x}{\partial z}\boldsymbol{j} + \dfrac{\partial A_y}{\partial x}\boldsymbol{k} - \dfrac{\partial A_y}{\partial z}\boldsymbol{i} - \dfrac{\partial A_z}{\partial x}\boldsymbol{j} + \dfrac{\partial A_z}{\partial y}\boldsymbol{i} = \left(\dfrac{\partial A_z}{\partial y} - \dfrac{\partial A_y}{\partial z}\right)\boldsymbol{i} + \left(\dfrac{\partial A_x}{\partial z} - \dfrac{\partial A_z}{\partial x}\right)\boldsymbol{j} + \left(\dfrac{\partial A_y}{\partial x} - \dfrac{\partial A_x}{\partial y}\right)\boldsymbol{k} = \nabla\times\boldsymbol{A}$

演習問題 3.7 (1) $(\boldsymbol{A}\cdot\nabla)\varphi = \left(A_x\dfrac{\partial}{\partial x} + A_y\dfrac{\partial}{\partial y} + A_z\dfrac{\partial}{\partial z}\right)\varphi = A_x\dfrac{\partial\varphi}{\partial x} + A_y\dfrac{\partial\varphi}{\partial y} + A_z\dfrac{\partial\varphi}{\partial z} = \boldsymbol{A}\cdot(\nabla\varphi)$

(2) $(\boldsymbol{A}\cdot\nabla)\boldsymbol{r} = \left(A_x\dfrac{\partial}{\partial x} + A_y\dfrac{\partial}{\partial y} + A_z\dfrac{\partial}{\partial z}\right)(x\boldsymbol{i} + y\boldsymbol{j} + z\boldsymbol{k}) = A_x\dfrac{\partial x}{\partial x}\boldsymbol{i} + A_y\dfrac{\partial y}{\partial y}\boldsymbol{j} + A_z\dfrac{\partial z}{\partial z}\boldsymbol{k} = A_x\boldsymbol{i} + A_y\boldsymbol{j} + A_z\boldsymbol{k} = \boldsymbol{A}$

演習問題 3.8 (1) $\nabla\left(\dfrac{\varphi}{\psi}\right) = \dfrac{\partial}{\partial x}\left(\dfrac{\varphi}{\psi}\right)\boldsymbol{i} + \dfrac{\partial}{\partial y}\left(\dfrac{\varphi}{\psi}\right)\boldsymbol{j} + \dfrac{\partial}{\partial z}\left(\dfrac{\varphi}{\psi}\right)\boldsymbol{k}$

$$= \frac{\psi\partial\varphi/\partial x - \varphi\partial\psi/\partial x}{\psi^2}\boldsymbol{i} + \frac{\psi\partial\varphi/\partial y - \varphi\partial\psi/\partial y}{\psi^2}\boldsymbol{j} + \frac{\psi\partial\varphi/\partial z - \varphi\partial\psi/\partial z}{\psi^2}\boldsymbol{k}$$

$$= \frac{1}{\psi^2}\left\{\psi\left(\frac{\partial\varphi}{\partial x}\boldsymbol{i} + \frac{\partial\varphi}{\partial y}\boldsymbol{j} + \frac{\partial\varphi}{\partial z}\boldsymbol{k}\right) - \varphi\left(\frac{\partial\psi}{\partial x}\boldsymbol{i} + \frac{\partial\psi}{\partial y}\boldsymbol{j} + \frac{\partial\psi}{\partial z}\boldsymbol{k}\right)\right\} = \frac{1}{\psi^2}(\psi\nabla\varphi - \varphi\nabla\psi)$$

(2) $\nabla\cdot(\nabla\varphi\times\nabla\psi) = \dfrac{\partial}{\partial x}\left(\dfrac{\partial\varphi}{\partial y}\dfrac{\partial\psi}{\partial z} - \dfrac{\partial\varphi}{\partial z}\dfrac{\partial\psi}{\partial y}\right) + \dfrac{\partial}{\partial y}\left(\dfrac{\partial\varphi}{\partial z}\dfrac{\partial\psi}{\partial x} - \dfrac{\partial\varphi}{\partial x}\dfrac{\partial\psi}{\partial z}\right) + \dfrac{\partial}{\partial z}\left(\dfrac{\partial\varphi}{\partial x}\dfrac{\partial\psi}{\partial y} - \dfrac{\partial\varphi}{\partial y}\dfrac{\partial\psi}{\partial x}\right)$

ここで，たとえば，第 1 項 $\dfrac{\partial}{\partial x}\left(\dfrac{\partial\varphi}{\partial y}\dfrac{\partial\psi}{\partial z}\right) = \dfrac{\partial^2\varphi}{\partial x\partial y}\dfrac{\partial\psi}{\partial z} + \dfrac{\partial\varphi}{\partial y}\dfrac{\partial^2\psi}{\partial x\partial z}$ の 2 つの項は，それぞれ $\dfrac{\partial}{\partial y}\left(-\dfrac{\partial\varphi}{\partial x}\dfrac{\partial\psi}{\partial z}\right)$，$\dfrac{\partial}{\partial z}\left(-\dfrac{\partial\varphi}{\partial y}\dfrac{\partial\psi}{\partial x}\right)$ から出てくる項と相殺し合う．すべての項が相殺し合い，$\nabla\cdot(\nabla\varphi\times\nabla\psi) = 0$ となる．

(3) $\nabla\times(\varphi\nabla\psi)$ の x 成分は，$[\nabla\times(\varphi\nabla\psi)]_x = \dfrac{\partial}{\partial y}\left(\varphi\dfrac{\partial\psi}{\partial z}\right) - \dfrac{\partial}{\partial z}\left(\varphi\dfrac{\partial\psi}{\partial y}\right) = \dfrac{\partial\varphi}{\partial y}\dfrac{\partial\psi}{\partial z} + \varphi\dfrac{\partial^2\psi}{\partial y\partial z} - \dfrac{\partial\varphi}{\partial z}\dfrac{\partial\psi}{\partial y} - \varphi\dfrac{\partial^2\psi}{\partial z\partial y} = \dfrac{\partial\varphi}{\partial y}\dfrac{\partial\psi}{\partial z} - \dfrac{\partial\varphi}{\partial z}\dfrac{\partial\psi}{\partial y} = [(\nabla\varphi)\times(\nabla\psi)]_x$ となる．同様に，$[\nabla\times(\varphi\nabla\psi)]_y = [(\nabla\varphi)\times(\nabla\psi)]_y$，$[\nabla\times(\varphi\nabla\psi)]_z = [(\nabla\varphi)\times(\nabla\psi)]_z$．よって，$\nabla\times(\varphi\nabla\psi) = (\nabla\varphi)\times(\nabla\psi)$ となる．

演習問題 3.9 (1) 式 (3.24b) の (ix) を用いると，$\mathrm{div\,rot\,rot}\,\boldsymbol{A} = \nabla\cdot[\nabla\times(\nabla\times A)]$
$= \nabla\cdot[\nabla(\nabla\cdot\boldsymbol{A}) - \nabla^2\boldsymbol{A}] = \nabla^2(\nabla\cdot\boldsymbol{A}) - \nabla\cdot(\nabla^2\boldsymbol{A}) = \nabla^2(\mathrm{div}\,\boldsymbol{A}) - \mathrm{div}(\nabla^2\boldsymbol{A})$ となる．

(2) 式 (3.24b) の (ix) と (vii) を用いると，$\mathrm{rot\,rot\,rot}\,\boldsymbol{A} = \nabla\times[\nabla\times(\nabla\times\boldsymbol{A})] = \nabla\times[\nabla(\nabla\cdot\boldsymbol{A}) - \nabla^2\boldsymbol{A}] = -\nabla\times(\nabla^2\boldsymbol{A})$．$x$ 成分は，$[\mathrm{rot\,rot\,rot}\,\boldsymbol{A}]_x = -\dfrac{\partial}{\partial y}(\nabla^2 A_z) + \dfrac{\partial}{\partial z}(\nabla^2 A_y) = -\nabla^2\left(\dfrac{\partial A_z}{\partial y} - \dfrac{\partial A_y}{\partial z}\right) = -\nabla^2(\mathrm{rot}\,\boldsymbol{A})_x$ となる．同様に，$[\mathrm{rot\,rot\,rot}\,\boldsymbol{A}]_y = -\nabla^2(\mathrm{rot}\,\boldsymbol{A})_y$，$[\mathrm{rot\,rot\,rot}\,\boldsymbol{A}]_z = -\nabla^2(\mathrm{rot}\,\boldsymbol{A})_z$．ゆえに，$\mathrm{rot\,rot\,rot}\,\boldsymbol{A} = -\nabla^2(\mathrm{rot}\,\boldsymbol{A})$ となる．

演習問題 3.10 $\mathrm{div}\,\boldsymbol{F} = \nabla\cdot(f\boldsymbol{r}) = (\nabla f)\cdot\boldsymbol{r} + f\nabla\cdot\boldsymbol{r} = \dfrac{df}{dr}(\nabla r)\cdot\boldsymbol{r} + 3f = \dfrac{df}{dr}\dfrac{\boldsymbol{r}\cdot\boldsymbol{r}}{r} + 3f = r\dfrac{df}{dr} + 3f$．ゆえに，$\mathrm{div}\,\boldsymbol{F} = 0$ ならば，$r\dfrac{df}{dr} + 3f = 0$．この微分方程式は変数分離形であり，その一般解は，c を任意定数として，$f = c/r^3$ と書ける．

第4章

問 4.1 $x = 3u$，$y = 4u$，$z = \dfrac{5}{2}u^2$ であるから，曲線 C 上では

$$\varphi = \sqrt{x^2 + y^2 + |z|} = \sqrt{(3u)^2 + (4u)^2 + \frac{5}{2}u^2} = \sqrt{\frac{55}{2}}u$$

$$ds = \sqrt{\left(\frac{dx}{du}\right)^2 + \left(\frac{dy}{du}\right)^2 + \left(\frac{dz}{du}\right)^2}du = 5\sqrt{1+u^2}\,du$$

$$\therefore\quad \int_C \varphi\,ds = 5\sqrt{\frac{55}{2}}\int_0^1 \sqrt{1+u^2}\,u\,du = \frac{5}{2}\sqrt{\frac{55}{2}}\int_0^1 \sqrt{1+t}\,dt \quad (t = u^2)$$

$$= \frac{5}{2}\sqrt{\frac{55}{2}}\left[\frac{2}{3}(1+t)^{3/2}\right]_0^1 = \frac{5}{3}\sqrt{\frac{55}{2}}(2\sqrt{2} - 1)$$

同様に，$dx = 3du$，$dy = 4du$，$dz = 5udu$ であるから，以下のようになる．

$$\int_C \varphi\,dx = \int_0^1 \sqrt{\frac{55}{2}}u\cdot 3du = 3\sqrt{\frac{55}{2}}\int_0^1 udu = 3\sqrt{\frac{55}{2}}\left[\frac{1}{2}u^2\right]_0^1 = \frac{3}{2}\sqrt{\frac{55}{2}}$$

$$\int_C \varphi\,dy = \int_0^1 \sqrt{\frac{55}{2}}u\cdot 4du = 2\sqrt{\frac{55}{2}} = \sqrt{110}$$

$$\int_C \varphi\,dz = \int_0^1 \sqrt{\frac{55}{2}}u\cdot 5u\,du = 5\sqrt{\frac{55}{2}}\int_0^1 u^2du = \frac{5}{3}\sqrt{\frac{55}{2}}$$

問 4.2 $A_x = -y = -4u$，$A_y = x = 3u$，$A_z = (x^2+y^2)z = \dfrac{125}{2}u^4$．よって，以下のようになる．

$$\int_C \boldsymbol{A}\cdot\boldsymbol{t}ds = \int_0^1 \left(A_x\frac{dx}{du} + A_y\frac{dy}{du} + A_z\frac{dz}{du}\right)du$$

$$= \int_0^1 \left\{ -4u \cdot 3 + 3u \cdot 4 + \frac{125}{2} u^4 \cdot 5u \right\} du = \frac{625}{2} \int_0^1 u^5 du = \frac{625}{12}$$

問 4.3 $x = u + v$, $y = u - v$, $z = u^2 + v^2$ より,

$$\varphi = \frac{1}{\sqrt{x^2 + y^2 + 1}} = \frac{1}{\sqrt{2(u^2 + v^2) + 1}}$$

$$dS = \left| \frac{\partial \boldsymbol{r}}{\partial u} \times \frac{\partial \boldsymbol{r}}{\partial v} \right| dudv = |(\boldsymbol{i} + \boldsymbol{j} + 2u\boldsymbol{k}) \times (\boldsymbol{i} - \boldsymbol{j} + 2v\boldsymbol{k})| \, dudv$$

$$= |2(u + v)\boldsymbol{i} + 2(u - v)\boldsymbol{j} - 2\boldsymbol{k}| \, dudv = 2\sqrt{2(u^2 + v^2) + 1} \, dudv$$

$$\therefore \quad \int_S \varphi \, dS = 2 \iint_{u^2 + v^2 \leqq 1/2} dudv = 2 \cdot \pi \left(\frac{1}{\sqrt{2}} \right)^2 = \pi$$

問 4.4 $\nabla F = (1/a)\boldsymbol{i} + (1/b)\boldsymbol{j} + (1/c)\boldsymbol{k}$, $\partial F/\partial z = 1/c$, $\boldsymbol{A} \cdot \nabla F = x^2 + y^2 + z^2 = x^2 + y^2 + c^2(1 - x/a - y/b)^2$. よって, 式 (4.19) より以下のようになる.

$$\int_S \boldsymbol{A} \cdot \boldsymbol{n} dS = \iint_D (\boldsymbol{A} \cdot \nabla F) \frac{1}{|\partial F/\partial z|} \, dxdy$$

$$= c \int_0^a \int_0^{b(1 - x/a)} \left\{ x^2 + y^2 + c^2 \left(1 - \frac{x}{a} - \frac{y}{b} \right)^2 \right\} dydx$$

$$= c \int_0^a \left\{ b \left(1 - \frac{x}{a} \right) x^2 + \frac{1}{3} b^3 \left(1 - \frac{x}{a} \right)^3 + \frac{1}{3} bc^2 \left(1 - \frac{x}{a} \right)^3 \right\} dx$$

$$= \frac{1}{3} bc \int_0^a \left\{ 3 \left(1 - \frac{x}{a} \right) x^2 + \left(b^2 + c^2 \right) \left(1 - \frac{x}{a} \right)^3 \right\} dx$$

$$= \frac{1}{3} bc \left\{ a^3 - \frac{3}{4} a^3 + \frac{a}{4} (b^2 + c^2) \right\} = \frac{1}{12} abc(a^2 + b^2 + c^2)$$

問 4.5 $x = a \sin\theta \cos\varphi$, $y = a \sin\theta \sin\varphi$, $z = b \cos\theta$ より,

$$\frac{\partial(y, z)}{\partial(\theta, \varphi)} = \begin{vmatrix} \partial y/\partial\theta & \partial y/\partial\varphi \\ \partial z/\partial\theta & \partial z/\partial\varphi \end{vmatrix} = \begin{vmatrix} a \cos\theta \sin\varphi & a \sin\theta \cos\varphi \\ -b \sin\theta & 0 \end{vmatrix} = ab \sin^2\theta \cos\varphi,$$

$$\frac{\partial(z, x)}{\partial(\theta, \varphi)} = ab \sin^2\theta \sin\varphi, \quad \frac{\partial(x, y)}{\partial(\theta, \varphi)} = a^2 \cos\theta \sin\theta$$

また, $\boldsymbol{E} = (q/4\pi\varepsilon_0 r^3)(x\boldsymbol{i} + y\boldsymbol{j} + z\boldsymbol{k})$, $r = \sqrt{a^2 \sin^2\theta + b^2 \cos^2\theta}$. これらを式 (4.15) に使うと, 次式となる.

$$\int_S \boldsymbol{E} \cdot \boldsymbol{n} dS = \iint_{D_0} \left\{ E_x \frac{\partial(y, z)}{\partial(\theta, \varphi)} + E_y \frac{\partial(z, x)}{\partial(\theta, \varphi)} + E_z \frac{\partial(x, y)}{\partial(\theta, \varphi)} \right\} d\theta d\varphi$$

$$= \frac{q}{4\pi\varepsilon_0} \int_0^\pi \left[\int_0^{2\pi} \frac{1}{(a^2 \sin^2\theta + b^2 \cos^2\theta)^{3/2}} \left\{ a^2 b \sin^3\theta \cos^2\varphi \right.\right.$$

$$\left.\left. + a^2 b \sin^3\theta \sin^2\varphi + a^2 b \cos^2\theta \sin\theta \right\} d\varphi \right] d\theta$$

$$= \frac{q}{4\pi\varepsilon_0} \int_0^\pi \frac{1}{(a^2 \sin^2\theta + b^2 \cos^2\theta)^{3/2}} a^2 b \sin\theta d\theta \int_0^{2\pi} d\varphi$$

$$= \frac{q}{4\pi\varepsilon_0} \cdot 2\pi a^2 b \int_0^{\pi} \frac{\sin\theta d\theta}{(a^2 \sin^2\theta + b^2 \cos^2\theta)^{3/2}}$$

$$= \frac{q}{2\varepsilon_0} a^2 b \int_{-1}^{1} \frac{dt}{[a^2 + (b^2 - a^2)t^2]^{3/2}} \quad (t = \cos\theta, \quad dt = -\sin\theta d\theta)$$

$a \gtrless b$ のとき，$c^2 = \pm\dfrac{a^2}{a^2 - b^2}$（複号同順）とおいて次式となる．

$$\int_S \boldsymbol{E} \cdot \boldsymbol{n} dS = \frac{q}{\varepsilon_0} \cdot \frac{a^2 b}{|a^2 - b^2|^{3/2}} \int_0^1 \frac{dt}{(c^2 \mp t^2)^{3/2}} = \frac{q}{\varepsilon_0} \frac{a^2 b}{|a^2 - b^2|^{3/2}} \left[\frac{t}{c^2\sqrt{c^2 \mp t^2}}\right]_0^1$$

$$= \frac{q}{\varepsilon_0} \frac{a^2 b}{|a^2 - b^2|^{3/2}} \frac{1}{c^2\sqrt{c^2 \mp 1}} = \frac{q}{\varepsilon_0}$$

問 4.6 S_1 は $x = a$，$y = b$，$z = c$ で各座標軸と交わる平面であるから，領域 V は三角錐の内部を表す（図 k2.2 参照）．また，$\mathrm{div}\,\boldsymbol{A} = 1 + 1 + 1 = 3$．よって，

$$\int_V \mathrm{div}\,\boldsymbol{A} dV = 3\int_V dV = \frac{1}{2}abc \quad \left(\because \quad \int_V dV = \frac{1}{3} \cdot \frac{1}{2}ab \cdot c = \frac{1}{6}abc\right)$$

となる．一方，平面 S_1 上以外では $\boldsymbol{A} \cdot \boldsymbol{n} = 0$ であるから，式 (4.19) より

$$\int_S \boldsymbol{A} \cdot \boldsymbol{n} dS = \int_{S_1} \boldsymbol{A} \cdot \boldsymbol{n} dS = \iint_D (\boldsymbol{A} \cdot \nabla F) \frac{1}{|\partial F/\partial z|} dxdy$$

となる．D は，平面 S_1 の xy 平面上への正射影で表される領域である．ここで，

$$\boldsymbol{A} \cdot \nabla F = (x\boldsymbol{i} + y\boldsymbol{j} + z\boldsymbol{k}) \cdot \left(\frac{1}{a}\boldsymbol{i} + \frac{1}{b}\boldsymbol{j} + \frac{1}{c}\boldsymbol{k}\right) = \frac{x}{a} + \frac{y}{b} + \frac{z}{c} = 1,$$

$$\frac{\partial F}{\partial z} = \frac{1}{c}$$

$$\therefore \quad \int_S \boldsymbol{A} \cdot \boldsymbol{n} dS = c\iint_D dxdy = c \cdot \frac{1}{2}ab = \frac{1}{2}abc$$

よって，ガウスの定理が成り立つことが確かめられた．

問 4.7 式 (4.24) において，$\varphi = 1$ とおけばよい．$\varphi = 1$ より $\nabla\varphi = 0$ であるから，式 (4.24) の左辺は 0 となる．

問 4.8 式 (4.31) の証明と同様に，閉曲線 C と x 軸に平行な直線が高々 2 点で交わる場合を考えれば十分である．証明は式 (4.31) とまったく同様である．

問 4.9 閉曲線 C の囲む領域を D とすると，グリーンの定理 (4.30) より以下のようになる．

$$\oint_C (udx - vdy) = \iint_D \left(-\frac{\partial v}{\partial x} - \frac{\partial u}{\partial y}\right) dxdy = 0 \quad \left(\because \quad \frac{\partial u}{\partial y} = -\frac{\partial v}{\partial x}\right)$$

$$\oint_C (vdx + udy) = \iint_D \left(\frac{\partial u}{\partial x} - \frac{\partial v}{\partial y}\right) dxdy = 0 \quad \left(\because \quad \frac{\partial u}{\partial x} = \frac{\partial v}{\partial y}\right)$$

問 4.10 曲線 S の向き（$\boldsymbol{n}$ の向き）は F の増加する方向であり，S の xy 平面への正射影で表される領域 D は半径 a の円である．また，$(\mathrm{rot}\,\boldsymbol{A}) \cdot \nabla F = (2\boldsymbol{k}) \cdot (2x\boldsymbol{i} + 2y\boldsymbol{j} + 2z\boldsymbol{k}) = 4z$，$\partial F/\partial z = 2z$．よって，式 (4.19) より次式となる．

$$\int_S (\mathrm{rot}\,\boldsymbol{A}) \cdot \boldsymbol{n} dS = \iint_D \{(\mathrm{rot}\,\boldsymbol{A}) \cdot \nabla F\} \frac{1}{|\partial F/\partial z|} dxdy = 2\iint_D dxdy = 2\pi a^2$$

問 4.11 $\boldsymbol{B}$ は定ベクトルであるから，$\mathrm{rot}\,\boldsymbol{B}=\boldsymbol{0}$．そこで，$C$ を縁とする曲面を S とすると，ストークスの定理より次式となる．

$$\oint_C \boldsymbol{B}\cdot\boldsymbol{t}ds=\int_S(\mathrm{rot}\,\boldsymbol{B})\cdot\boldsymbol{n}dS=0$$

問 4.12 $\rho=\rho(x,y,z,t)$ より，$\dfrac{d\rho}{dt}=\dfrac{\partial\rho}{\partial x}\dfrac{dx}{dt}+\dfrac{\partial\rho}{\partial y}\dfrac{dy}{dt}+\dfrac{\partial\rho}{\partial z}\dfrac{dz}{dt}+\dfrac{\partial\rho}{\partial t}=(\nabla\rho)\cdot\boldsymbol{v}+\dfrac{\partial\rho}{\partial t}$．また，$\mathrm{div}(\rho\boldsymbol{v})=\nabla\cdot(\rho\boldsymbol{v})=(\nabla\rho)\cdot\boldsymbol{v}+\rho(\nabla\cdot\boldsymbol{v})$．よって，式 (4.48) より，$0=\dfrac{\partial\rho}{\partial t}+\mathrm{div}(\rho\boldsymbol{v})=\dfrac{d\rho}{dt}-(\nabla\rho)\cdot\boldsymbol{v}+(\nabla\rho)\cdot\boldsymbol{v}+\rho(\nabla\cdot\boldsymbol{v})=\dfrac{d\rho}{dt}+\rho(\nabla\cdot\boldsymbol{v})=\dfrac{d\rho}{dt}+\rho\,\mathrm{div}\,\boldsymbol{v}$ となる．

問 4.13 点 $\boldsymbol{r}'=(x',y',z')$ のまわりの微小体積 $dx'dy'dz'$ に含まれる電荷は $\rho(x',y',z')\,dx'dy'dz'$，これによる曲面 S 上の点 $\boldsymbol{r}=(x,y,z)$ における電場は $\rho(x',y',z')dx'dy'dz'(\boldsymbol{r}-\boldsymbol{r}')/\{4\pi\varepsilon_0|\boldsymbol{r}-\boldsymbol{r}'|^3\}$ となる．ゆえに，

$$\boldsymbol{E}(x,y,z)=\iiint\frac{\rho(x',y',z')\,dx'dy'dz}{4\pi\varepsilon_0|\boldsymbol{r}-\boldsymbol{r}'|^3}(\boldsymbol{r}-\boldsymbol{r}')$$

となる．ここで，積分は全空間にわたって行う．これより，

$$\int_S\boldsymbol{E}\cdot\boldsymbol{n}dS=\frac{1}{\varepsilon_0}\iiint\rho(x',y',z')\left\{\int_S\frac{(\boldsymbol{r}-\boldsymbol{r}')\cdot\boldsymbol{n}}{4\pi|\boldsymbol{r}-\boldsymbol{r}'|^3}dS\right\}dx'dy'dz'$$

となる．ガウスの積分公式 (4.25) を使うと，上の式の右辺に現れる面積分は，$\boldsymbol{r}'$ が閉曲面 S の内部にあるときには 1 で，外部にあるときには 0 である．したがって，S の囲む領域を V とすると，次式となる．

$$\int_S\boldsymbol{E}\cdot\boldsymbol{n}dS=\frac{1}{\varepsilon_0}\iiint_V\rho(x',y',z')\,dx'dy'dz'=\frac{1}{\varepsilon_0}\int_V\rho\,dV$$

演習問題 4.1 (1) $\sqrt{(dx/du)^2+(dy/du)^2+(dz/du)^2}=\sqrt{5+4u^2}$，$\varphi=2(x+y)-yz=6u-2u^3=2u(3-u^2)$．よって，次式となる．

$$\begin{aligned}\int_C\varphi ds&=\int_0^1\varphi\sqrt{\left(\frac{dx}{du}\right)^2+\left(\frac{dy}{du}\right)^2+\left(\frac{dz}{du}\right)^2}du=\int_0^1 2u(3-u^2)\sqrt{5+4u^2}du\\&=\int_0^1(3-t)\sqrt{5+4t}dt\quad(t=u^2,\quad dt=2udu)\\&=\left[\frac{1}{2}(5+4t)^{3/2}-\frac{1}{6}t(5+4t)^{3/2}+\frac{1}{60}(5+4t)^{5/2}\right]_0^1=\frac{783-175\sqrt{5}}{60}\end{aligned}$$

(2) $A_x=y^2+z^2=4u^2+u^4$，$A_y=z^2+x^2=u^2+u^4$，$A_z=x^2+y^2=5u^2$．

$$\begin{aligned}\therefore\quad\int_C\boldsymbol{A}\cdot\boldsymbol{t}ds&=\int_0^1\left(A_x\frac{dx}{du}+A_y\frac{dy}{du}+A_z\frac{dz}{du}\right)du\\&=\int_0^1\{4u^2+u^4+2(u^2+u^4)+2u\cdot5u^2\}du=\int_0^1(6u^2+10u^3+3u^4)du\\&=\left[2u^3+\frac{5}{2}u^4+\frac{3}{5}u^5\right]_0^1=\frac{51}{10}\end{aligned}$$

(3) $(\mathrm{rot}\,\boldsymbol{A})_x = 2y-2z = 4u-2u^2$，$(\mathrm{rot}\,\boldsymbol{A})_y = 2z-2x = 2u^2-2u$，$(\mathrm{rot}\,\boldsymbol{A})_z = 2x-2y = -2u$. よって，次式となる.

$$\int_C (\mathrm{rot}\,\boldsymbol{A})\cdot\boldsymbol{t}ds = \int_0^1 \left\{(\mathrm{rot}\,\boldsymbol{A})_x\frac{dx}{du} + (\mathrm{rot}\,\boldsymbol{A})_y\frac{dy}{du} + (\mathrm{rot}\,\boldsymbol{A})_z\frac{dz}{du}\right\}du$$

$$= \int_0^1 \{4u-2u^2+2(2u^2-2u)+2u(-2u)\}du = -2\int_0^1 u^2du = -\frac{2}{3}$$

演習問題 4.2 円の方程式は媒介変数 θ を用いて，$x = a\cos\theta$，$y = a\sin\theta$，$z = 0$ $(0 \leqq \theta \leqq 2\pi)$ と表され，$dx/d\theta = -a\sin\theta$，$dy/d\theta = a\cos\theta$，$dz/d\theta = 0$ である.

(1) $\varphi = (x+y)^2 = x^2+y^2+2xy = a^2+2a^2\cos\theta\sin\theta = a^2(1+\sin 2\theta)$，
$\sqrt{\left(\frac{dx}{d\theta}\right)^2+\left(\frac{dy}{d\theta}\right)^2+\left(\frac{dz}{d\theta}\right)^2} = \sqrt{a^2(\sin^2\theta+\cos^2\theta)} = a$ となる．よって，次式となる.

$$\int_C \varphi ds = \int_0^{2\pi} \varphi\sqrt{\left(\frac{dx}{d\theta}\right)^2+\left(\frac{dy}{d\theta}\right)^2+\left(\frac{dz}{d\theta}\right)^2}d\theta = a^3\int_0^{2\pi}(1+\sin 2\theta)d\theta = 2\pi a^3$$

(2) $A_x = -y = -a\sin\theta$，$A_y = x = a\cos\theta$，$A_z = x^2+y^2 = a^2$．よって，次式となる.

$$\int_C \boldsymbol{A}\cdot\boldsymbol{t}ds = \int_0^{2\pi}\left(A_x\frac{dx}{d\theta}+A_y\frac{dy}{d\theta}+A_z\frac{dz}{d\theta}\right)d\theta = \int_0^{2\pi}(a^2\sin^2\theta+a^2\cos^2\theta)d\theta$$

$$= a^2\int_0^{2\pi}d\theta = 2\pi a^2$$

演習問題 4.3 $z = z(x,y) = 6-3x-2y$，$\sqrt{1+(\partial z/\partial x)^2+(\partial z/\partial y)^2} = \sqrt{14}$，$\varphi = x+y+z = 3x+2y+z-(2x+y) = 6-(2x+y)$ となる．よって，次式となる.

$$\int_C \varphi ds = \iint_D \varphi\sqrt{1+\left(\frac{\partial z}{\partial x}\right)^2+\left(\frac{\partial z}{\partial y}\right)^2}dxdy = \sqrt{14}\int_0^2\left\{\int_0^{3-3x/2}(6-2x-y)dy\right\}dx$$

$$= \sqrt{14}\int_0^2\left\{(6-2x)\left(3-\frac{3}{2}x\right)-\frac{1}{2}\left(3-\frac{3}{2}x\right)^2\right\}dx$$

$$= \sqrt{14}\int_0^2\left(\frac{27}{2}-\frac{21}{2}x+\frac{15}{8}x^2\right)dx = 11\sqrt{14}$$

演習問題 4.4 球面 S は媒介変数 θ，φ を用いて，$x = a\sin\theta\cos\varphi$，$y = a\sin\theta\sin\varphi$，$z = a\cos\theta$ $(0 \leqq \theta \leqq \pi$，$0 \leqq \varphi \leqq 2\pi)$ と表される．したがって，

$$dS = \left|\frac{\partial \boldsymbol{r}}{\partial\theta}\times\frac{\partial \boldsymbol{r}}{\partial\varphi}\right|d\theta d\varphi = a^2\sin\theta\, d\theta d\varphi \quad (\text{2.5 節，問 2.14 および図 k2.3 で } a = b \text{ とおく})$$

となる．また，$x^2+y^2 = a^2\sin^2\theta(\cos^2\varphi+\sin^2\varphi) = a^2\sin^2\theta$ より，$x^2y^2+y^2z^2+z^2x^2 = x^2y^2+z^2(x^2+y^2) = a^4\sin^4\theta\cos^2\varphi\sin^2\varphi+a^4\cos^2\theta\sin^2\theta$.

$$\therefore \quad \int_S \varphi\, dS = a^6\int_0^\pi\left\{\sin^4\theta\int_0^{2\pi}\cos^2\varphi\sin^2\varphi\, d\varphi+\cos^2\theta\sin^2\theta\int_0^{2\pi}d\varphi\right\}\sin\theta\, d\theta$$

ここで，

$$\int_0^{2\pi}\cos^2\varphi\sin^2\varphi\, d\varphi = \frac{1}{4}\int_0^{2\pi}\sin^2 2\varphi\, d\varphi = \frac{1}{8}\int_0^{2\pi}(1-\cos 4\varphi)\, d\varphi = \frac{1}{8}\cdot 2\pi$$

$$\therefore \quad \int_S \varphi\, dS = 2\pi a^6 \int_0^{\pi} \left(\frac{1}{8}\sin^4\theta + \cos^2\theta\sin^2\theta\right)\sin\theta d\theta$$

$$= 2\pi a^6 \int_{-1}^{1} \left\{\frac{1}{8}(1-t^2)^2 + t^2(1-t^2)\right\} dt \quad (t = \cos\theta, \quad dt = -\sin\theta d\theta)$$

$$= 2\pi a^6 \left[\frac{1}{8}\left(t - \frac{2}{3}t^3 + \frac{1}{5}t^5\right) + \frac{1}{3}t^3 - \frac{1}{5}t^5\right]_{-1}^{1} = 2\pi a^6 \cdot \frac{2}{5} = \frac{4\pi}{5}a^6$$

演習問題 4.5 3 次元の極座標を使うと（4.3 節，例 4.6 参照），$x = r\sin\theta\cos\varphi$，$y = r\sin\theta\sin\varphi$，$z = r\cos\theta$ $(0 \leqq r \leqq a,\ 0 \leqq \theta \leqq \pi,\ 0 \leqq \varphi \leqq 2\pi)$，$\mathrm{div}\,\boldsymbol{A} = 3(x^2+y^2+z^2) = 3r^2$，$dV = dxdydz = r^2\sin\theta\, drd\theta d\varphi$ である．

$$\therefore \quad \int_V \mathrm{div}\,\boldsymbol{A} dV = \int_0^a 3r^4 dr \int_0^{\pi} \sin\theta d\theta \int_0^{2\pi} d\varphi = \frac{3}{5}a^5 \cdot 2 \cdot 2\pi = \frac{12\pi}{5}a^5$$

一方，球面 S 上 $(r = a)$ では，$\boldsymbol{n} = \boldsymbol{r}/r = \boldsymbol{r}/a$ であるから，$\boldsymbol{A}\cdot\boldsymbol{n} = \boldsymbol{A}\cdot\boldsymbol{r}/a = (x^3\boldsymbol{i} + y^3\boldsymbol{j} + z^3\boldsymbol{k})\cdot(x\boldsymbol{i} + y\boldsymbol{j} + z\boldsymbol{k})/a = (x^4+y^4+z^4)/a$.

$$\therefore \quad \int_S \boldsymbol{A}\cdot\boldsymbol{n} dS = \frac{1}{a}\int_S (x^4+y^4+z^4)\, dS$$

ここで，$x^4+y^4+z^4 = (x^2+y^2+z^2)^2 - 2(x^2y^2+y^2z^2+z^2x^2) = a^4 - 2(x^2y^2+y^2z^2+z^2x^2)$ であるから，演習問題 4.4 の結果を使うと

$$\int_S \boldsymbol{A}\cdot\boldsymbol{n} dS = a^3\int_S dS - \frac{2}{a}\int_S (x^2y^2+y^2z^2+z^2x^2)\, dS = a^3\cdot 4\pi a^2 - \frac{2}{a}\cdot\frac{4\pi}{5}a^6 = \frac{12\pi}{5}a^5$$

よって，ガウスの定理が成り立つことが確かめられた．

演習問題 4.6 (1) 半球面 S と平面 $z = 0$ で囲まれる領域を V，領域 V を囲む閉曲面を S' とする．平面 $z = 0$ 上では $\boldsymbol{A} = \boldsymbol{0}$ であることを使うと，ガウスの定理より以下のようになる．

$$\int_S \boldsymbol{A}\cdot\boldsymbol{n} dS = \int_{S'} \boldsymbol{A}\cdot\boldsymbol{n} dS = \int_V \mathrm{div}\,\boldsymbol{A} dV = 6\int_V z dV \quad (\because \quad \mathrm{div}\,\boldsymbol{A} = 6z)$$

$$= 6\iiint_V z\, dxdydz = 6\int_0^a z\left\{\iint_{x^2+y^2 \leqq a^2-z^2} dxdy\right\} dz$$

$$= 6\int_0^a z\cdot\pi(a^2-z^2)dz = 6\pi\left[\frac{1}{2}a^2z^2 - \frac{1}{4}z^4\right]_0^a = \frac{3}{2}\pi a^4$$

（別解） ガウスの定理を使わないで直接計算する．$F(x,y,z) = x^2+y^2+z^2-a^2$ とすれば，F が増加する方向が面 S の向きであり，$\nabla F = 2x\boldsymbol{i} + 2y\boldsymbol{j} + 2z\boldsymbol{k}$，$\boldsymbol{A}\cdot\nabla F = 4x^2z + 4y^2z + 2z^3 = 2z[(x^2+y^2+z^2) + (x^2+y^2)] = 2z(a^2+x^2+y^2)$，$\partial F/\partial z = 2z$ $(\geqq 0)$．よって，式 (4.19) より

$$\int_S \boldsymbol{A}\cdot\boldsymbol{n} dS = \iint_D (\boldsymbol{A}\cdot\nabla F)\frac{1}{|\partial F/\partial z|} dxdy = \iint_D (a^2+x^2+y^2)\, dxdy$$

$$= a^2\cdot\pi a^2 + \iint_D (x^2+y^2)\, dxdy \quad (D: x^2+y^2 \leqq a^2)$$

となる．ここで，2 次元極座標 $x = r\cos\theta$，$y = r\sin\theta$ $(0 \leqq r \leqq a,\ 0 \leqq \theta \leqq 2\pi)$ を使うと，

$x^2+y^2=r^2$，$dxdy=rdrd\theta$（2.5 節，例 2.15 参照）．よって，次式となる．

$$\iint_D (x^2+y^2)\,dxdy = \int_0^a r^3dr\int_0^{2\pi} d\theta = \frac{1}{4}a^4\cdot 2\pi = \frac{1}{2}\pi a^4$$

$$\therefore\quad \iint_S \boldsymbol{A}\cdot\boldsymbol{n}dS = \pi a^4 + \frac{1}{2}\pi a^4 = \frac{3}{2}\pi a^4$$

(2) xy 平面上の円 $C : x^2+y^2=a^2$，$z=0$（向きは反時計まわり）は曲面 S の縁であり，C 上では $\boldsymbol{A}=\boldsymbol{0}$ である．したがって，ストークスの定理より

$$\int_S (\mathrm{rot}\,\boldsymbol{A})\cdot\boldsymbol{n}dS = \int_C \boldsymbol{A}\cdot\boldsymbol{t}ds = 0$$

演習問題 4.7 ガウスの定理を使うと

$$\int_S \boldsymbol{r}\cdot\boldsymbol{n}dS = \int_V \mathrm{div}\,\boldsymbol{r}dV = 3\int_V dV = 3V \qquad \therefore\quad V = \frac{1}{3}\int_S \boldsymbol{r}\cdot\boldsymbol{n}dS$$

演習問題 4.8 $\displaystyle\int_S (\mathrm{rot}\,\boldsymbol{A})\cdot\boldsymbol{n}dS = \int_V \mathrm{div}(\mathrm{rot}\,\boldsymbol{A})dV = 0 \quad (\because\quad \mathrm{div}(\mathrm{rot}\,\boldsymbol{A})=0)$

演習問題 4.9 ガウスの定理より

$$\int_V \nabla^2\varphi\,dV = \int_V \nabla\cdot(\nabla\varphi)\,dV = \int_S (\nabla\varphi)\cdot\boldsymbol{n}dS = \int_S \frac{\partial\varphi}{\partial n}dS \quad (\text{式 (3.7) 参照})$$

演習問題 4.10 $\mathrm{rot}\,\boldsymbol{A} = -2z\boldsymbol{j}+(2y-2)\boldsymbol{k}$，$\boldsymbol{n}=\boldsymbol{k}$ より，$(\mathrm{rot}\,\boldsymbol{A})\cdot\boldsymbol{n} = 2y-2$

$$\therefore\quad \int_S \mathrm{rot}\,\boldsymbol{A}\cdot\boldsymbol{n}dS = \int_S (2y-2)\,dS = 2\int_S ydS - 2\cdot\pi a^2$$

ここで，$dS = |(\partial\boldsymbol{r}/\partial r)\times(\partial\boldsymbol{r}/\partial\theta)|drd\theta = |r\boldsymbol{k}|drd\theta = rdrd\theta$，$y=r\sin\theta$．

$$\therefore\quad \int_S \mathrm{rot}\,\boldsymbol{A}\cdot\boldsymbol{n}dS = 2\int_0^a r^2dr\int_0^{2\pi}\sin\theta d\theta - 2\pi a^2 = 2\cdot\frac{1}{3}a^3\cdot 0 - 2\pi a^2 = -2\pi a^2$$

一方，閉曲線 C は $x=a\cos\theta$，$y=a\sin\theta$，$z=0$（$0\leqq\theta\leqq 2\pi$，向きは反時計まわり）と表されるから，C 上では，$A_x = x^2+2y-4 = a^2\cos^2\theta+2a\sin\theta-4$，$A_y = 2xy = 2a^2\cos\theta\sin\theta$，$A_z = 2xz+z^2 = 0$．

$$\begin{aligned}\therefore\quad \int_C \boldsymbol{A}\cdot\boldsymbol{t}ds &= \int_0^{2\pi}\left(A_x\frac{dx}{d\theta}+A_y\frac{dy}{d\theta}+A_z\frac{dz}{d\theta}\right)d\theta\\ &= \int_0^{2\pi}\{(a^2\cos^2\theta+2a\sin\theta-4)(-a\sin\theta)+2a^2\cos\theta\sin\theta\cdot a\cos\theta\}d\theta\\ &= \int_0^{2\pi}(a^3\cos^2\theta\sin\theta-2a^2\sin^2\theta+4a\sin\theta)d\theta\end{aligned}$$

ここで，第 2 項以外は 0 となる（自身で確かめてみよう）．よって，

$$\begin{aligned}\int_C \boldsymbol{A}\cdot\boldsymbol{t}ds &= -2a^2\int_0^{2\pi}\sin^2\theta d\theta = -a^2\int_0^{2\pi}(1-\cos 2\theta)d\theta = -a^2\left[\theta-\frac{1}{2}\sin 2\theta\right]_0^{2\pi}\\ &= -a^2\cdot 2\pi = -2\pi a^2\end{aligned}$$

よって，ストークスの定理が成り立つことが確かめられた.

演習問題 4.11 (1) 曲面 S と平面 S': $x^2+y^2 \leqq a^2$, $z=0$ を合わせた閉曲面で囲まれる領域を V とすると，ガウスの定理より

$$\int_{S+S'} \boldsymbol{A}\cdot\boldsymbol{n}dS = \int_V \mathrm{div}\,\boldsymbol{A}dV = \int_V (x^2+y^2)dV \quad (\because \quad \mathrm{div}\,\boldsymbol{A} = x^2+y^2)$$

となる．曲面 S の方程式は $x^2/a^2+y^2/a^2+z^2/b^2=1$ と書けるから (2.5 節，問 2.14 および図 k2.3 参照)，上式の体積積分は次のように計算される.

$$\begin{aligned}\int_V (x^2+y^2)dV &= \int_0^b \left\{\iint_D (x^2+y^2)\,dxdy\right\}dz \quad (D\colon x^2+y^2 \leqq a^2(1-z^2/b^2))\\ &= \int_0^b \frac{1}{2}\pi a^4\left(1-\frac{z^2}{b^2}\right)^2 dz \quad (\text{演習問題 4.6(1) 解答参照})\\ &= \frac{1}{2}\pi a^4\left[z-\frac{2}{3}\frac{z^3}{b^2}+\frac{1}{5}\frac{z^5}{b^4}\right]_0^b = \frac{1}{2}\pi a^4\cdot\frac{2}{3}b = \frac{4}{15}\pi a^4 b\end{aligned}$$

また，平面 S' 上では，$\boldsymbol{A} = -y^3\boldsymbol{i}+x^3\boldsymbol{j}+(x^2+y^2)\boldsymbol{k}$, $\boldsymbol{n}=-\boldsymbol{k}$ より，$\boldsymbol{A}\cdot\boldsymbol{n} = -(x^2+y^2)$. よって，以下のようになる.

$$\int_{S'} \boldsymbol{A}\cdot\boldsymbol{n}dS = -\iint_{x^2+y^2\leqq a^2}(x^2+y^2)\,dxdy = -\frac{1}{2}\pi a^4$$

$$\therefore \quad \int_S \boldsymbol{A}\cdot\boldsymbol{n}dS = \int_{S+S'}\boldsymbol{A}\cdot\boldsymbol{n}dS - \int_{S'}\boldsymbol{A}\cdot\boldsymbol{n}dS = \frac{4}{15}\pi a^4 b+\frac{1}{2}\pi a^4 = \pi a^4\left(\frac{4}{15}b+\frac{1}{2}\right)$$

(2) xy 平面上の円 C: $x=a\cos\varphi$, $y=a\sin\varphi$, $z=0$ ($0\leqq\varphi\leqq 2\pi$；曲面 S の方程式で，$\theta=\pi/2$ とおいたもの) は曲面 S の縁であるから，ストークスの定理より

$$\int_S (\mathrm{rot}\,\boldsymbol{A})\cdot\boldsymbol{n}dS = \int_C \boldsymbol{A}\cdot\boldsymbol{t}ds = \int_0^{2\pi}\left(A_x\frac{dx}{d\varphi}+A_y\frac{dy}{d\varphi}+A_z\frac{dz}{d\varphi}\right)d\varphi$$

C 上では，$dx/d\varphi = -a\sin\varphi$, $dy/d\varphi = a\cos\varphi$, $dz/d\varphi=0$, $A_x=-y^3=-a^3\sin^3\varphi$, $A_y = x^3 = a^3\cos^3\varphi$, $A_z = x^2+y^2=a^2$ であるから，

$$\begin{aligned}A_x\frac{dx}{d\varphi}+A_y\frac{dy}{d\varphi}+A_z\frac{dz}{d\varphi} &= a^4(\sin^4\varphi+\cos^4\varphi) = a^4\{(\sin^2\varphi+\cos^2\varphi)^2-2\sin^2\varphi\cos^2\varphi\}\\ &= a^4\left(1-\frac{1}{2}\sin^2 2\varphi\right) = a^4\left\{1-\frac{1}{4}(1-\cos 4\varphi)\right\}\end{aligned}$$

$$\begin{aligned}\therefore \quad \int_S(\mathrm{rot}\,\boldsymbol{A})\cdot\boldsymbol{n}dS &= a^4\int_0^{2\pi}\left\{1-\frac{1}{4}(1-\cos 4\varphi)\right\}d\varphi = a^4\left[\frac{3}{4}\varphi+\frac{1}{16}\sin 4\varphi\right]_0^{2\pi}\\ &= a^4\cdot\frac{3}{4}\cdot 2\pi = \frac{3}{2}\pi a^4\end{aligned}$$

演習問題 4.12 (1) 内側の円 $x^2+y^2=a^2$ (時計まわり) を C_1 とする．2 次元極座標を使うと，$x=a\cos\theta$, $y=a\sin\theta$ (向きは θ の減少する方向)，$dx=-a\sin\theta\,d\theta$, $dy=a\cos\theta\,d\theta$ となる.

$$\therefore \quad \int_{C_1}\{(3x^2y-2y)\,dx-3xy^2\,dy\}$$

$$= \int_{2\pi}^{0} \{(3a^3\cos^2\theta\sin\theta - 2a\sin\theta)(-a\sin\theta) - 3a^3\cos\theta\sin^2\theta\cdot a\cos\theta\}d\theta$$

$$= \int_0^{2\pi} (6a^4\sin^2\theta\cos^2\theta - 2a^2\sin^2\theta)d\theta$$

$$= \int_0^{2\pi} \left\{\frac{3}{4}a^4(1-\cos4\theta) - a^2(1-\cos2\theta)\right\}d\theta$$

$$= \left[\left(\frac{3}{4}a^4 - a^2\right)\theta - \frac{3}{16}a^4\sin4\theta + \frac{1}{2}a^2\sin2\theta\right]_0^{2\pi} = 2\pi\left(\frac{3}{4}a^4 - a^2\right)$$

また，外側の円 $x^2+y^2=b^2$（反時計まわり）を C_2 とすると，まったく同様になる．

$$\int_{C_2}\{(3x^2y-2y)\,dx - 3xy^2\,dy\} = -2\pi\left(\frac{3}{4}b^4 - b^2\right)$$

$$\therefore\quad \int_C = \int_{C_1} + \int_{C_2} = 2\pi\left\{b^2 - a^2 - \frac{3}{4}(b^4-a^4)\right\}$$

一方，

$$\iint_D \left\{\frac{\partial(-3xy^2)}{\partial x} - \frac{\partial(3x^2y-2y)}{\partial y}\right\}dxdy = \iint_D \{2-3(x^2+y^2)\}dxdy$$

$$= 2\cdot\pi(b^2-a^2) - 3\iint_D (x^2+y^2)\,dxdy$$

であり，ここで，2 次元極座標を用いると，領域 D は $x=r\cos\theta$, $y=r\sin\theta$ $(a \leqq r \leqq b,\ 0 \leqq \theta \leqq 2\pi)$ と表され，$x^2+y^2=r^2$, $dxdy = rdrd\theta$（2.5 節，例 2.15 参照）となる．よって，次式となる．

$$\iint_D (x^2+y^2)\,dxdy = \int_a^b r^3dr\int_0^{2\pi}d\theta = \frac{1}{4}(b^4-a^4)\cdot 2\pi$$

(2) グリーンの定理より，以下のようになる．

$$\int_C\{(2x-y^3)\,dx - 2xy^2\,dy\} = \iint_D\left\{\frac{\partial(-2xy^2)}{\partial x} - \frac{\partial(2x-y^3)}{\partial y}\right\}dxdy = \iint_D y^2\,dxdy$$

$$= \iint_D r^2\sin^2\theta\cdot r\,drd\theta = \int_a^b r^3\,dr\int_0^{2\pi}\sin^2\theta\,d\theta = \frac{1}{4}(b^4-a^4)\cdot\frac{1}{2}\int_0^{2\pi}(1-\cos2\theta)\,d\theta$$

$$= \frac{\pi}{4}(b^4-a^4)$$

演習問題 4.13 領域 V を囲む閉曲面を S とすると，与式およびグリーンの定理 (4.28) より

$$\int_V (f_1-f_2)\varphi_1\varphi_2\,dV = \int_V (\varphi_2\nabla^2\varphi_1 - \varphi_1\nabla^2\varphi_2)\,dV = \int_S\left(\varphi_2\frac{\partial\varphi_1}{\partial n} - \varphi_1\frac{\partial\varphi_2}{\partial n}\right)dS$$

となる．φ_1, φ_2 およびそれらの偏導関数は連続であるから，S 上でも $\varphi_1=\varphi_2$, $\partial\varphi_1/\partial n = \partial\varphi_2/\partial n$ となる．

$$\therefore\quad \int_V (f_1-f_2)\varphi_1\varphi_2\,dV = 0$$

演習問題 4.14 点 P の位置ベクトルを $\boldsymbol{r} = x\boldsymbol{i} + y\boldsymbol{j} + z\boldsymbol{k}$, S 上の点の位置ベクトルを

$\boldsymbol{r}' = x'\boldsymbol{i} + y'\boldsymbol{j} + z'\boldsymbol{k}$ とすると，$\boldsymbol{n} = (\boldsymbol{r}' - \boldsymbol{r})/|\boldsymbol{r}' - \boldsymbol{r}| = (\boldsymbol{r}' - \boldsymbol{r})/a$．また，$a$ が十分小さいとすると，

$$A_x(x', y', z') \fallingdotseq A_x(x, y, z) + \frac{\partial A_x}{\partial x}(x' - x) + \frac{\partial A_x}{\partial y}(y' - y) + \frac{\partial A_x}{\partial z}(z' - z)$$

$$\begin{aligned}\therefore \quad A_x(x', y', z')n_x &= A_x(x', y', z')\frac{x' - x}{a} \\ &\fallingdotseq \frac{1}{a}\left\{A_x(x, y, z)(x' - x) + \frac{\partial A_x}{\partial x}(x' - x)^2 + \frac{\partial A_x}{\partial y}(x' - x)(y' - y)\right. \\ &\qquad \left. + \frac{\partial A_x}{\partial z}(x' - x)(z' - z)\right\}\end{aligned}$$

ここで，曲面 S は，$x' - x = a\sin\theta\cos\varphi$，$y' - y = a\sin\theta\sin\varphi$，$z' - z = a\cos\theta$（$0 \leqq \theta \leqq \pi$，$0 \leqq \varphi \leqq 2\pi$；この領域を D_0 とする）と表され，$dS = a^2\sin\theta\, d\theta d\varphi$（演習問題 4.4 解答参照）．よって，以下のようになる．

$$\begin{aligned}\int_S A_x n_x\, dS &\fallingdotseq a^3 \iint_{D_0} \left\{\frac{1}{a}A_x(x, y, z)\sin^2\theta\cos\varphi + \frac{\partial A_x}{\partial x}\sin^3\theta\cos^2\varphi\right. \\ &\qquad \left. + \frac{\partial A_x}{\partial y}\sin^3\theta\cos\varphi\sin\varphi + \frac{\partial A_x}{\partial z}\sin^2\theta\cos\theta\cos\varphi\right\} d\theta d\varphi \\ &= a^3\int_0^\pi \left\{\frac{1}{a}A_x(x, y, z)\sin^2\theta\int_0^{2\pi}\cos\varphi\, d\varphi + \frac{\partial A_x}{\partial x}\sin^3\theta\int_0^{2\pi}\cos^2\varphi\, d\varphi\right. \\ &\qquad \left. + \frac{\partial A_x}{\partial y}\sin^3\theta\int_0^{2\pi}\cos\varphi\sin\varphi\, d\varphi + \frac{\partial A_x}{\partial z}\sin^2\theta\cos\theta\int_0^{2\pi}\cos\varphi\, d\varphi\right\} d\theta \\ &= a^3\int_0^\pi \frac{\partial A_x}{\partial x}\sin^3\theta\int_0^{2\pi}\cos^2\varphi\, d\varphi = \pi a^3\frac{\partial A_x}{\partial x}\int_0^\pi \sin^3\theta d\theta \\ &= \pi a^3\frac{\partial A_x}{\partial x}\left[-\cos\theta + \frac{1}{3}\cos^3\theta\right]_0^\pi = \frac{4}{3}\pi a^3\frac{\partial A_x}{\partial x} = \Delta V\frac{\partial A_x}{\partial x}\end{aligned}$$

まったく同様にして，

$$\int_S A_y n_y\, dS \fallingdotseq \Delta V\frac{\partial A_y}{\partial y}, \quad \int_S A_z n_z\, dS \fallingdotseq \Delta V\frac{\partial A_z}{\partial z}$$

$$\therefore \quad \frac{1}{\Delta V}\int_S \boldsymbol{A}\cdot\boldsymbol{n}dS = \frac{1}{\Delta V}\int_S (A_x n_x + A_y n_y + A_z n_z)\, dS \fallingdotseq \frac{\partial A_x}{\partial x} + \frac{\partial A_y}{\partial y} + \frac{\partial A_z}{\partial z}$$

となる．半径 $a \to 0$ の極限では，上の近似式は厳密に成り立つ．

演習問題 4.15 球の中心を原点にとり，球対称性を考慮すると，電場は $\boldsymbol{E} = f(r)\boldsymbol{r}$ の形をしている．ここで，$r = |\boldsymbol{r}|$ で $\boldsymbol{r}$ は位置ベクトルである．そこで，原点を中心とする半径 r の球面を S として，S 上では $\boldsymbol{n} = \boldsymbol{r}/r$ であることを使うと，

$$\int_S \boldsymbol{E}\cdot\boldsymbol{n}dS = \int_S f(r)\frac{\boldsymbol{r}\cdot\boldsymbol{r}}{r}dS = \int_S rf(r)\, dS = rf(r)\int_S dS = 4\pi r^3 f(r)$$

となる．一方，S で囲まれる領域を V とすると，ガウスの法則 (4.53) より

$$\int_S \boldsymbol{E}\cdot\boldsymbol{n}dS = \frac{1}{\varepsilon_0}\int_V \rho\,\theta(a - r)\, dV = \begin{cases}\dfrac{\rho}{\varepsilon_0}\dfrac{4\pi}{3}r^3 & (r \leqq a) \\[2ex] \dfrac{\rho}{\varepsilon_0}\dfrac{4\pi}{3}a^3 & (r > a)\end{cases}$$

となる．ここで，$\theta(x)=1\ (x>0)$，$\theta(x)=0\ (x<0)$．したがって，

$$\boldsymbol{E}=f(r)\boldsymbol{r}=\begin{cases}\dfrac{\rho}{3\varepsilon_0}\boldsymbol{r} & (r\leqq a)\\[2ex] \dfrac{\rho}{3\varepsilon_0}\left(\dfrac{a}{r}\right)^3\boldsymbol{r} & (r>a)\end{cases}$$

となる．また，φ も r だけの関数と考えてよいから，$\boldsymbol{E}=-\nabla\varphi=-(d\varphi/dr)\nabla r=-(d\varphi/dr)(\boldsymbol{r}/r)$．ゆえに，

$$\frac{d\varphi}{dr}=\begin{cases}-\dfrac{\rho}{3\varepsilon_0}r & (r\leqq a)\\[2ex] -\dfrac{\rho}{3\varepsilon_0}\dfrac{a^3}{r^2} & (r>a)\end{cases}$$

となる．$r=\infty$ を φ の基準とすると（すなわち，$\varphi(\infty)=0$），次式となる．

$$\varphi(r)=\int_\infty^r\frac{d\varphi}{dr'}dr'=\begin{cases}\dfrac{\rho}{3\varepsilon_0}\dfrac{1}{2}(3a^2-r^2) & (r\leqq a)\\[2ex] \dfrac{\rho}{3\varepsilon_0}\dfrac{a^3}{r} & (r>a)\end{cases}$$

補章

問 S.1 $f(A)=A^2-(a+d)A+(ad-bc)E=A\{A-(a+d)E\}+(ad-bc)E$

$$=\begin{pmatrix}a & b\\ c & d\end{pmatrix}\begin{pmatrix}-d & b\\ c & -a\end{pmatrix}+\begin{pmatrix}ad-bc & 0\\ 0 & ad-bc\end{pmatrix}$$

$$=\begin{pmatrix}-ad+bc & 0\\ 0 & bc-ad\end{pmatrix}+\begin{pmatrix}ad-bc & 0\\ 0 & ad-bc\end{pmatrix}=\begin{pmatrix}0 & 0\\ 0 & 0\end{pmatrix}$$

$f(x)$ は行列 A の固有多項式とよばれ，$f(A)=O$ が成り立つ．これは，2 次の正方行列に対する**ハミルトン・ケイリー**（あるいはケイリー・ハミルトン）**の定理**である．

問 S.2 行列式を書き下した式 (s.4)，(s.6) を用いて確かめればよい．解答は省略．

問 S.3 3 次の正方行列 A が 3 個の列ベクトル $\boldsymbol{a}_1,\boldsymbol{a}_2,\boldsymbol{a}_3$ から構成されているとすると，

$$|kA|=|k\boldsymbol{a}_1\quad k\boldsymbol{a}_2\quad k\boldsymbol{a}_3|=k\,|\boldsymbol{a}_1\quad k\boldsymbol{a}_2\quad k\boldsymbol{a}_3|=k^2\,|\boldsymbol{a}_1\quad \boldsymbol{a}_2\quad k\boldsymbol{a}_3|=k^3\,|\boldsymbol{a}_1\quad \boldsymbol{a}_2\quad \boldsymbol{a}_3|$$

となる．$n=2$ の場合も同様である．

問 S.4 (1)，(2) の行列式を D とする．

(1) 第 1 列に 0 を導入することを考える．第 1 行を (-1) 倍して第 2，第 3 行に加え，第 1 列に関する余因子展開を行うと，

$$D=\begin{vmatrix}1 & a & a^2\\ 1 & b & b^2\\ 1 & c & c^2\end{vmatrix}=\begin{vmatrix}1 & a & a^2\\ 0 & b-a & b^2-a^2\\ 0 & c-a & c^2-a^2\end{vmatrix}=\begin{vmatrix}b-a & b^2-a^2\\ c-a & c^2-a^2\end{vmatrix}$$

となる．次に，第 1 行から共通因子 $b-a$ を，第 2 行から共通因子 $c-a$ を行列式の外に出すと，

$$D=(b-a)(c-a)\begin{vmatrix}1 & b+a\\ 1 & c+a\end{vmatrix}=(b-a)(c-a)\{(c+a)-(b+a)\}$$

$$= (a-b)(b-c)(c-a)$$

が得られる．

(2) 第 3 行を第 1 行に加えると，第 1 行に共通因子 $a+b+c$ が現れる．第 2，第 3 行を第 1 行に加えて，この共通因子を行列式の外に出すと，

$$D = \begin{vmatrix} a+b+c & a+b+c & a+b+c \\ a^2 & b^2 & c^2 \\ b+c & c+a & a+b \end{vmatrix} = (a+b+c) \begin{vmatrix} 1 & 1 & 1 \\ a^2 & b^2 & c^2 \\ b+c & c+a & a+b \end{vmatrix}$$

となる．次に，第 1 行に 0 を導入することを考える．第 1 列を (-1) 倍して第 2，第 3 列に加え，第 1 行に関する余因子展開を行うと，

$$\begin{aligned} D &= (a+b+c) \begin{vmatrix} 1 & 0 & 0 \\ a^2 & b^2-a^2 & c^2-a^2 \\ b+c & (c+a)-(b+c) & (a+b)-(b+c) \end{vmatrix} \\ &= (a+b+c) \begin{vmatrix} b^2-a^2 & c^2-a^2 \\ a-b & a-c \end{vmatrix} \end{aligned}$$

となる．次に，第 1 列から共通因子 $a-b$ を，第 2 列から共通因子 $a-c$ を行列式の外に出すと，

$$\begin{aligned} D &= (a+b+c)(a-b)(a-c) \begin{vmatrix} -(a+b) & -(c+a) \\ 1 & 1 \end{vmatrix} \\ &= (a+b+c)(a-b)(a-c)\{-(a+b)+(c+a)\} = (a+b+c)(a-b)(b-c)(c-a) \end{aligned}$$

となる．

演習問題 S.1 行列式の性質を用いると，次のようになる．

$$\begin{aligned} &|\alpha\boldsymbol{x}+\boldsymbol{y} \quad \beta\boldsymbol{y}+\boldsymbol{z} \quad \gamma\boldsymbol{z}+\boldsymbol{x}| \\ &= |\alpha\boldsymbol{x} \quad \beta\boldsymbol{y} \quad \gamma\boldsymbol{z}+\boldsymbol{x}| + |\alpha\boldsymbol{x} \quad \boldsymbol{z} \quad \gamma\boldsymbol{z}+\boldsymbol{x}| + |\boldsymbol{y} \quad \beta\boldsymbol{y} \quad \gamma\boldsymbol{z}+\boldsymbol{x}| + |\boldsymbol{y} \quad \boldsymbol{z} \quad \gamma\boldsymbol{z}+\boldsymbol{x}| \\ &= |\alpha\boldsymbol{x} \quad \beta\boldsymbol{y} \quad \gamma\boldsymbol{z}| + |\alpha\boldsymbol{x} \quad \beta\boldsymbol{y} \quad \boldsymbol{x}| + |\alpha\boldsymbol{x} \quad \boldsymbol{z} \quad \gamma\boldsymbol{z}| + |\alpha\boldsymbol{x} \quad \boldsymbol{z} \quad \boldsymbol{x}| \\ &\quad + |\boldsymbol{y} \quad \beta\boldsymbol{y} \quad \gamma\boldsymbol{z}| + |\boldsymbol{y} \quad \beta\boldsymbol{y} \quad \boldsymbol{x}| + |\boldsymbol{y} \quad \boldsymbol{z} \quad \gamma\boldsymbol{z}| + |\boldsymbol{y} \quad \boldsymbol{z} \quad \boldsymbol{x}| \\ &= \alpha\beta\gamma\,|\boldsymbol{x} \quad \boldsymbol{y} \quad \boldsymbol{z}| + \alpha\beta\,|\boldsymbol{x} \quad \boldsymbol{y} \quad \boldsymbol{x}| + \alpha\gamma\,|\boldsymbol{x} \quad \boldsymbol{z} \quad \boldsymbol{z}| + \alpha\,|\boldsymbol{x} \quad \boldsymbol{z} \quad \boldsymbol{x}| \\ &\quad + \beta\gamma\,|\boldsymbol{y} \quad \boldsymbol{y} \quad \boldsymbol{z}| + \beta\,|\boldsymbol{y} \quad \boldsymbol{y} \quad \boldsymbol{x}| + \gamma\,|\boldsymbol{y} \quad \boldsymbol{z} \quad \boldsymbol{z}| + |\boldsymbol{y} \quad \boldsymbol{z} \quad \boldsymbol{x}| \\ &= \alpha\beta\gamma\,|\boldsymbol{x} \quad \boldsymbol{y} \quad \boldsymbol{z}| + |\boldsymbol{x} \quad \boldsymbol{y} \quad \boldsymbol{z}| = (\alpha\beta\gamma+1)\,|\boldsymbol{x} \quad \boldsymbol{y} \quad \boldsymbol{z}| \end{aligned}$$

演習問題 S.2 各問の行列式を D とする．

(1) 第 3 行あるいは第 3 列に関する余因子展開を行うと，次式となる．

$$D = \begin{vmatrix} \cos\theta & -\sin\theta & 0 \\ \sin\theta & \cos\theta & 0 \\ 0 & 0 & 1 \end{vmatrix} = \begin{vmatrix} \cos\theta & -\sin\theta \\ \sin\theta & \cos\theta \end{vmatrix} = \cos^2\theta + \sin^2\theta = 1$$

(2) 第 2，第 3 行を第 1 行に加えて，第 1 行の共通因子 2 を行列式の外に出すと，

$$D = \begin{vmatrix} b+c & a & a \\ b & c+a & b \\ c & c & a+b \end{vmatrix} = \begin{vmatrix} 2(b+c) & 2(c+a) & 2(a+b) \\ b & c+a & b \\ c & c & a+b \end{vmatrix}$$

$$= 2\begin{vmatrix} b+c & c+a & a+b \\ b & c+a & b \\ c & c & a+b \end{vmatrix}$$

となる．第 1，第 2 行に共通因子 $c+a$ が，第 1，第 3 行に共通因子 $a+b$ が現れたことに注目する．第 1 行を (-1) 倍して第 2，第 3 行に加え，さらに第 2，第 3 行を第 1 行に加えて，サラスの方法を用いると，次式が得られる．

$$D = 2\begin{vmatrix} b+c & c+a & a+b \\ -c & 0 & -a \\ -b & -a & 0 \end{vmatrix} = 2\begin{vmatrix} 0 & c & b \\ -c & 0 & -a \\ -b & -a & 0 \end{vmatrix} = 4abc$$

(3) 第 1 行に 0 を導入する．第 1 列を (-1) 倍して第 2，第 3 列に加え，第 2，第 3 列の共通因子を行列式の外に出すと，

$$D = \begin{vmatrix} 1 & 1 & 1 \\ a & b & c \\ bc & ca & ab \end{vmatrix} = \begin{vmatrix} 1 & 0 & 0 \\ a & b-a & c-a \\ bc & c(a-b) & b(a-c) \end{vmatrix} = (b-a)(c-a)\begin{vmatrix} 1 & 0 & 0 \\ a & 1 & 1 \\ bc & -c & -b \end{vmatrix}$$

となり，次に第 1 行に関する余因子展開を行うと，次式が得られる．

$$D = (b-a)(c-a)\begin{vmatrix} 1 & 1 \\ -c & -b \end{vmatrix} = (a-b)(b-c)(c-a)$$

(4) 第 3 列を (-1) 倍して第 1，第 2 列に加え，第 1，第 2 列からそれぞれ共通因子 $a+b+c$ を行列式の外に出すと，

$$D = \begin{vmatrix} (b+c)^2 & a^2 & a^2 \\ b^2 & (c+a)^2 & b^2 \\ c^2 & c^2 & (a+b)^2 \end{vmatrix} = \begin{vmatrix} (b+c)^2-a^2 & 0 & a^2 \\ 0 & (c+a)^2-b^2 & b^2 \\ c^2-(a+b)^2 & c^2-(a+b)^2 & (a+b)^2 \end{vmatrix}$$

$$= (a+b+c)^2\begin{vmatrix} b+c-a & 0 & a^2 \\ 0 & c+a-b & b^2 \\ c-a-b & c-a-b & (a+b)^2 \end{vmatrix}$$

となる．次に，第 1，第 2 行をそれぞれ (-1) 倍して第 3 行に加え，第 3 行から共通因子 2 を行列式の外に出すと，次のようになる．

$$D = 2(a+b+c)^2\begin{vmatrix} b+c-a & 0 & a^2 \\ 0 & c+a-b & b^2 \\ -b & -a & ab \end{vmatrix}$$

行列式の $(3,1)$，$(3,2)$ 成分を $-ab$ に変形することを考える．$ab \neq 0$ として，第 1 列を a 倍，第 2 列を b 倍して，行列式の前の因子を ab で割っておくと，

$$D = \frac{2(a+b+c)^2}{ab}\begin{vmatrix} a(b+c-a) & 0 & a^2 \\ 0 & b(c+a-b) & b^2 \\ -ab & -ab & ab \end{vmatrix}$$

となる．第 3 行に 0 を導入するために，第 3 列を第 1，第 2 列に加えると，

$$D = \frac{2(a+b+c)^2}{ab}\begin{vmatrix} a(b+c) & a^2 & a^2 \\ b^2 & b(c+a) & b^2 \\ 0 & 0 & ab \end{vmatrix}$$

となり，第 3 行に関する余因子展開を行うと，次式が得られる．

$$D = 2(a+b+c)^2\begin{vmatrix} a(b+c) & a^2 \\ b^2 & b(c+a) \end{vmatrix} = 2ab(a+b+c)^2\begin{vmatrix} b+c & a \\ b & c+a \end{vmatrix}$$
$$= 2ab(a+b+c)^2\{(b+c)(c+a)-ab\} = 2abc(a+b+c)^3$$

$a=0$ または $b=0$ のとき行列式の値は 0 となり，このときも得られた表式が正しいことがわかる．

演習問題 S.3 第 1 行に関する余因子展開を行うと，次のようになる．

$$\begin{vmatrix} \boldsymbol{i} & \boldsymbol{j} & \boldsymbol{k} \\ \dfrac{\partial}{\partial x} & \dfrac{\partial}{\partial y} & \dfrac{\partial}{\partial z} \\ a_x & a_y & a_z \end{vmatrix} = \begin{vmatrix} \dfrac{\partial}{\partial y} & \dfrac{\partial}{\partial z} \\ a_y & a_z \end{vmatrix}\boldsymbol{i} - \begin{vmatrix} \dfrac{\partial}{\partial x} & \dfrac{\partial}{\partial z} \\ a_x & a_z \end{vmatrix}\boldsymbol{j} + \begin{vmatrix} \dfrac{\partial}{\partial x} & \dfrac{\partial}{\partial y} \\ a_x & a_y \end{vmatrix}\boldsymbol{k}$$
$$= \begin{vmatrix} \dfrac{\partial}{\partial y} & \dfrac{\partial}{\partial z} \\ a_y & a_z \end{vmatrix}\boldsymbol{i} + \begin{vmatrix} \dfrac{\partial}{\partial z} & \dfrac{\partial}{\partial x} \\ a_z & a_x \end{vmatrix}\boldsymbol{j} + \begin{vmatrix} \dfrac{\partial}{\partial x} & \dfrac{\partial}{\partial y} \\ a_x & a_y \end{vmatrix}\boldsymbol{k}$$
$$= \left(\frac{\partial a_z}{\partial y} - \frac{\partial a_y}{\partial z}\right)\boldsymbol{i} + \left(\frac{\partial a_x}{\partial z} - \frac{\partial a_z}{\partial x}\right)\boldsymbol{j} + \left(\frac{\partial a_y}{\partial x} - \frac{\partial a_x}{\partial y}\right)\boldsymbol{k}$$

これは，3.2 節で述べるベクトル場の回転 $\mathrm{rot}\,\boldsymbol{a}$ である．

参考文献

教科書としての本書の性格上，本文中では逐一出典をあげなかったが，数多くの単行本を参考にさせていただいた．本書の内容を補ったり，またはそれを超えて一層深く勉強したりするときに役立つ文献のいくつかを以下にあげる．

数学的に本格的なもの

岩堀長慶：数学選書 2　ベクトル解析，裳華房，1960 年．

スミルノフ（彌永，福原，河田，三村，菅原，吉田監修）：スミルノフ高等数学教程 4，共立出版，1958 年．

豊富な応用例を含むもの

安達忠次：ベクトル解析（改訂版），培風館，1961 年．

内容が豊富な演習書

矢野健太郎，石原繁：大学演習　ベクトル解析，裳華房，1964 年．

スピーゲル，M.R.（高森寛監訳）：マグロウヒル大学演習シリーズ　ベクトル解析 480 題，マグロウヒルブック，1983 年．

スウ，H.P.（高野一夫訳）：工学基礎演習シリーズ 2　ベクトル解析，森北出版，1980 年．

索　引

著 者 略 歴
長谷川　正之（はせがわ・まさゆき）
1942 年　新潟県に生まれる
1966 年　東北大学理学部物理学科卒業
1971 年　東北大学大学院理学研究科修了　理学博士
1972 年　芝浦工業大学電子工学科助手
1976 年　イーストアングリア大学（英国）研究員
1978 年　広島大学総合科学部助教授
1988 年　岩手大学工学部共通講座教授
1992 年　岩手大学工学部材料物性工学科教授
2008 年　岩手大学名誉教授

稲岡　毅（いなおか・たけし）
1955 年　東京都に生まれる
1980 年　京都大学理学部物理科学系卒業
1985 年　大阪大学大学院基礎工学研究科修了　工学博士
ロンドン大学インペリアルカレッジ研究員
1986 年　広島大学理学部物性学科助手
1989 年　岩手大学工学部共通講座講師
1991 年　同助教授
1992 年　岩手大学工学部材料物性工学科准教授
2008 年　琉球大学理学部物質地球科学科物理系教授
2021 年　琉球大学名誉教授

編集担当　千先治樹（森北出版）
編集責任　上村紗帆（森北出版）
組　　版　ウルス
印　　刷　丸井工文社
製　　本　同

ベクトル解析の基礎（第 2 版）

1990 年 4 月 16 日　第 1 版第 1 刷発行
2018 年 3 月 20 日　第 1 版第 16 刷発行
2018 年 11 月 30 日　第 2 版第 1 刷発行
2024 年 3 月 8 日　第 2 版第 4 刷発行

著　　者　長谷川正之・稲岡　毅
発 行 者　森北博巳
発 行 所　森北出版株式会社
東京都千代田区富士見 1–4–11（〒102–0071）
電話 03–3265–8341／FAX 03–3264–8709
https://www.morikita.co.jp/
日本書籍出版協会・自然科学書協会　会員
JCOPY ＜(一社) 出版者著作権管理機構 委託出版物＞

落丁・乱丁本はお取替えいたします.

Printed in Japan／ISBN978–4–627–07332–6

MEMO